基礎生物学テキストシリーズ 1

遺伝学
GENETICS

中村 千春 編著

化学同人

◆ 「基礎生物学テキストシリーズ」刊行にあたって ◆

　21世紀は「知の世紀」といわれます．「知」とは，知識(knowledge)，知恵(wisdom)，智力(intelligence)を総称した概念ですが，こうした「知」を創造・継承し，広く世に普及する使命を担うのは教育です．教育に携わる私たち教員は，「知」を伝達する教材としての「教科書」がもつ意義を認識します．

　近年，生物学はすさまじい勢いで発展を遂げつつあります．従来，解析が困難であったさまざまな問題に，分子レベルで解答を見いだすための新たな研究手法が次々と開発され，生物学が対象とする領域が広がっています．生物学はまさに躍動する生きた学問であり，私たちの生活と社会に大きな影響を与えています．生物学に関する正しい知識と理解なしに，私たちが豊かで安心・安全な生活を営み，持続可能な社会を実現することは難しいでしょう．

　ところで，生物学の進展につれて，学生諸君が学ぶべき事柄は増える一方です．理解しやすく，教えやすい，大学のカリキュラムに即したよい「生物学の教科書」をつくれないか．欧米の翻訳書が主流で日本の著者による教科書が少ない現状を私たちの力で打開できないか．こうした思いから，私たちは既存の類書にはない新しいタイプの教科書「基礎生物学テキストシリーズ」をつくり上げようと決意しました．

　「基礎生物学テキストシリーズ」が目指す目標は，『わかりやすい教科書』に尽きます．具体的には次の3点を念頭に置きました．① 多くの大学が提供する生物学の基礎講義科目をそろえる，② 理学部および工学部の生物系，農学部，医・薬学部などの1，2年生を対象とする，③ 各大学のシラバスや既刊類書を参考に共通性の高い目次・内容とする．基本的には15時間2単位用として作成しましたが，30時間4単位用としても利用が可能です．

　教科書には，当該科目に対する執筆者の考え方や思いが反映されます．その意味で，シリーズを構成する教科書はそれぞれ個性的です．一方で，シリーズとしての共通コンセプトも全体を貫いています．厳選された基本法則や概念の理解はもちろん，それらを生みだした歴史的背景や実験的事実の理解を容易にし，さらにそれらが現在と未来の私たちの生活にもたらす意味を考える素材となる「教科書」，科学が優れて人間的な営みの所産であること，そして何よりも，生物学が面白いことを学生諸君に知ってもらえるような「教科書」を目指しました．

　本シリーズが，学生諸君の勉学の助けになることを希望します．

シリーズ編集委員　　中村　千春
奥野　哲郎
岡田　清孝

基礎生物学テキストシリーズ 編集委員

中村　千春　神戸大学名誉教授，前龍谷大学特任教授　Ph.D.

奥野　哲郎　京都大学名誉教授，前龍谷大学農学部教授　農学博士

岡田　清孝　京都大学名誉教授，基礎生物学研究所名誉教授，総合研究大学院大学名誉教授　理学博士

「遺伝学」執筆者

朝倉　史明	神奈川大学化学生命学部教授　博士（学術）		12章
荻原　保成	横浜市立大学木原生物学研究所教授　農学博士		10章
寺地　徹	京都産業大学総合生命科学部教授　農学博士		11章, 13章
◇中村　千春	神戸大学名誉教授，前龍谷大学特任教授　Ph.D.		
			1～3章, 6章, 8章, 9章
宮下　直彦	前京都大学大学院農学研究科准教授　Ph.D.		14章
村田　稔	岡山大学名誉教授　Ph.D.		4章, 5章, 7章
持田　恵一	理化学研究所植物科学研究センターリサーチアソシエイト　博士（理学）		15章

（五十音順，◇は編著者）

遺伝学用語の改訂について

　従来用いられてきた学術用語は，科学の進歩につれて生まれた新たな概念や意味合いにより，ふさわしい用語に変更する必要が認められる場合がある．本書ではとくに，優性・劣性，対立遺伝子，突然変異という用語については，日本遺伝学会監修・編『遺伝単――遺伝学用語集 対訳付き』(生物の科学 遺伝，別冊 No.22)に従って，以下のように改訂した．

　「優性・劣性」について：従来は，特定遺伝子座の対立遺伝子について雑種がヘテロ接合の状態にあるとき，表現型として現れる形質あるいは対立遺伝子を優性(dominance, dominant)と呼び，表現型として現れない形質あるいは対立遺伝子を劣性(recessive)と呼んできた．しかし，「優性・劣性」は「優れている，劣っている」という語感が強く，誤解を生みやすい．さらに，ある遺伝子座における遺伝子型と表現型の関係は，遺伝子産物(一般にタンパク質)が実際の表現型に与える最終的な効果あるいは影響であって，相対的かつ多様である．したがって本書では，「優性・劣性」の代わりに「顕性・潜性」という用語を用いることにした．

　「対立遺伝子」について：遺伝子とは，遺伝子産物をコードする領域と，その発現調節領域を含むゲノム上の機能単位である．一方, allele は，生物の多様性を理解するうえで重要な概念を表す学術用語であり，遺伝子に限らずゲノムのある領域，さらには1塩基からなるゲノム部分で見られる多型に対してさえ用いられる．本書では，従来の対立遺伝子の代わりに対立遺伝子(アレル)あるいは単にアレルを用いることにした．なお，同一種内の生物集団には当該遺伝子座について数多くの対立遺伝子(アレル)が存在するが，一般に父母から遺伝子をそれぞれ1コピーずつ受け継ぐ二倍体生物の各個体は，最大で二つの対立遺伝子(アレル)をもつことになる．

　「突然変異」について：遺伝物質(DNA あるいは RNA)に生じた構造変化を突然変異(mutation)という．しかし，突然ある時点で起こった変異には突然変異の用語を用いるのが適当だが，それが細胞周期や生殖を通じて後代に遺伝的に継承される場合には変異という用語がふさわしい．本書では, mutation を[突然]変異と表記するか，あるいは突然変異と変異を場合によって使い分けることにした．

はじめに

　「基礎生物学テキストシリーズ」の一つである『遺伝学』は，生物が固有の性質を子孫に伝える仕組み，DNA，遺伝子，染色体およびゲノムの階層的構造と機能，変化して止まない環境に適応した形質発現調節機構や，進化の原動力となる遺伝的多様性の生成・維持機構など，遺伝をベースとした生命現象への理解を深めることを目的に，大学の学部学生を対象として書かれた基礎遺伝学の教科書である．基礎的で重要な事項をできるだけ正確でわかりやすく記述することに努めたが，遺伝学上の発見について，単に事実を記述するだけでなく，その事実がもつ意味と，それが生まれた歴史的な背景を解説するよう努めた．科学は，自然の実体をとらえようとする人間の知的欲求の発露であり，人間が知性と感覚でとらえた自然のあり方を映す知的な体系として，後世へ継承されるべき人類共通の財産である．さらに科学は，きわめて人間的な営みの所産であり，一つ一つの科学的事実の発見の裏には，それに挑戦した研究者たちの熱い思いが潜んでいる．本書で，遺伝学という科学の面白さを知り，それがこれからの私たちの生活に与える役割について考えてほしい．

　本書では，遺伝学研究の歴史的な発展にほぼ忠実に沿った章立てを行い，学生諸君が遺伝学の発展過程を実感しつつ学べるようにした．ただし，遺伝子（DNA，RNA）を初めにおおよそ学んだほうが，エンドウマメ，ショウジョウバエやアカパンカビを対象とした古典遺伝学と細菌・ウイルスを対象とした微生物遺伝学の基本的な事象や原理を理解するうえでも便利であるから，最近の他の遺伝学の教科書と同様に，まず1章で遺伝子の構造と機能の概略を解説した．この章で，遺伝学が扱う遺伝子についておおよその概念を理解できる．2章では，生命の基本構成単位である細胞の分裂，すなわち体細胞分裂と減数分裂の仕組みとそれらの遺伝学的意義を解説したうえで，遺伝の根本原理を明らかにしたメンデルの遺伝学を説明した．3章，4章，5章は，真核生物の染色体を対象とした．3章では，個々の遺伝子が染色体上に直線的に配置していること，同一染色体上で連鎖した遺伝子間の距離は組換え頻度を基準に測定できること，さらにこの事実に基づき遺伝地図（染色体地図あるいは連鎖地図）を作成できることなど，モルガンらによる遺伝の染色体的基礎を詳述した．4章では，染色体を構成するクロマチンの基本単位であるヌクレオソーム，染色体の必須構造であるセントロメア，テロメアと自律複製開始点を概説し，これらを利用した人工染色体についても説明を加えた．5章では，欠失，重複，逆位，転座など染色体の構造変異，ゲノムの倍加に起因する倍数性および染色体の数の変異により生じる異数性と，それらがもたらす遺伝的結果を解説した．

　6章では，分子遺伝学あるいは分子生物学を生んだ微生物遺伝学の発展の歴史を概観した．すなわち，細菌における自然突然変異と性の証明，接合性プラスミドであるF因子の複製および伝達機構とそれを利用した細菌染色体地図の作成法を詳述し，ウイルスについては，そのコンパクトなゲノム構造と生活史および形質導入ファージの遺伝学的利用に

ついて解説した．7章では，DNAの3Rとして知られる複製，組換え，修復およびこれらに付随して起こる突然変異の仕組みを解説し，DNAには矛盾する二つの性質，すなわち正確にコピーされ子孫に伝達される性質と，変化し多様性の増大に寄与する性質が共存する事実の理解を目指した．

　8章，9章，10章では，遺伝暗号と遺伝子発現調節機構に関する基礎的事項を概説した．まず8章で，遺伝暗号が3塩基のつながり（トリプレット）からなる事実を導いた巧妙な遺伝解析の内容を詳述し，分子遺伝学，生化学と有機合成化学の統合が遺伝暗号の解読という偉業の達成をもたらした意義を明らかにした．9章では，原核生物の遺伝子発現調節機構を詳細に解説した．すなわち，細菌の遺伝子発現調節は主として抑制タンパク質であるサプレッサーが直接関与する負の制御によることを，大腸菌のラクトースオペロン（誘導）とトリプトファンオペロン（抑制）を例として説明した．これにより，原核生物に見られる合理的で精緻な遺伝子発現調節機構を理解できるだろう．10章では，真核生物の遺伝子発現調節機構を学ぶ．すなわち，転写因子や活性化因子による正の調節機構，mRNAの転写制御機構，mRNA校正，分断遺伝子とmRNAスプラインシング機構，さらには真核生物で普遍的に見られるRNA干渉など，近年その重要性が明らかになりつつあるRNAによる遺伝子発現制御機構を解説した．

　11章では，遺伝解析に革新をもたらした遺伝子工学の基礎技術を学ぶ．すなわち，制限および修飾酵素の発見，組換えDNA技術の進歩，塩基配列決定法やポリメラーゼ連鎖反応など重要技術の原理を説明した．12章では，遺伝子発現を調節しゲノム進化の原動力ともなりうる動く遺伝子（トランスポゾン）について，発見の経緯，特異構造と転移機構および遺伝解析における利用法などの概要を説明した．13章では，細胞質遺伝（母性遺伝）の担い手である細胞質オルガネラ（葉緑体とミトコンドリア）に局在する細胞質ゲノムについて，その構造的特徴，発現制御機構，核ゲノムとの相互作用および両者の共進化を取り上げて説明した．14章は，進化の原動力である生物集団の遺伝的構成の変化を扱う集団遺伝学の基礎的事項，すなわち任意交配集団におけるハーディーワインベルグの平衡，近親交配，突然変異，自然選択と遺伝的浮動を概説した．最後の15章では，近年，発展の著しいゲノム科学（ゲノミクス）の現状と未来を概観し，プロテオミクスやメタボロミクスとともにバイオインフォマティクス（生物情報学）が開く未来への展望を具体的に解説した．

　本書を学ぶことで，多くの学生諸君が遺伝学的なものの見方を学ぶとともに，遺伝学の面白さを発見してほしい．各章の終わりには厳選した練習問題をあげたので，学生諸君が自ら解答を見いだすよう期待する．

　2007年9月

著者を代表して

中村　千春

目　次

1章　遺伝子の本体と機能

1.1　形質転換物質 …………………………………………………………… 1
1.2　遺伝子の本体 …………………………………………………………… 3
1.3　DNAの構造 ……………………………………………………………… 6
1.4　遺伝子の機能 …………………………………………………………… 8
1.5　遺伝情報の流れ ………………………………………………………… 13

> Column　遺伝学を発展させたファージグループの結成　4／DNAの二重らせん構造発見から50年　8／ビードルの言葉　12

● 練習問題　20

2章　減数分裂とメンデル遺伝学

2.1　生物の生活史と生殖システム ………………………………………… 21
2.2　体細胞有糸分裂と減数分裂 …………………………………………… 22
2.3　メンデル遺伝学 ………………………………………………………… 24
2.4　複対立遺伝子（複アレル） …………………………………………… 29

> Column　修道士だったメンデル　25／再発見されたメンデルの法則　28

● 練習問題　30

3章　遺伝の染色体基礎

3.1　伴性遺伝 ………………………………………………………………… 31
3.2　連鎖，組換え，染色体地図 …………………………………………… 36

> Column　メンデルとモルガン　33／モルガンの業績　37

● 練習問題　43

4章　染色体の基本構造

- 4.1　ヌクレオソーム ·· 45
- 4.2　染色体の機能要素 ·· 49
    - Column　ヌクレオソーム発見のいきさつ　46
- ●練習問題　58

5章　染色体の構造変異と多様性

- 5.1　染色体の形態 ·· 59
- 5.2　染色体の構造的変異 ·· 60
- 5.3　染色体の数的変異 ·· 64
    - Column　マクリントックの卓越した観察力　63
- ●練習問題　68

6章　細菌・ウイルス遺伝学の発展と分子遺伝学の誕生

- 6.1　細菌における自然突然変異の証明 ·· 69
- 6.2　細菌における性の証明 ·· 72
- 6.3　F因子 ·· 74
- 6.4　大腸菌の染色体地図の作成法 ·· 76
- 6.5　ウイルスのゲノム ·· 79
    - Column　細菌を遺伝学の対象にしたコッホ　71
- ●練習問題　86

7章　DNAの複製，組換え，修復

7.1　DNAの複製モデル 87
7.2　DNAの複製酵素 91
7.3　複製フォークのパラドックスと岡崎フラグメント 93
7.4　DNAの突然変異と修復 96
7.5　DNAの組換え 101
Column　夏休みの大仕事　*89*／コーンバーグの確信　*92*
●練習問題　104

8章　遺伝暗号の解読

8.1　トリプレット暗号 105
8.2　遺伝暗号の解読 109
8.3　遺伝暗号の縮退とゆらぎ 112
Column　最もエキサイティングな6年間　*109*
●練習問題　114

9章　原核生物の遺伝子発現調節機構

9.1　誘導と抑制 115
9.2　オペロンモデル 117
9.3　溶原サイクルにおけるλプロファージの抑制 121
9.4　抑制オペロンと転写減衰 122
9.5　*lac* オペロンの正の制御 126
Column　パスツール研究所で始まった酵素反応機構の研究　*116*
●練習問題　128

10章　真核生物の遺伝子発現調節機構

- 10.1　真核生物の転写 129
- 10.2　分断遺伝子とRNAスプライシング 132
- 10.3　RNA編集 135
- 10.4　遺伝子の発現調節 136
- 10.5　刷り込み（ゲノムインプリンティング） 140
- 10.6　選択的スプライシングによる調節 141
- 10.7　RNA干渉（RNAi） 142
  - Column　奇妙な遺伝子システムが集まるミトコンドリア　*136*
- ●練習問題　144

11章　組換えDNA技術と遺伝子工学

- 11.1　制限と修飾および制限酵素の発見 145
- 11.2　染色体マッピング 147
- 11.3　組換えDNA技術と遺伝子クローニング 149
- 11.4　塩基配列決定法 152
- 11.5　ポリメラーゼ連鎖反応 153
- 11.6　遺伝子の単離法 155
  - Column　科学を飛躍させた技術革新　*154*
- ●練習問題　158

12章　トランスポゾン

- 12.1　トランスポゾンの発見 ……………………………………… 159
- 12.2　二つのクラスに大別されるトランスポゾン ………………… 160
- 12.3　DNA型トランスポゾンの構造と転移機構 ………………… 160
- 12.4　レトロトランスポゾンの構造と転移機構 …………………… 163
- 12.5　ショウジョウバエの雑種発生異常とP因子 ………………… 165
- 12.6　転移活性の抑制機構 …………………………………………… 168
- 12.7　ゲノム進化の原動力としてのトランスポゾン ……………… 170
- 12.8　トランスポゾンの水平移行 …………………………………… 171
- 12.9　トランスポゾンの利用 ………………………………………… 172
  - Column　進化の眠りから覚めたトランスポゾン　*168*
- ●練習問題　174

13章　細胞質遺伝とオルガネラゲノム

- 13.1　母性遺伝と細胞質遺伝 ………………………………………… 175
- 13.2　細胞質遺伝 ……………………………………………………… 176
- 13.3　オルガネラDNAの発見とゲノムの解読 …………………… 177
- 13.4　オルガネラ遺伝子の発現 ……………………………………… 181
- 13.5　オルガネラの進化 ……………………………………………… 182
- 13.6　核-オルガネラ間の遺伝情報交換 …………………………… 184
  - Column　謎に包まれた核とオルガネラの起源　*185*
- ●練習問題　186

14章　集団の遺伝学

14.1　任意交配 ･･･ 187
14.2　近親交配 ･･･ 192
14.3　突然変異と自然選択 ･･･････････････････････････････････････ 195
14.4　有限集団の特性 ･･･ 200
　　Column　ハーディーワインベルグ平衡の検定　*189*
●練習問題　202

15章　ゲノム科学の発展と未来

15.1　ゲノム解析 ･･･ 204
15.2　トランスクリプトーム解析 ･････････････････････････････････ 206
15.3　プロテオーム解析 ･･･ 209
15.4　メタボローム解析 ･･･ 213
15.5　バイオインフォマティクス ･････････････････････････････････ 215
15.6　ゲノム科学の未来 ･･･ 218
　　Column　メタゲノム研究の展開　*217*
●練習問題　218

■参考図書 ･･･ 219
■索　引 ･･･ 220

> 練習問題の解答は，化学同人ホームページ上に掲載されています．
> https://www.kagakudojin.co.jp

1章 遺伝子の本体と機能

　遺伝子(gene)の定義は生物学の進展につれて変化しているが，遺伝子の本体が**核酸**(nucleic acid, **DNA** あるいは **RNA**)であることは不動の事実である．本章では，メンデル遺伝学(2章)とその染色体基礎(3章)を学ぶ前に，DNA が遺伝子である事実を明らかにした実験や DNA の構造と機能について学ぶ．この順序は遺伝学の歴史的発展に沿った学び方ではないが，遺伝学をより効果的に学ぶ近道である．

1.1　形質転換物質

　遺伝子の本体に迫る研究に最初の契機を与えたのは，1928年にグリフィス(F. Griffith)が行った実験であった．肺炎双球菌(*Streptococcus pneumoniae*)には3種類の**血清型**[*1]がある．各血清型には，病原性を示すタイプと非病原性を示すタイプの2種類が存在した．病原型は細胞壁の外側に多糖類の莢膜をもち，コロニー(細菌叢)の表面がなめらかなことから，**S**(smooth)**型**と呼ばれた．一方，非病原型は莢膜をもたず，コロニーの表面に凹凸があることから，**R**(rough)**型**と呼ばれた．肺炎双球菌では血清型の変換が認められ，さらに同一の血清型で病原性の変換が認められる〔図1.1(a)〕．グリフィスは次のような実験を行った〔図1.1(b)〕．

実験1　血清型ⅢのS型菌(ⅢS)を接種したネズミは肺炎を発症した．
実験2　血清型ⅡのR型菌(ⅡR)を接種したネズミは肺炎を発症しなかった．
実験3　熱処理で殺したⅢSを接種したネズミは肺炎を発症しなかった．
実験4　熱処理で殺したⅢSと生きたⅡRを混ぜて同時に接種したネズミは肺炎を発症した．このとき死んだネズミからは，ⅡRとともに病原性のⅢSが検出された．

　実験4はコントロール実験[*2]であったが，予期しない結果を与えた．グ

[*1] serum type. 血清タンパク質の多様性に基づく遺伝的な多型をいう．おもに，電気泳動法や免疫反応を利用して血清タンパク質を定性分析することで検出される．なお，血液を凝固させて血小板や凝固因子を除いた部分を血清(serum)という．

[*2] 対照実験ともいう．観察対象とする現象に特定の要因が関与するという仮説を検証する際，その要因だけを変化させ，他の条件を同じくした実験を指す．

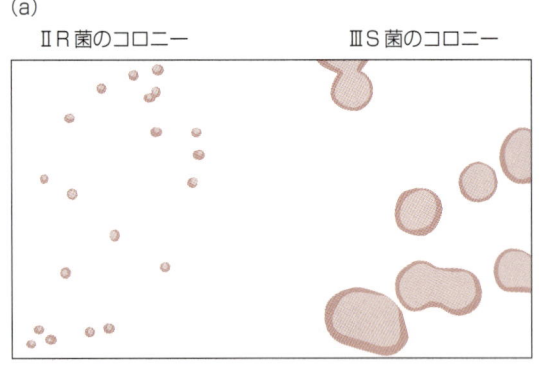
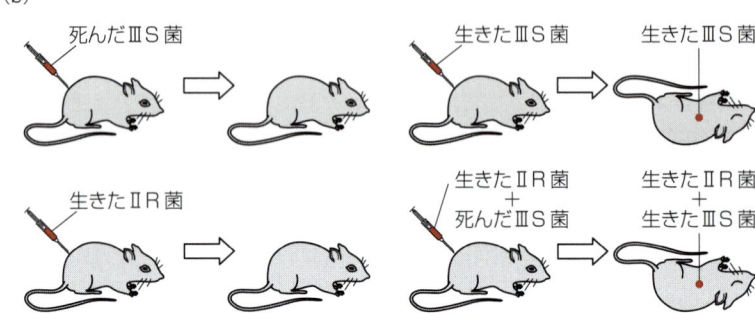

図 1.1 (a) ⅡR 菌とⅢS 菌のコロニー, (b) 肺炎双球菌を用いたグリフィスの形質転換実験

熱処理で殺したⅢS 菌, あるいは生きたⅡR 菌を接種してもネズミは肺炎を発症しなかったが, 生きたⅢS 菌を接種すると肺炎を発症して死んだ. 不思議なことに, 熱処理で殺したⅢS 菌と生きたⅡR 菌を混ぜて同時に接種してもネズミは死んだ.

グリフィスはこれを説明するため, 熱処理で殺したⅢS 菌がもつ未知の因子がⅡR 菌を病原性菌に変換したと考えた. 彼はこの因子を「形質転換因子」と呼んだが, この現象は後に**形質転換**(transformation)という一般名で呼ばれることになる.

　形質転換因子が DNA であることを実験的に証明したのは, アメリカ・ロックフェラー大学のエーブリー(O. T. Avery), マクラウド(C. MacLeod), マッカーティー(M. McCarty)の3人で, 1944年のことだった. 彼らは, 熱処理したⅢS 菌からタンパク質, RNA, DNA を精製し, 各画分の形質転換能力を調べれば遺伝子の本体がわかるはずだと考えた. 培地に抗ⅡR 抗体を加えると, 増殖したⅡR 菌は凝集して試験管の底に沈むが, ⅢS 菌は凝集せず培地が濁る. 実際, ⅢS 菌から抽出した DNA 画分をⅡR 菌に加え, ⅡR 菌を抗ⅡR 抗体を含む血清で除去した後, 培地にまいたところ, ⅢS 菌が増殖した. しかし, 各画分が本当に純粋であることをどうしたら証明できるだろうか. DNA の画分には, ほんのわずかのタンパク質が混ざっていたかもしれず,

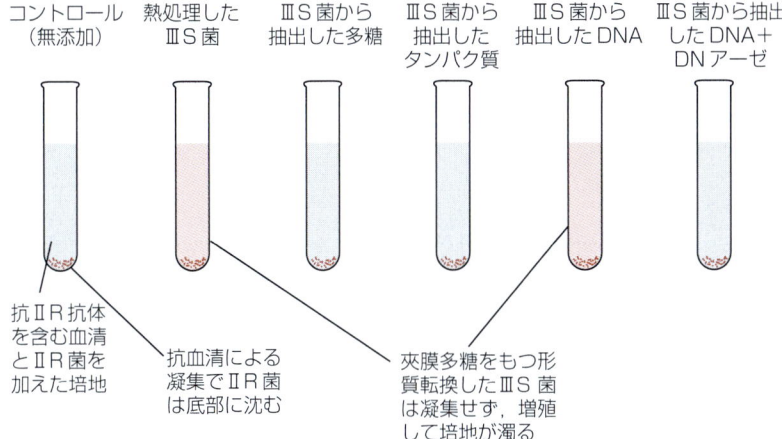

図 1.2　形質転換因子が DNA であることを証明したエーブリーらの実験
図に示した各条件では，ⅡR 菌に熱処理で殺したⅢS 菌を加えたとき（左から 2 番め），および熱処理で殺したⅢS 菌から抽出した DNA を加えたとき（右から 2 番め）のみⅢS 菌が増殖した（ⅡR 菌は抗ⅡR 抗体を含む抗血清により凝集し，試験管の底部で増殖している）．さらに，熱処理で殺したⅢS 菌から抽出した DNA をそれぞれ DNA, RNA, タンパク質を特異的に分解する酵素で処理した後に同様の実験を行うと，DN アーゼで処理したときはコロニーが生じなかったが（右端），RN アーゼあるいはプロテアーゼで処理したときにはⅢS コロニーが生じた．

実はそのタンパク質が形質転換を引き起こす本体であったかもしれない．彼らは，実際に提起されたこの批判に，特別の酵素を用いて答えた．**DNA 分解酵素（DN アーゼ, DNase）** は DNA を，**RNA 分解酵素（RN アーゼ, RNase）** は RNA を，**タンパク質分解酵素（プロテアーゼ, protease）** はタンパク質をそれぞれ特異的に分解する．彼らは，DNA 画分を DN アーゼ処理したときにのみ形質転換能力が失われることを見事に示した（図 1.2）．

1.2　遺伝子の本体

遺伝子の本体が DNA であることを，もっと簡単で直接的な方法で示したのは，1952 年に行われたハーシー（A. D. Hershey）とチェイス（M. Chase）の実験であった．彼らは，大腸菌（*Escherichia coli*）に感染するウイルスである**バクテリオファージ T2**（bacteriophage T2）[*3] を実験に用いた．ファージ粒子は，タンパク質からなる**外被**（integument）とファージ頭部内に存在する **DNA**（deoxyribonucleic acid）からのみ構成される．タンパク質にはアミノ酸の一種である**メチオニン**（methionine）が存在し，DNA には**リン酸**（phosphoric acid）が存在する．そこで彼らは，放射性同位元素[*4]の ^{35}S で標識した ^{35}S メチオニンと ^{32}P で標識した ^{32}P リン酸を含む培地で育てた大腸菌にファージを感染させ，外被タンパク質を ^{35}S で，DNA を ^{32}P で標識した．DNA は菌内に進入するがファージ粒子は複製しないように短時間だけ標識ファージを菌に感染させた後，継時的に菌の細胞表面にあるファージ粒子を

[*3]　ファージとは細菌を宿主とするウイルスのこと．詳しくは 6 章で学ぶ．

[*4]　中性子の数が異なる同位体（アイソトープ）で放射性崩壊によって高エネルギーの電磁波や粒子（ビーム）を生じる．

1章 遺伝子の本体と機能

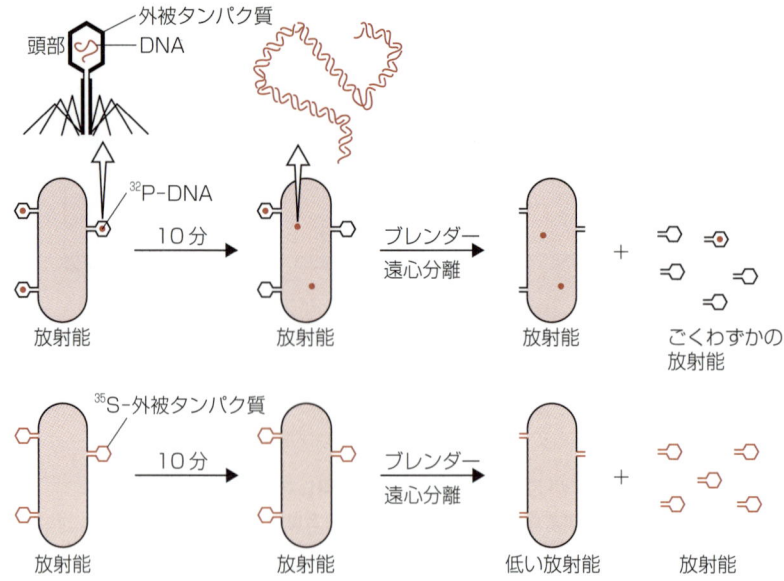

図 1.3 遺伝子の本体が DNA であることを証明したハーシーとチェイスの実験
大腸菌細胞に ^{32}P で標識した T2 ファージを感染させ, 10 分後に(細胞の溶菌はまだ起こっていない), 表面に接着したファージ粒子をブレンダーで除いた. 遠心分離で細胞(沈殿する)と殻(ゴースト)を含むファージ(上清に残る)に分けて, それぞれの放射活性を調べると, 大部分の活性が細胞に観察された. ^{35}S で標識したファージを用いて同様の実験を行うと, 細胞にはわずかの放射活性しか認められず, 大部分は上清に残った. 沈殿として得た細胞をさらに培養し, 生じた子ファージを調べると, ^{32}P をもつものはあったが, ^{35}S をもつものはなかった.

ブレンダーでふるい落とし, 培養液を遠心分離機にかけた. ^{35}S で標識したファージ粒子を感染させた場合には, ほとんどの標識がファージの感染力を失わずに上清に残り, 沈殿からはわずかの標識しか回収されなかった. 一方, ^{32}P で標識したファージを感染させると, 標識の多くが細胞中に取り込まれて沈殿から回収された(図 1.3). この結果は, ファージの感染時に菌の細胞

Column

遺伝学を発展させたファージグループの結成

　デルブリュック(M. Delbrück)は, ドイツ・ゲッチンゲン大学で化学結合の量子論と原子核理論を専攻したが, 1932 年にデンマークのコペンハーゲンで開かれた物理学者ボーア(N. Bohr)の「光と生命」と題した特別講演から強い刺激を受け, 遺伝学に興味をもつようになった. 1937年に渡米し, カリフォルニア工科大学でファージを用いて遺伝学研究を始めた. 1940 年には, ハーシーやルリア(S. E. Luria)らとともに「ファージグループ」を結成し, ファージにおける遺伝的組換えの発見, 大腸菌における自然突然変異の証明など, 今日の分子遺伝学および分子生物学の礎を築いた(6 章参照). ファージグループの結成は遺伝学に急速な発展をもたらしたが, これは一つの研究分野の発展が他分野からの研究者の参加により大きく促進されることを示す典型的な事例である.

内に取り込まれるのはDNAであることを示唆している．さらに彼らは，ファージ粒子が複製するのに十分な時間を経た後に，感染した菌から生じた子ファージ粒子を調べ，次の重要な結果を得た．すなわち，約50%の子ファージは ^{32}P をもっていたが，^{35}S をもつものは1%以下だった．

アメリカ・カーネギー研究所で行われた彼らの証明実験は，エーブリーらの実験ほどには正確ではなかった．実際，約20%ものタンパク質(^{35}S)が細菌細胞中に侵入しているか細菌表面に吸着しており，一方，細菌細胞中に侵入したDNA(^{32}P)は約65%に過ぎず，約35%が上清に残り，タンパク質が遺伝子であることを決定的には否定できていない．それでも彼らの実験結果は，多くの科学者にDNAこそが遺伝物質であると信じさせるのに十分であった．これには，ハーシー自身を含むファージグループによるファージ遺伝学および細菌遺伝学の進展が大きく影響を与えていた（前頁のコラム参照）．

一般に遺伝情報はDNAに書かれているが，**RNA**(ribonucleic acid, リボ核酸)を遺伝情報とするウイルスも存在する．植物ウイルスの多くは**RNAウイルス**である．RNAもまた遺伝子であることを証明した実験は，**タバコモザイクウイルス**(tobacco mosaic virus: TMV)を用いて行われた．TMV粒子は1935年にスタンリー(W. M. Stanley)によって初めて精製・結晶化された

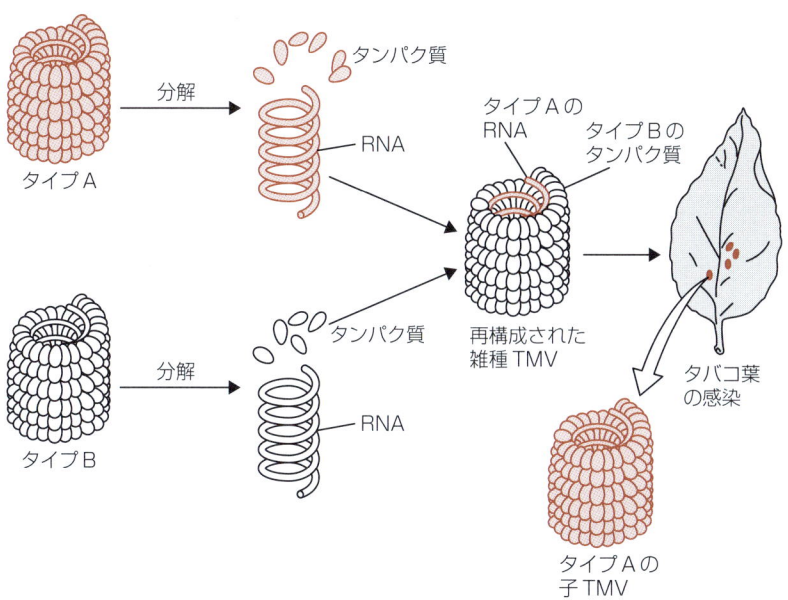

図1.4 TMVではRNAが遺伝物質であることを証明した フランケル=コンラットとシンガーの再構成実験
異なるTMV系統から分画したRNAとタンパク質を混ぜた雑種TMV粒子を再構成し，健全なタバコの葉に接種した．接種葉から再抽出したTMVのRNAとタンパク質は，ともにRNAを提供した系統と同じ分子種であった．

ウイルスで，これにより TMV が RNA とタンパク質外被から構成されることが明らかになっていた．1957 年にフランケル＝コンラット（H. Frankel-Conrat）とシンガー（B. Singer）は，TMV を用いて**再構成実験**（reconstitution experiment）と呼ばれる次の実験を行った（図 1.4）．TMV には異なる系統が存在する．彼らは，タイプ A とタイプ B からそれぞれ RNA と外被タンパク質を精製し，タイプ A の RNA とタイプ B のタンパク質，あるいはタイプ B の RNA とタイプ A のタンパク質を組み合わせて雑種の TMV 粒子を再構成した．これを健全なタバコに感染させた後で感染葉から TMV を再抽出して，それらの構成を調べた．その結果，たとえばタイプ A の RNA とタイプ B のタンパク質で再構成した TMV による感染では，感染葉からはタイプ A の RNA とタイプ A のタンパク質からなるウイルス粒子のみが得られた．この実験結果は，RNA を提供したタイプから子ウイルスが生じていること，すなわち RNA が TMV の遺伝情報を担っている事実を見事に証明している．

1.3　DNA の構造

DNA の基本構造である**二重らせん**（double helix）は，1953 年にワトソン（J. D. Watson）とクリック（F. H. C. Crick）によって明らかにされた．彼らが DNA の二重らせんモデルを考案する際に，基礎情報として用いた事実は，次の四つに要約される．

① DNA の構成要素

DNA は，3′-5′リン酸ジエステル結合によって連結した**ヌクレオチド**（nucleotide）からなるポリマー（重合体）である．ヌクレオチドは，**五炭糖**（ペントース，pentose），4 種類の**塩基**（base），**リン酸**から構成される．五炭糖は，2′位が C-H の**デオキシリボース**（deoxyribose）である．塩基には，**アデニン**（adenine）と**グアニン**（guanine）という 2 種類の**プリン**（purine），および**チミン**（thymine）と**シトシン**（cytosine）という 2 種類の**ピリミジン**（pyrimidine）がある．プリン塩基とピリミジン塩基は，デオキシリボースの 1′位の炭素に共有結合して**ヌクレオシド**（nucleoside）をつくる．さらにリン酸が，デオキシリボースの 5′位の炭素と他のデオキシリボースの 3′位の炭素をリン酸ジエステル結合で連結してヌクレオチドを構成する（図 1.5）．

② シャルガフの法則

1949 年，シャルガフ（E. Schargaff）は次の事実を明らかにした．すなわち，DNA の塩基組成は生物種によって大きく異なるが，A と T および G と C のモル比，したがってプリンとピリミジンのモル比はどの種でも等しい．一方，一般に **GC 含量**（GC content）と呼ばれる [A]＋[T] と [G]＋[C] の比は種によ

J. D. ワトソン
（1928 ～）

F. H. C. クリック
（1916 ～ 2004）

1.3 DNAの構造

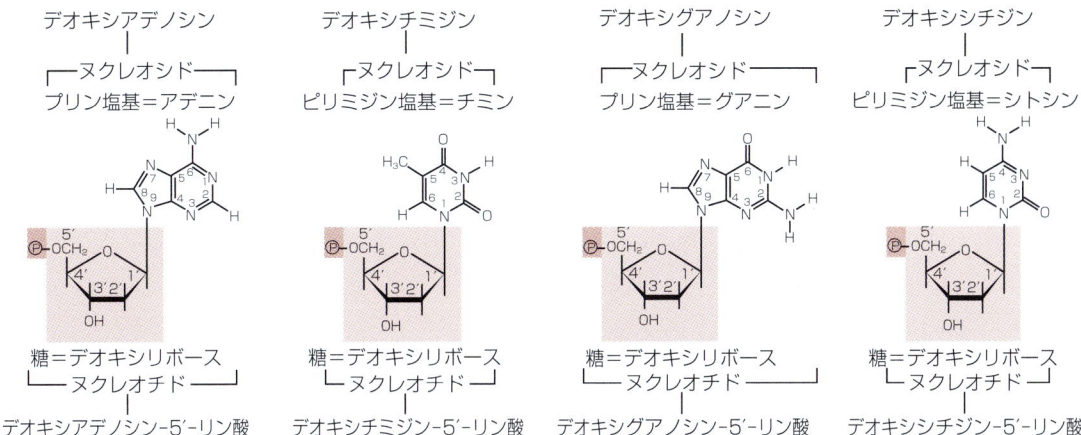

図1.5 DNAを構成する4種類のヌクレオチド
リン酸は®で示す．デオキシリボース中の炭素原子の位置は1′〜5′，プリン環とピリミジン環の炭素原子と窒素原子の位置はそれぞれ1〜9, 1〜6で示す．

り異なる．

③ 二重らせん構造

X線回折像によれば，DNA分子は二重らせん構造をとっている．ケンブリッジ大学キャベンディッシュ研究所の研究員であったワトソンとクリックは，ロンドン大学キングズカレッジのウィルキンズ(M. H. F. Wilkins)とフランクリン(R. E. Franklin)の実験結果を利用した．

④ 水素結合

熱処理により，DNAは共有結合を保持したまま変性する．つまり，二本鎖が解けて一本鎖となる．DNA二本鎖の結合は，弱い分子間結合の一つである**水素結合**(hydrogen bond)による．ヌクレオチドを構成する原子のうち，OやNのような電気的陰性原子が，別の電気的陰性原子と共有結合した水素原子を仲介してつながる弱い結合である．

以上の基礎事実に基づき，ワトソンとクリックは次のようなDNA構造モデルを提唱した．DNAは，方向性の異なる（逆平行な）2本のヌクレオチド鎖が**相補的**(complementary)に水素結合した二重らせん構造をとる（図1.6）．水素結合は，AとTの間では2か所で，GとCの間では3か所で形成され，**ワトソン・クリック型塩基対**(Watson-Crick base pairing)と呼ばれる．DNAを構成する2本の鎖は互いに相補的な関係にあり，一方の鎖の構造（ヌクレオチドの並び）が決まると他方も一義的に決まる．DNAは一般に直径が2 nmで，3.4 nmごとに1回転した右巻き（時計回り）の二重らせん構造をとる．1回転（1ピッチ）には10塩基が含まれる．

DNAの二重らせん構造の発見は，その後の遺伝学の様相を一変させた．

1章 遺伝子の本体と機能

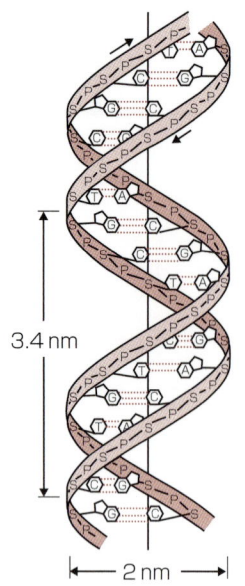

図 1.6 ワトソンとクリックの DNA 二重らせん構造
らせんは右巻き，直径は 2 nm，1 ピッチは 3.4 nm で，1 ピッチに 10 ヌクレオチドを含む．水素結合による塩基の対合は AT および GC 間で起こる．

遺伝子の本体が DNA であるという基本原則から，DNA を直接の解析対象とする分子遺伝学が生まれ，遺伝子の構造と発現の制御機構を効率的・合理的に解析できるようになった．

1.4 遺伝子の機能
1.4.1 先天的代謝異常

遺伝子の機能とは何か．この本質的な問いに答えを与え，その後の生理遺伝学研究の端緒となった研究が 1902 年にあった．イギリスの内科医ギャロッド (A. E. Garrod) は，家系調査の結果，**アルカプトン尿症** (alcaptonuria)[*5]

*5 黒尿症ともいう．ホモゲンチジン酸が蓄積することで，関節炎 (arthritis) を引き起こす．

Column

DNA の二重らせん構造発見から 50 年

2003 年は，ワトソンとクリックが DNA 二重らせんモデルを提唱した 1953 年から数えて 50 年にあたる記念の年で，Science や Nature などの雑誌でも DNA に関する特集が盛んに組まれた．オーストラリアのメルボルンでは「ゲノム——生命との連鎖」をテーマに第 19 回国際遺伝学会が開かれ，ここに二人は出席する予定だった．しかし残念ながら，ワトソンはご子息の病で，クリックは自ら体調を崩して会場に姿を見せなかった．会場のスクリーンには二人が映し出され，彼らの声が流れた．

翌年の 7 月 28 日，クリックがこの世を去ったニュースが世界を駆けめぐった．享年 88 歳．クリックは正真正銘の天才で，1976 年以来，カリフォルニア州サンディエゴのソーク研究所で脳（意識）の研究に没頭していた．長く喉頭がんを患っていたクリックは，死の床にあってなお論文の手直しをしていたという．ワトソンは今なお健在であり，遺伝学の進歩に貢献し続けている．

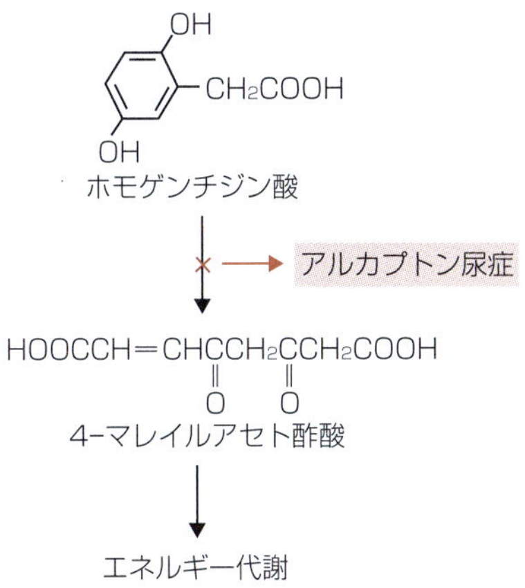

1.4 遺伝子の機能

図 1.7 アルカプトン尿症をもたらす酵素異常
患者からは，ホモゲンチジン酸の代謝分解を触媒するホモゲンチジン酸酸化酵素の活性が失われており，体内にホモゲンチジン酸が蓄積する．

と呼ばれるヒトの**先天的代謝異常**(inborn error of metabolism)が，一つの劣性遺伝子(2.3.1項参照)に支配される遺伝病であることを発見した．アルカプトン尿症の患者の尿は，排泄されると空気に触れて酸化し，黒色を呈する．患者は，芳香族アミノ酸であるチロシンの代謝経路のうち，ホモゲンチジン酸（アルカプトン）を4-マレイルアセト酢酸に代謝する酵素の活性を欠いており，ホモゲンチジン酸が体内に蓄積する（図1.7）．ギャロッドのこの発見は，遺伝子と酵素との直接的な対応を示唆した最初の例であり，遺伝子に生じた欠陥により代謝経路のある箇所が遮断されると，その段階の直前にある産物が蓄積するという重要な一般則を見いだした．今日，ヒトの遺伝病は数多く知られているが，当時はこうした先天性代謝異常が遺伝病であるとの一般的な認識はなく，ギャロッドの仕事も，ビードル(G. W. Beadle)とテータム(E. L. Tatum)によって1941年にその価値が再発見されるまで認められることはなかった．

　遺伝子とヒトの病気との関係を示す，もう一つの事例をあげる．**ヘモグロビン**(hemoglobin: Hb)は脊椎動物の赤血球中に存在する巨大分子で，酸素を運ぶ役割を担っている．ヒトでは，その発育段階に応じて胎児性(HbF)と成人性(HbA)の2種類のヘモグロビンが存在し，両者とも四つのサブユニット[*6]と一つのヘムグループからなる．HbAのサブユニットは，それぞれ別の遺伝子でコード（暗号化）される2本のα鎖と2本のβ鎖である．ヘモグロビン分子に生じる突然変異は数多くあるが，このうち鎌状ヘモグロビン(HbS)は，ヒトで**鎌状赤血球貧血**(sickle cell anemia)を引き起こす．S変異遺伝子をホモ接合[*7]でもつ場合（遺伝子型はHb_β^S/Hb_β^S），赤血球が鎌形に変形して血流障害を生じ，貧血を起こす．HbSタンパク質のアミノ酸配列を調べると，どの患者も，β鎖のアミノ酸末端から6番めのグルタミン酸がバリンに変化していた．興味深いことに，ヘモグロビンSをヘテロ接合[*8]で

[*6] subunit. 複数のタンパク質分子が集合して複合体を形成する場合，それぞれのタンパク質成分をいう．

[*7] homozygous. 二倍体生物で，問題とする遺伝子座が同じ対立遺伝子（アレル，allele）からなる状態をいう．

[*8] heterozygous. 問題とする遺伝子座が異なるアレルからなる状態をいう．

1章 遺伝子の本体と機能

もつ人は平地では貧血を起こさず，ハマダラカが媒介するマラリア原虫によって引き起こされるマラリア[*9]に罹りにくい．この事実は，一方で不利な形質をもたらす変異遺伝子が，他方では有利な形質をもたらし，集団中にある頻度で維持されることを示す．ここでの例は，マラリアが蔓延するアフリカなどの地域の人たちにS変異遺伝子が維持されることを意味している．

1.4.2　一遺伝子一酵素仮説

1940年頃，アメリカ・スタンフォード大学にいたビードルは，糸状菌の**アカパンカビ**(*Neurospora crassa*)を実験材料として，代謝経路と遺伝子との関係を明らかにしようとした．アカパンカビは，通常は一倍体(2.1節参照)として，無機塩類，糖，ビタミンのビオチンのみを含む最少培地[*10]で無性的に繁殖する．世代時間が短く，当時すでに多くの代謝経路が明らかにされ

[*9] malaria. 悪寒を伴う発熱，嘔吐，下痢などを引き起こし，さまざまな合併症を生じて死に至る危険がある．

[*10] minimum medium. 生存に必要なすべての代謝産物を含んだ完全培地(complete medium)に対比される．最少培地では野生型のみ生存し，完全培地では栄養素要求性突然変異体でも生存可能である．

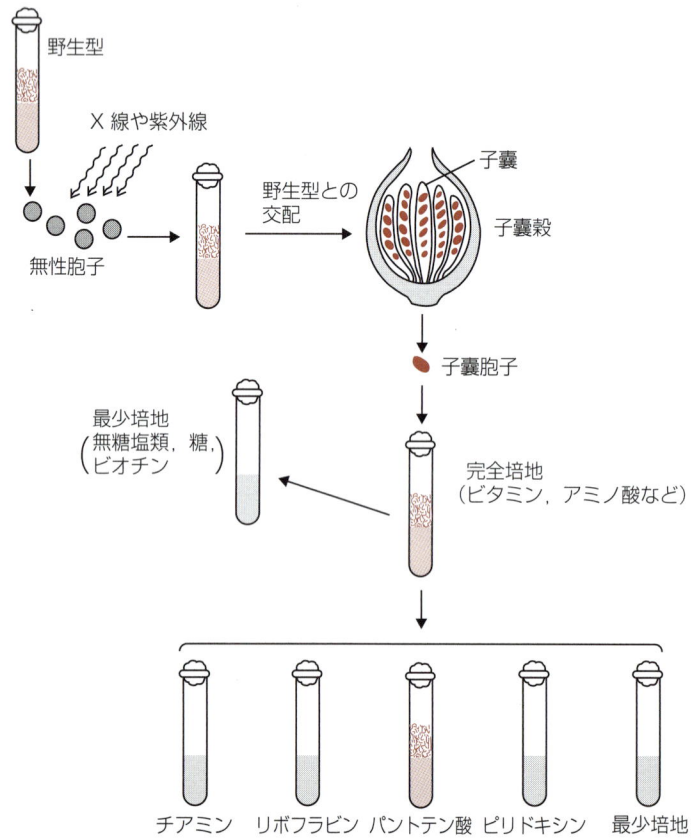

図1.8　アカパンカビにおける栄養素要求性変異体の選抜
X線や紫外線を照射した無性胞子を野生型と交配し，子嚢殻中にできる子嚢から子嚢胞子を採取して完全培地上で菌糸体を育成し，これを最少培地に植えて育たない変異体を選抜する．さらにこの変異体を，最少培地に既知の栄養素を加えたレプリカ培地に植えて，変異体が要求する栄養素を決定する．

ていた．加えてアカパンカビは，遺伝解析が容易であるという重要な利点をもっていた(3.2.3項参照)．ビードルは当時，大腸菌で多くの栄養素要求性突然変異体を選抜していたテータムに相談した．彼らは，アカパンカビは生存に必須なすべての代謝産物を生体内で新たに合成でき，その過程は遺伝的に制御されているのではないかと考えた．もしそうであるなら，必須代謝産物の合成にかかわる遺伝子に突然変異が起これば，生存に特定の代謝産物を要求する**栄養素要求性**(auxotrophy)を変異体は示すであろう．

ビードルとテータムは，アカパンカビの無性胞子にX線や紫外線を照射し，栄養素要求性を示す突然変異体をつくりだそうと試みた(図1.8)．まず，完全培地(すべてのビタミン，アミノ酸，プリン塩基，ピリミジン塩基を含む)では育つが最少培地では育たない変異クローンを数多く選抜した．このうち，ただ一つの遺伝子がかかわる突然変異体を選抜するために，野生型の**原栄養体**(autotrophs)との交配で1：1の分離比を示すものを選抜した(図1.9)．さらにこれらの変異体を，最少培地に特定代謝産物を加えて培養し，その栄養素要求性を決定した．同じ栄養素要求性を示した変異株については相補性検

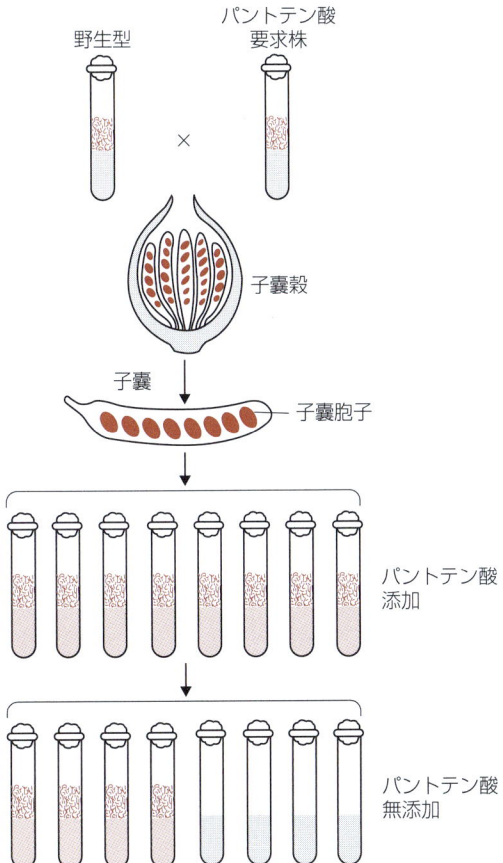

図1.9 栄養素要求性変異体が単一遺伝子座の変異によることの証明

突然変異体と野生型を交配し，生じた子嚢胞子の表現型が1：1になれば，変異が単一遺伝子座に生じていることを確認できる．

定(6.5.2項参照)を行い，これらを相補性グループごとにクラス分けした．こうして得られた独立の単一遺伝子に基づく突然変異体を生化学的に解析した．彼らの研究グループが注目したアルギニン（オルニチン）合成経路では，オルニチンからシトルリン，アルギニンへと反応が進む．オルニチン要求性には4種類，シトルリン要求性には2種類，アルギニン要求性には1種類の遺伝子が関与することがわかった．続いて次の重要な事実が判明した．

① オルニチン要求株は，どれもシトルリンかアルギニンを与えると育った．
② シトルリン要求株は，どれもアルギニンで育ったが，オルニチンでは育たず，オルニチンが細胞内に蓄積した．
③ アルギニン要求株は，オルニチンでもシトルリンでも育たず，細胞内にシトルリンが蓄積した．

以上の結果は，特定遺伝子の変異が特定酵素の活性消失をもたらすことを証明している（図1.10）．1941年に彼らが提唱した説は**一遺伝子一酵素仮説**（one gene-one enzyme hypothesis）として知られている．

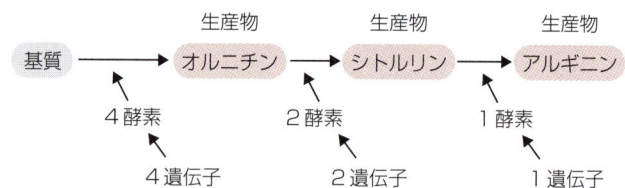

図1.10　一遺伝子一酵素仮説の流れ
アルギニン合成経路の各代謝段階に，特定遺伝子がコードする特定酵素が関与している．

Column

ビードルの言葉

　生物の代謝過程は遺伝子によって支配されている．これを証明したビードルとテータムたちの実験が完成したのは1944年であったが，彼らの成功の鍵はアカパンカビを用いたことにある．アカパンカビは，代謝経路にかかわる酵素タンパク質の生化学が当時もかなりよく知られていた．

　ビードルは，テータム，レーダーバーグ（J. Lederberg）とともに1958年のノーベル生理学・医学賞を受賞した．その受賞講演でビードルは次のように述べた．「私たちはこの長い回り道を経て，ギャロッドが何十年も前にすでに明らかにしていた事実を再発見したに過ぎない．私たちは彼の研究を知っていたし，本質的な新しいものを何かつけ加えたわけではない．私たちは，ヒトのいくつかの遺伝子といくつかの化学反応についてギャロッドがすでに明らかにしていたことが，アカパンカビの多くの遺伝子と多くの化学反応にも該当することを証明しただけである」．ビードルの謙虚さがよく現れた言葉である．その後，多くの酵素が，独立の遺伝子に規定された複数のサブユニットから構成されていることがわかり，一遺伝子一酵素仮説は現在では一遺伝子一ポリペプチド鎖説に発展している．

1.5 遺伝情報の流れ

遺伝子は，タンパク質の機能を通じて生物の**表現型**(phenotype)を制御する．タンパク質は，図 1.11 に示す 20 種類のアミノ酸(L-α-amino acid)がペプチド結合で連結した高分子である(図 1.12)．20 種類のアミノ酸は側鎖がそれぞれ違っており，一部は重なるが，非極性(G, A, V, L, I, P, F, M, W, C)，非荷電極性(N, Q, S, T, Y)，酸性(D, E)，塩基性(K, R, H)，芳香性(W, F, Y)に大別される．

この節では，細胞内の情報伝達について解説する．原核生物でも真核生物でも[*11]，細胞における情報伝達システムの基本は，DNA から RNA への転写と RNA からタンパク質への翻訳である．すなわち情報は，DNA から

[*11] タンパク質と脂質で構成される核膜をもたない生物群を原核生物(prokaryote)，核膜をもつ生物群を真核生物(eukaryote)という．真核生物では転写と翻訳の場が異なる．

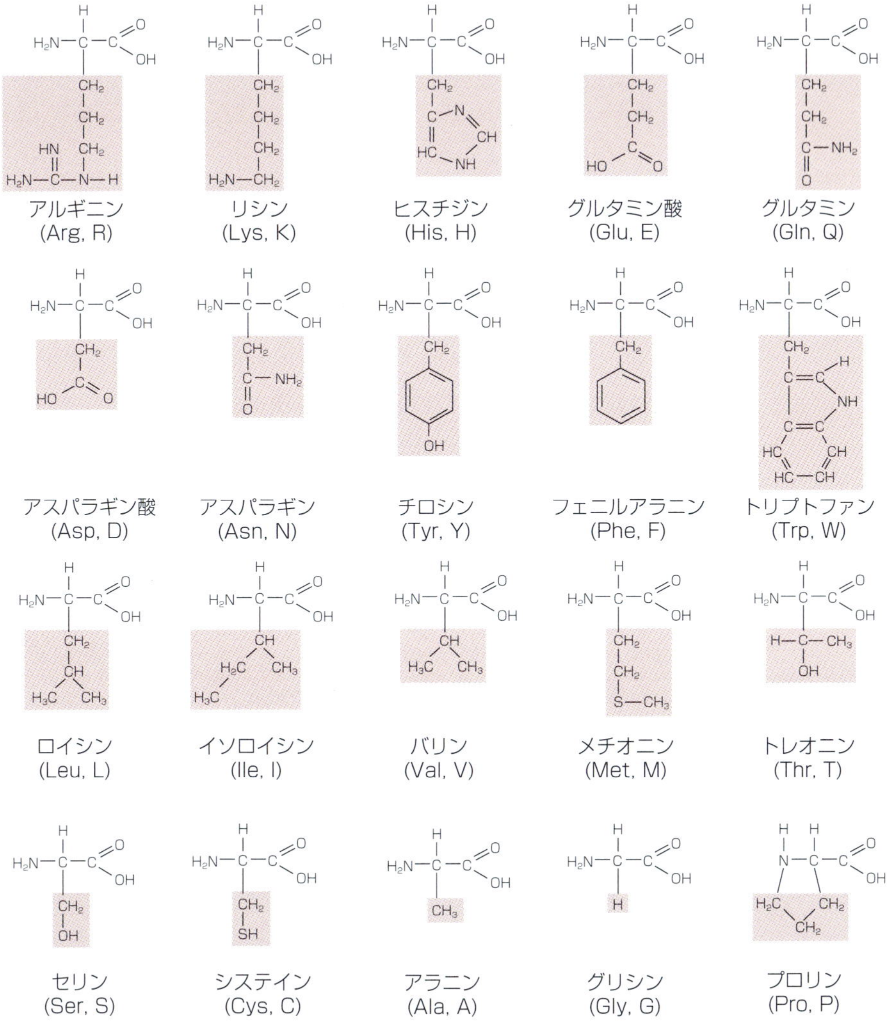

図 1.11 タンパク質を構成する 20 種類のアミノ酸

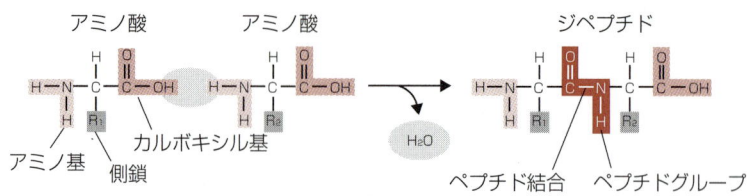

図1.12 ペプチド結合の形成

RNA, RNAからタンパク質へと一方向にしか流れない．クリックは，細胞内におけるこの情報の流れを**セントラルドグマ**(central dogma, 中心原理)と呼んだ．

1.5.1 転写

DNAの塩基配列情報(**一次情報**)がRNAの塩基配列に写しとられる過程を**転写**(transcription)という．RNAには大別して3種類があり，それぞれ**メッセンジャーRNA**(messenger RNA: mRNA)，**リボソームRNA**(ribosomal RNA: rRNA)，**トランスファーRNA**(transfer RNA: tRNA)と呼ばれる．mRNAのみがタンパク質に翻訳される情報をもつコードRNAであり，rRNAとtRNAは非コードRNAである(他の非コードRNAについては10章参照)．

mRNAはDNAの塩基配列情報をタンパク質のアミノ酸配列に伝える**二次情報**である．DNA鎖の1本が，**DNA依存性RNAポリメラーゼ**(DNA-dependent RNA polymerase)という酵素による転写の**鋳型**(template)として働く(図1.13)．転写産物と同一配列となる鎖を**センス鎖**(sense strand)，それと相補的な転写の鋳型となる鎖を**アンチセンス鎖**(antisense strand)と呼ぶ．DNA鎖のどちらがmRNAの鋳型として用いられるかは遺伝子の5′上流にあるプロモーターによって決まるから遺伝子ごとに異なり，隣り合った遺伝子であっても同じとは限らない．しかし，すべての種類のRNAについて，その合成方向はDNA合成と同じ5′から3′[*12]である．

真核細胞では，転写は核内で，翻訳は細胞質で行われる．核で転写が起こり，生じたmRNAが細胞質へ運ばれることは，**パルスチェイス標識実験**(pulse-chase experiment)と**オートラジオグラフィー**(autoradiography, 7章参照)で証明される．細胞を短時間，たとえば放射性同位元素トリチウム(^{3}H)を含んだウリジンやシチジンのような前駆体で標識し，オートラジオグラフィーで新生のmRNAがどこにあるのか調べると(パルス実験)，ほとんどすべてが核中に見つかる．一方，短時間の標識の後，大過剰の非放射性前駆体を加えるか，あるいは放射性前駆体を含む培地で培養した細胞を遠心分離操作で集め，非放射性前駆体を含む培地に移すと，mRNAに取り込まれた放射性前駆体が細胞質へ移行するのが確認される(チェイス実験)．

[*12] DNA鎖の両末端で，デオキシリボースの5′C-リン酸で終わる側を5′末端，3′C-OHで終わる側を3′末端という．

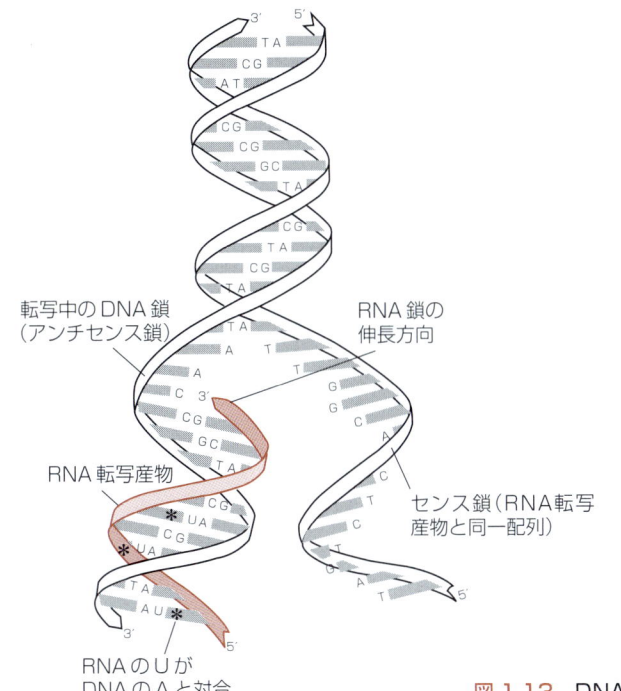

図 1.13 DNA から mRNA への転写

　mRNA の転写にかかわる RNA ポリメラーゼ（RNA 合成酵素）は複雑な構造をもっている．たとえば大腸菌では，α，β，β'，ω（オメガ），σ（シグマ）という 5 種類のサブユニットが六つ集まり（$\alpha_2\beta\beta'\omega\sigma$），分子量 490 kD の酵素を構成する．**σ因子**（σ factor）は転写開始部位（**プロモーター**，promoter）への RNA ポリメラーゼの結合を触媒し，$\alpha_2\beta\beta'\omega$ からなる**コア酵素**（core enzyme）が RNA 鎖の伸張を触媒する．プロモーター部位の構造は，それぞれの転写単位で異なるが，どれも短い共通配列をもつ．大腸菌では，転写開始部位（+1）の上流（5′側）10 塩基の位置に**プリノーボックス**（Pribnow box）と呼ばれる TATAAT 配列を，35 塩基の位置には**共通−35** と呼ばれる TTGACA 配列をもつ．真核生物では 3 種類の RNA ポリメラーゼ（Ⅰ，Ⅱ，Ⅲ）[*13] が存在し，mRNA の転写にかかわるのは RNA ポリメラーゼⅡである．RNA ポリメラーゼⅡは，遺伝子の 5′上流にあるプロモーター部位を認識して，そこに結合する．真核生物のプロモーター部位にも，原核生物とよく似た共通の短い配列が見られる．転写開始部位の上流 −25 塩基に見られる TATAAAA 配列は **TATA ボックス**，−75 塩基に見られる GGCCAATCT 配列は **CAAT ボックス**と呼ばれる．

　リボソーム RNA（rRNA）は，タンパク質合成の場である**リボソーム**（ribosome）の構成単位である．原核生物のリボソームは細胞中に拡散して存在するが，真核生物では**小胞体**（endoplasmic reticulum：ER）と呼ばれる

*13 RNA ポリメラーゼⅠは rRNA 合成に，Ⅲは tRNA と 5S rRNA 合成にかかわる．

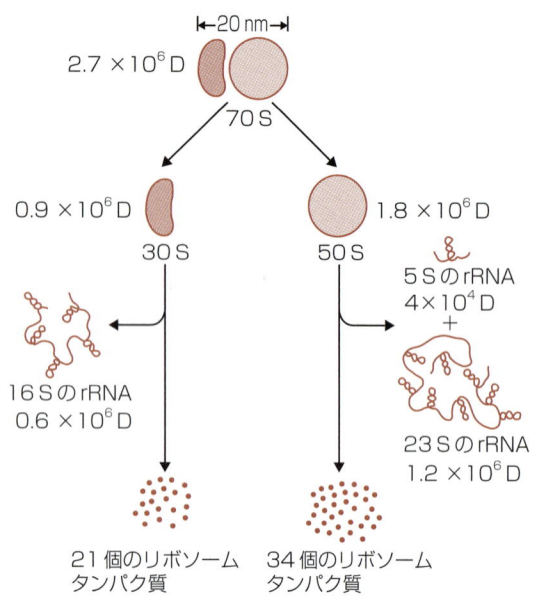

図 1.14 大サブユニットと小サブユニットからなる原核生物のリボソームの構成

細胞内器官に存在する．原核生物のリボソームは，70 S[*14]の大きさをもつ．真核生物のリボソームは，種により異なるが，およそ 80 S の大きさをもつ．原核生物のリボソームは大小二つのサブユニットからなり，30 S の小サブユニットは 1 個の 16 S の rRNA と 21 個の異なるタンパク質から，50 S の大サブユニットは 5 S と 23 S の 2 個の rRNA と 34 個の異なるタンパク質から構成される **RNA-タンパク質複合体**（RNA-protein complex）である（図1.14）．一方，真核生物の 80 S リボソームは，40 S の小サブユニットに 18 S の rRNA，60 S の大サブユニットに 5S, 5.8 S, 28 S の rRNA をもち，それぞれが 30〜35 個および 45〜50 個の異なるタンパク質をもつ．rRNA を合成する遺伝子（rDNA）は，どの生物においても **多重遺伝子族**（multigene family）[*15] を構成しており，真核生物では核の仁に存在している．rRNA の合成は RNA ポリメラーゼ I によって触媒される．図 1.15 に原核生物の rRNA 合成過程を示す．どの rRNA も，分子内で二本鎖の **ドメイン**（domain）と一本鎖の **ループ**（loop）を形成し，きわめて複雑な構造をとる．

翻訳には mRNA と rRNA で十分だろうか．1958 年にクリックは，アミノ酸と mRNA の結合を仲介する **アダプター分子**（adapter molecule）の存在を予測した．まもなくアダプター分子は同定・精製され，およそ 4 S（70〜80 塩基）の小 RNA 分子であることがわかった．アダプターRNA は **可溶性 RNA**（soluble RNA）と呼ばれたが，これが mRNA 上のアミノ酸を指令する暗号（**コドン**，codon）と結合することがわかり，以後は **tRNA**（transfer RNA）

[*14] S は沈降係数の単位であるスベドベリ単位．2.7×10^6 D に相当．D（ドルトン）は ^{12}C 1 原子の質量の 12 分の 1．

[*15] 進化の過程で遺伝子の重複により生じた遺伝子ファミリーで，構造的および機能的に相同性をもつ．

1.5 遺伝情報の流れ

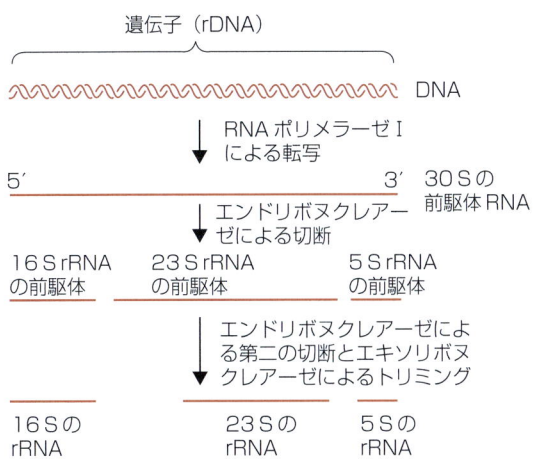

図1.15 原核生物におけるrRNA分子種の合成過程

と呼ばれるようになった。タンパク質を構成する20種類のアミノ酸のそれぞれには，少なくとも1種類のtRNAが対応する。tRNAはRNAポリメラーゼIIIによって合成される。

1965年にアメリカ・コーネル大学のホリー（R. W. Holley）らは，イーストのアラニンtRNA（tRNA^{ala}）の塩基配列を決定した。その構造を図1.16に示す。彼らは3年をかけて90 kgのイーストから1 gのtRNA^{ala}を精製し，構造決

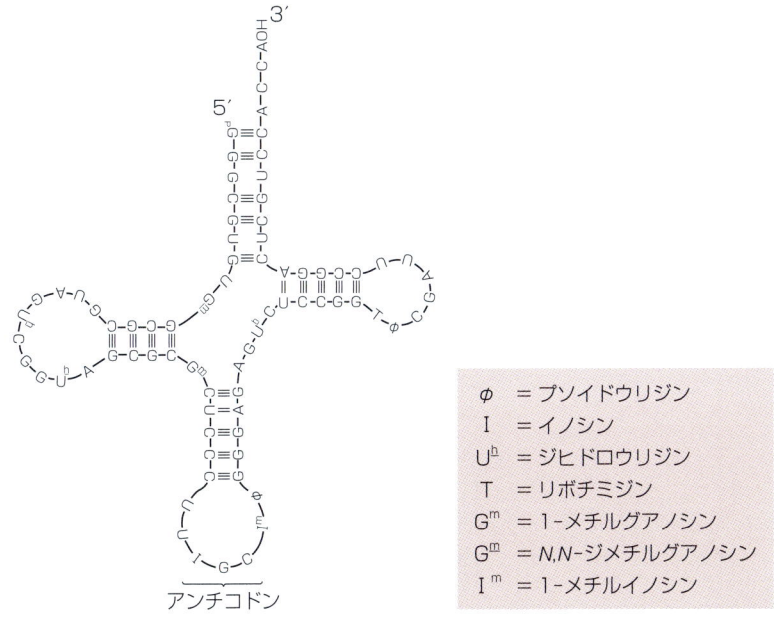

図1.16 アラニンtRNAの構造
最下部にアンチコドンループが存在する。Pは5′末端のリン酸。

定を行った．これは，核酸の塩基配列が決定された最初の例である．すべてのtRNA分子は約80個の塩基からなり，**クローバー葉**(cloverleaf)と呼ばれる三次元構造をもつ．tRNAは，イノシン(I)，1-メチルイノシン(I^m)，1-メチルグアノシン(G^m)，N,N-ジメチルグアノシン(G^m)，リボチミジン(T)，プソイドウリジン(ϕ)，ジヒドロウリジン(U^h)などの特有な塩基を含んでいる．これらの塩基は，転写後に特定酵素による修飾を受けて生じる．次に，すべてのtRNAがもつ構造上の共通点を示す．

① 3′末端に特定アミノ酸との共有結合部位(-C-C-AOH)をもつ．
② コドンに相補的な**アンチコドン**(anticodon)をアンチコドンループ内にもつ．

すなわちtRNAは，コドンとアミノ酸との間の認識仲介分子として機能する．

1.5.2 翻 訳

翻訳(translation)はタンパク質の合成過程，すなわちmRNAの塩基配列情報をアミノ酸配列に変える過程である．タンパク質の合成はリボソーム上で行われる．まず，tRNAとアミノ酸が結合して**アミノアシルtRNA**(aminoacyl-tRNA)が形成される．アミノアシルtRNAの形成は二つの段階を経る．第一段階では，ATPとアミノアシルtRNA合成酵素によりアミノ酸がアミノアシル化し，活性化される〔図1.17(a)〕．たとえば，セリン

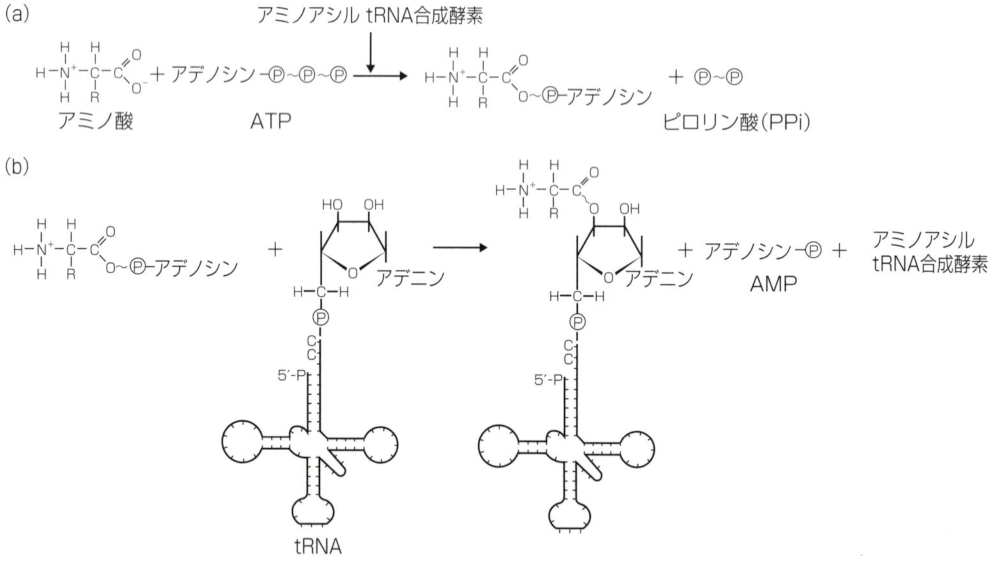

図1.17 翻訳の第一段階(a)と第二段階(b)

tRNA 合成酵素＋セリン＋ ATP から，セリン-アデニル酸セリン tRNA 合成酵素＋PPi(ピロリン酸，pyrophospholic acid)の反応が起こる．第二段階では，対応する tRNA の 3′-OH にアミノ酸が転移する〔図 1.17(b)〕．

リボソーム-mRNA 複合体にはアミノアシル tRNA が結合する **A 部位**(aminoacyl site)があり，ここにアミノ酸を付加したアミノアシル tRNA が入る(図 1.18)．このとき，合成済みのペプチド鎖はペプチジル結合部位である **P 部位**(peptydil site)に入っている．50 S のリボソームに結合するペプチジルトランスフェラーゼの働きで，合成済みペプチドの C 末端のアミノ酸と A 部位のアミノ酸との間でペプチド結合ができる．すると，アミノ酸が一つ加わったペプチドは P 部位に移り，空になった A 部位に次のアミノ酸を付加したアミノアシル tRNA が入る．この反応を **転位**(translocation)と呼ぶ．リボソーム上でのタンパク質合成は，このステップの繰返しで進行する．このとき，アミノアシル tRNA のアンチコドンは，mRNA のコドンを正しく認識して結合する．翻訳の終結には **終結因子**(release factor：RF)が関与する．3 種類ある **終止コドン**(termination codon，表 8.3 参照)に到達すると，A 部位に終結因子が結合して翻訳が終結する．RF-1 は 5′-UAA-3′ と 5′-UAG-3′ 配列，RF-2 は 5′-UGA-3′ と 5′-UAA-3′ 配列を認識する．

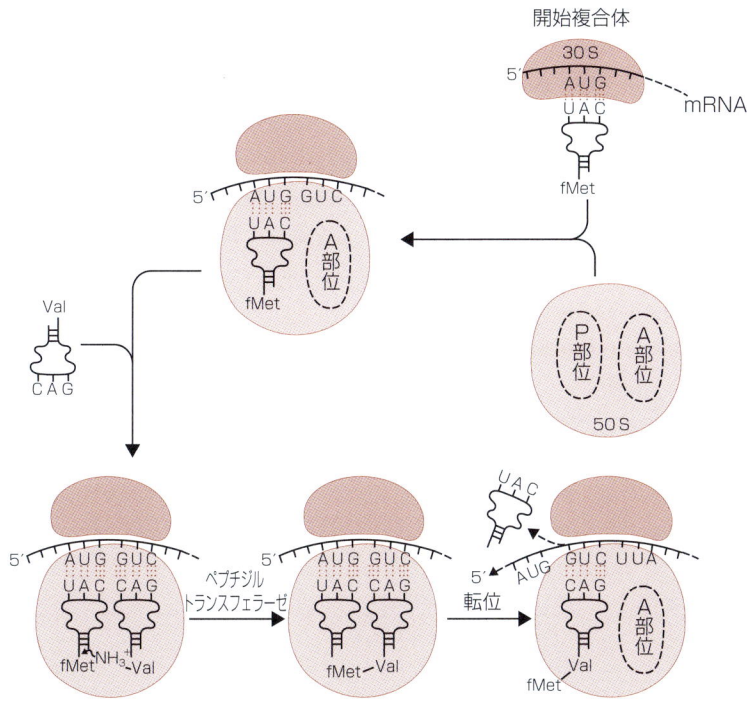

図 1.18　転位までの翻訳段階

1.5.3 逆転写

逆転写(reverse transcription)はRNAからDNAが合成される転写過程であり，セントラルドグマに反する情報伝達の特別なケースである．RNAからDNAを合成する**逆転写酵素**(reverse transcriptase)は，1970年にテミン(H. M. Temin)とボルティモア(D. Baltimore)によって，ラウス(P. Rous)が発見したニワトリにがんを引き起こすラウス肉腫(sarcoma)ウイルスの研究から独立に発見された．RNAからDNAへの逆転写は，RNAがんウイルスの感染時に見られる．RNAを遺伝子としてもつRNAがんウイルスを，一般に**レトロウイルス**(retrovirus)と呼ぶ(12.4節参照)．レトロウイルスでは，宿主細胞内で一本鎖のRNAから二本鎖のDNAへの逆転写が起こる．

練習問題

1. グリフィスとエーブリーらの実験の違いは何か．エーブリーらの実験は，どのようにして遺伝子の本体がDNAであることを証明したか．
2. ワトソンとクリックがDNAの二重らせん構造モデルを提唱する際に利用した実験的事実は何か．
3. DNA二本鎖のうち1本が次の塩基配列をもつとき，他方の鎖の塩基配列を答えなさい．5′-TACCACCAGAGTGTGTTGCCA-3′
4. ハーシーとチェイスの実験の目的は何か．彼らはこの目的をどのように達成したか．
5. 鎌状赤血球貧血は，サハラ砂漠以南のマラリアの頻発地帯でよく見られる遺伝的な風土病である．この事実は何を意味しているか．
6. ビードルとテータムが開発したアカパンカビの栄養素要求性突然変異体の選抜方法を説明しなさい．
7. ビードルとテータムは，アカパンカビの栄養素要求性突然変異体の解析から一遺伝子一酵素仮説を提唱した．彼らを成功に導いた要因は何か．
8. ビードルとテータムが一遺伝子一酵素仮説を導いた実験を説明しなさい．
9. 転写にかかわる酵素の種類を述べなさい．
10. 原核生物と真核生物のリボソームの構成要素を，それぞれ説明しなさい．
11. tRNAの翻訳における役割を述べなさい．
12. リボソーム上におけるタンパク質の翻訳過程の概略を説明しなさい．
13. 逆転写酵素とは何か．

2章 減数分裂とメンデル遺伝学

この章では，真核生物で見られる**減数分裂**の仕組みとその遺伝学的意義を学び，続いて遺伝学の基礎原理である**メンデルの法則**を学ぶ．メンデルの法則が，減数分裂時に観察される相同染色体の細胞学的な行動様式を基礎としていることが理解できるだろう．

2.1 生物の生活史と生殖システム

細胞説(cell theory)[*1] によれば，「すべての細胞は，すでに存在する細胞の分裂によってのみ生じる」．最初の生命は自然発生的に生じたと仮定せざるをえないとしても，以降は生命(細胞)それ自身がつくる以外に生命(細胞)は生じない．

細胞の分裂周期を**細胞周期**(cell cycle)[*2] と呼び，G_1期，S期，G_2期，M期の4期に分ける〔図2.1(a)〕．S(synthesis)期はDNAの複製により染色体が倍増する時期であり，その前後がG_1(gap 1)期とG_2(gap 2)期で，細胞分裂期がM(mitosis, 有系分裂)期である．G_1期，S期，G_2期を総称して**静止期**(resting phase)あるいは**間期**(interphase)という．細胞増殖を行わず細胞周期から外れた細胞は，G_0期にあるとする．

[*1] 細胞が動植物体の構成単位であるとする説で，19世紀中頃に植物学者のシュライデン(M. Schleiden)と医学者のシュワン(T. Schwann)によって確立された．なお細胞は，1665年にフック(R.Hooke)が発見し，名づけたものである．

[*2] 真核生物における細胞周期の正確な進行は，サイクリン–CDK複合体(cyclin-dependent protein kinase complex)によって制御されるほか，複数のチェックポイントがあり，各ステップが正確に進行するよう監視されている．

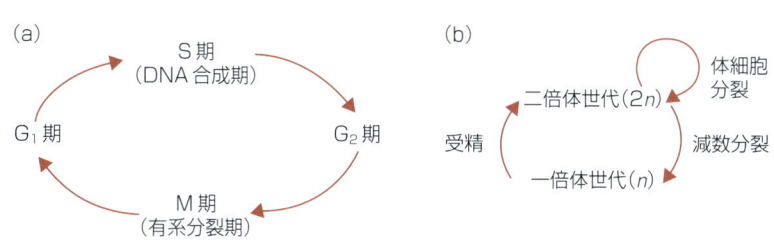

図2.1 二倍体生物の(a)細胞周期と(b)核相交代
(a)G_1, S, G_2, M期からなる細胞周期．(b)二倍体世代と一倍体世代の交代．

体を構成する体細胞は，父親と母親に由来する染色体組を併せもつので**二倍体細胞**(diploid cell)と呼ばれ，染色体数は $2n$ で表される．一方，卵細胞や精子または花粉に代表される生殖細胞，つまり**配偶子**(gamete)や**胞子**(spore)のような一組の染色体しかもたない細胞は**一倍体**(monoploid)または**単数体**(haploid)と呼ばれ，染色体数は n で表される．配偶子は，特殊な生殖母細胞から**減数分裂**(成熟分裂，還元分裂とも呼ばれる)を経て形成される．そこで，二倍体生物の生活史は二つの核相から構成される〔図 2.1(b)〕．雌雄配偶子の受精により生じる二倍体世代を**胞子体**(sporophyte)，配偶子または胞子の分裂により生じる一倍体世代を**配偶体**(gametophyte)と呼ぶ．

2.2 体細胞有糸分裂と減数分裂

体細胞有糸分裂(somatic mitosis)あるいは**体細胞分裂**とは，細胞が同じ染色体構成をもつ二つの娘細胞に分かれる均等分裂の過程である(図 2.2)．これにより，1 個の受精卵から遺伝的な構成を同じくする娘細胞の集団ができ，体の各部がつくられる．体細胞分裂の静止期は，細胞が分裂期に入る前の準備段階である．顕微鏡観察では一見して静止しているように見えるが，代謝的にはきわめて活発な時期である．分裂期は**前期**(prophase)，**中期**(metaphase)，**後期**(anaphase)，**終期**(telophase)に分けられる．前期は細胞分裂が始まる直前の時期で，核膜が消失し，可視的な染色体が形成される．中期は，複製を終えた染色体が赤道面に並ぶ時期である．複製後の各染色体は，2 本の**姉妹染色分体**(sister chromatid)からなる．後期は，染色分体が動原体の分離を伴って両極に分かれる時期である．各染色分体にはセントロメ

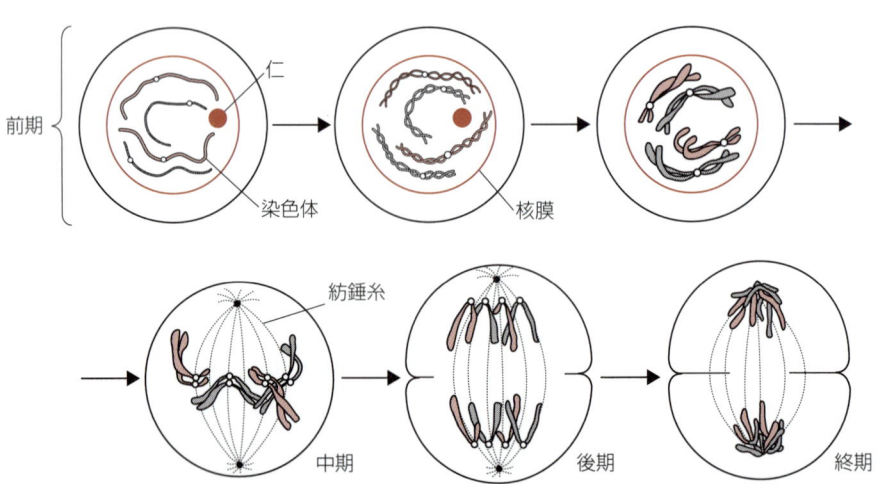

図 2.2 体細胞有糸分裂の過程
2 対の相同染色体対をもつ仮想的な細胞における分裂様式を示す．体細胞分裂では個々の染色体が倍化と分裂を繰り返し，同一の染色体構成をもつ娘細胞が生じる．

ア部に紡錘糸が付着し，これが両極に形成された紡錘体によって連結される．さらに，セントロメアを中心にして各染色分体が両極に移動する．終期は核分裂が終了する時期である．核分裂の終了後に**細胞質分裂**(cytokinesis)が起こる．

減数分裂(meiosis)とは，配偶子の形成に至る一連の細胞分裂過程である．減数分裂では二つの連続した細胞分裂が起こるが，この間に染色体の複製（DNA複製）は一度しか起こらないから，生じた配偶子がもつ染色体数（DNA量）は親細胞の半分になる．第一分裂中期には，父方および母方の**相同染色体**(homologous chromosome)が対合して**二価染色体**(bivalent chromosome)を形成し，赤道面に並ぶ．このとき，非姉妹染色分体間で**交叉**あるいは**乗換え**(crossing-over)が起こり，新たな姉妹染色分体ができる．第一分裂後期には，姉妹染色分体の分離なしに相同染色体が両極へ移動し，染色体数が半減する．第二分裂は体細胞分裂と同じで，姉妹染色分体が分離する（図2.3）．

減数分裂の遺伝学的意義は次の3点に要約される．

① 有性生殖を行う生物で，世代交代の間，同じ染色体数が維持される．
② どの一対の染色体についても，父方と母方の染色体が配偶子にランダムに分配される．
③ 交叉により父方と母方の相同染色体部分が組み換えられ，新しい染色体が生じる．

つまり減数分裂は，遺伝子を自由に交換できる生物集団であるメンデル集団（14章参照）にあって，染色体数（遺伝子量）を一定に保ち，かつ染色体の分配と組換えを保証する基本的システムである．減数分裂の過程がうまく機能しないと遺伝的な不都合が生じる．代表例が**異数体**(aneuploid)[*3]である．異数体が生じるのは，相同染色体が第一中期で対合せず，第一後期に両極へ

*3 種により決まっている染色体よりも多かったり少なかったりする個体のこと．ヒトで21番めの染色体数が3本となるトリソミー(trisomy)は，ダウン症候群(Down syndrome)を引き起こすことでよく知られる．なお，ダウン症の子供が出生する割合は，母親が高齢であるほど高くなる．

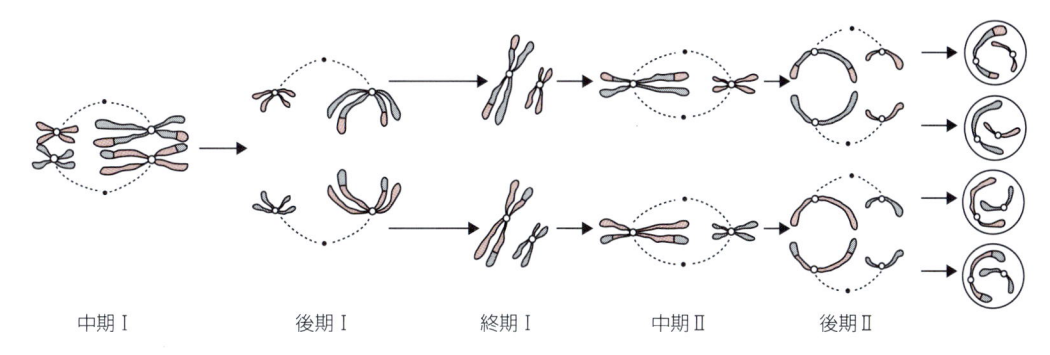

| 中期Ⅰ | 後期Ⅰ | 終期Ⅰ | 中期Ⅱ | 後期Ⅱ |

図 2.3 成熟分裂の過程
2対の相同染色体対をもつ仮想的な細胞における分裂様式を示す．成熟分裂の重要な特徴は，染色体倍化に続く第一分裂中期に相同染色体が互いに対合して二価染色体を構成し，第一分裂後期に両極へ分かれることである．このとき各染色体のセントロメアは分離せず，相同染色体対が分離するため，染色体数が半減する．もう一つの重要な特徴は，相同染色体を構成する4本の染色分体（クロマチド）のうち2本の非姉妹染色分体間で交叉が起こることである．

1：1分離できない結果，一方の娘細胞はよぶんな染色体を受けとり，他方は染色体が不足して生じる染色体不分離がおもな原因である(5.3.2項参照).

2.3 メンデル遺伝学

修道士だったメンデル(G. J. Mendel, 次頁のコラム参照)は，修道院の裏庭にある小さな畑(3 m × 35 m ほど)を実験場にして，一人の従僕とともに，エンドウマメ(*Pisum sativum*)を材料に用いて遺伝の研究に取り組んだ．彼は8年あまりの綿密な交配実験と実験データの解析を経て，1865年に実験結果をブルノの自然科学会の例会で発表し，翌年には，同会の雑誌に「植物雑種の研究」という論文として公表した．**顕性の法則**，**分離の法則**，**独立の法則**からなるメンデルの遺伝法則は，遺伝形質が世代を超えた不変な特定因子により支配されることを明らかにしている．

2.3.1 顕性の法則

顕性の法則(law of dominance)はメンデルの第三法則と呼ばれる．

生物が示す性質は一般に複雑であり，解析の対象となる形質を厳選しないかぎり，明確な遺伝法則を見いだすことは困難である．実際，作物の収量や家畜の生産性など，当時の研究者たちが解析の対象とした重要な農業形質の遺伝様式は複雑で，一般則を容易に見いだせなかった．現在の知識によれば，そのような性質は多くの異なる遺伝子に支配される量的形質だからである．メンデルは，目で見て定性的に識別でき，かつ両親で明瞭な対をなす形質を対象にしようと考え，こうした基準に適う七つの形質を選んだ．次にメンデルは，これらの性質が変化せずに代々安定して親から子へ伝わることを確かめた．メンデルは，解析対象の形質について**純系**(pure line)を選びだしたことになる．ところで，エンドウマメは自家受粉[*4]で子孫を残す植物種であり，メンデルの目的によく合致する実験材料だった．メンデルが解析した7対の形質を表2.1に示す．

メンデルの実験は次の通りであった[*5]．表面がなめらかで丸い種子(丸種子)をつける純系と，表面にしわがあり角ばった種子(しわ種子)をつける純系を交配すると，どちらを母親あるいは父親にしても，雑種第一代(F_1, first

G. J. メンデル
(1822〜1884)

[*4] self pollination. 花粉(pollen)が柱頭(stigma)に到達することを受粉といい，同一個体内での受粉を自家受粉という．一方，他個体間での受粉を他家受粉(cross pollination)という．

[*5] メンデルは遺伝形質を支配する遺伝因子を単に「因子」と呼んだが，この因子は，1909年にヨハンセン(W. L. Johanssen)により遺伝子(gene)と名づけられた．そこでここでも「遺伝子」という術語を用いる．

表2.1 メンデルが解析した7対の形質

① *R*(表面がなめらかで丸い種子)と *r*(表面にしわがあり角ばった種子)
② *I*(黄色の種子)と *i*(緑色の種子)
③ *A*(灰色の種皮，すみれ色の花)と *a*(白い種皮，白い花)
④ *V*(ふくらんだ莢)と *v*(くびれた莢)
⑤ *Gp*(緑色の莢)と *gp*(黄色の莢)
⑥ *Fa*〔腋生(茎に沿って花が咲く)〕と *fa*〔頂生(茎の頂端に花が咲く)〕
⑦ *Le*(背が高い)と *le*(背が低い)

filial)はすべて丸種子であった．重要な点は，この関係が他の形質でも一般に認められたことである．すなわち，試験した7対の形質すべてについて，F_1 では一方の親の形質のみが現れた．メンデルは次のように推論した．対をなす形質について，それぞれ純系である両親間の F_1 では，どちらか一方の親の形質のみが発現する．このとき F_1 で発現する形質を**顕性**(dominant)，発現しない形質を**潜性**(recessive)[*6] と呼び，顕性を支配する対立遺伝子（アレル）を**顕性遺伝子**，潜性を支配する対立遺伝子（アレル）を**潜性遺伝子**と呼ぶ．表2.1では顕性遺伝子を大文字で，潜性遺伝子を小文字で表した[*7]．種子の形態の例では丸種子が顕性形質であり，これを支配する遺伝子 R が顕性遺伝子，一方，しわ種子は潜性形質であり，これを支配する遺伝子 r が潜性遺伝子である．

顕性の法則にはいくつかの例外がある．その代表例は**不完全顕性**(incomplete dominance)で，F_1 は両親の中間型をとる．たとえばオシロイバナの花色は，赤と白の両親からの雑種 F_1 ではピンク色である．さらに，2.4節で解説するABO式血液型では，対となる遺伝子間に優劣の関係が認められず，AB型のように，ヘテロ個体が両方の形質を表す**共顕性**(codominance)という現象が見られる．

2.3.2 分離の法則

分離の法則(law of segregation)はメンデルの第一法則と呼ばれる．

メンデルは，雑種 F_1 を自殖（自家受粉）した F_2 世代での形質の分離について定量的に解析した．メンデルが調べた7対の形質の F_2 世代における分離比を表2.2に示す．

丸種子としわ種子の交配で得られた F_1 丸種子個体を自殖すると，次代 F_2

[*6] 潜性は必ずしも劣ったという意味ではない．ヘテロの状態（1章注8参照）で現れないという意味である．

[*7] 遺伝子は一般にイタリック体で表す．顕性遺伝子は大文字あるいは＋記号をつけて表す．なお遺伝子は，変異形質の名をとって命名されることが多い．

> **Column**
>
> ### 修道士だったメンデル
>
> メンデルは，1822年に当時のオーストリア・ハンガリー，現在のチェコにあったハイツェンドルフという小さな村で貧しい農民の子として生まれた．3人の娘たちの後にようやく生まれた一人息子であったから，父親は大きな期待をかけたが，メンデルは体が弱く農作業には向かなかった．しかし，メンデルは幼い頃から鋭い知性を現し，村長や姉たちの経済的援助を受けてウィーン大学に進み，神学のほか，数学や生物学など自然科学を学ぶ機会を得た．帰国後は，チェコの東南にあるブルノ（当時はブリュン）のアウグスティニアン修道院に入り，そこで敬虔な宗教生活を送る司祭となった．現在，この修道院はメンデル記念館となり，一般に公開されている．当時のヨーロッパでは修道院は大学と並ぶ学術の中心であり，多くの修道士は研究に明け暮れていた．その点は日本の寺院とよく似ている．メンデルは農業気象学などいくつかの自然科学分野の研究に従事したが，最も特筆すべき研究が遺伝学研究であった．

表 2.2 メンデルが調べた 7 対の形質の F₂ 世代における分離比

対となる形質	アレル	表現型の分離	対となる形質	アレル	表現型の分離
① 表面がなめらかで丸い種子	R	5474	⑤ 緑色の莢	Gp	428
表面にしわがあり角ばった種子	r	1850	黄色の莢	gp	152
② 黄色の種子	I	6022	⑥ 茎に沿って花が咲く(腋生)	Fa	651
緑色の種子	i	2001	茎の頂端に花が咲く(頂生)	fa	207
③ 灰色の種皮,すみれ色の花	A	705	⑦ 背が高い	Le	787
白い種皮,白い花	a	224	背が低い	le	277
④ ふくらんだ莢	V	882			
くびれた莢	v	299			

では丸種子(顕性)が 5474 個体,しわ種子(潜性)が 1850 個体得られた.統計的にこの分離比は,顕性が 3,潜性が 1 の割合と合致した.さらに,試験した七つの形質すべてについて,顕性と潜性の出現頻度は 3:1 だった.続いて F₂ 植物をそれぞれ自殖して,F₃ の分離比を調べた.F₂ で 4 分の 1 現れたしわ種子からはしわ種子のみが生じたが,F₂ で 4 分の 3 現れた丸種子のうち 3 分の 1 からは丸種子のみ,残り 3 分の 2 からは丸種子としわ種子が再び 3:1 の割合で生じた.試験した七つの形質について,すべて同様の結果が得られた.さらに,F₁ 植物と潜性形質を示す親とを交配して子の分離を調べたところ,顕性と潜性が 1:1 の割合で生じた.F₁ 植物と潜性親との交配では,生じる子の形質に関する分離比が,F₁ のつくる配偶子における遺伝子の分離比を直接表す.そこで,この交配様式を**テスト(検定)交配**(test cross)と呼ぶ.

以上の結果から,メンデルは次の結論を得た.すなわち,アレルは変化することなく,配偶子の形成に際して 1:1 に分離し,雌性あるいは雄性配偶子に伝達される.したがって,ヘテロ接合の F₁ 雑種がつくる雌性配偶子と雄性配偶子のランダムな受精で生じる F₂ では,遺伝子型 AA, Aa, aa が 1:2:1 の割合で生じ,表現型では顕性が 3,潜性が 1 の割合となる.潜性形質を示す個体の遺伝子型は,対となる遺伝子がともに潜性,すなわち**ホモ接合型**(homozygous)の aa である.一方,顕性形質を示す個体には 2 種類あり,一方の遺伝子型は顕性遺伝子がホモの AA,他方は顕性遺伝子と潜性遺伝子を共有した**ヘテロ接合型**(heterozygous)の Aa である.メンデルは,形質としてとらえられる**表現型**(phenotype)と実際の遺伝因子の構成型である**遺伝子型**(genotype)とを峻別したことになる.分離の法則は,メンデルの三法則のうちで最も重要なものである.

2.3.3 独立の法則

独立の法則(law of independence)はメンデルの第二法則と呼ばれる.両親がもつ 2 対の形質を併せもった F₁,つまり 2 遺伝子についてそれぞ

れヘテロな雑種 F_1 の自殖次代では，各形質の対が独立に分離する．つまり，二つの形質に関する雑種（**二因子雑種**, dihybrid）では，表現型についてテスト交配では 1：1：1：1，F_2 世代では 9：3：3：1 の分離比が見られる．

丸・黄色の種子としわ・緑の種子をつける両親間で交配を行い，得られた F_1 の丸・黄色種子個体を自殖して，F_2 の分離比を調べた．すると，丸・黄色種子が 315，丸・緑色種子が 108，しわ・黄色種子が 101，しわ・緑色種子が 32 であった．この交配の組合せを $AABB \times aabb$ と表すと，F_1 の遺伝子型は $AaBb$ となる．F_2 では 2 遺伝子座の各アレルがランダムに組み合わされるので，9 種類の遺伝子型が生じる．これを表現型から分類すると，[AB]：[Ab]：[aB]：[ab] = 9：3：3：1 の関係が見られる．このとき各表現型について見れば，[A]：[a] = 3：1 および [B]：[b] = 3：1 の分離比が成立している．すなわち，個別の遺伝子座のそれぞれのアレルについて見れば，依然として分離の法則が当てはまる．

メンデルが「ある形質を支配する遺伝子は，他の形質を支配する遺伝子とは互いに独立に分離して配偶子に入る」と結論づけた独立の法則は，実はむしろ例外的である．これが当てはまるのは，二つ以上の異なる染色体上にある二つ以上の異なる遺伝子あるいは同一染色体上の十分に離れた位置にある二つ以上の遺伝子のみである（3.2 節参照）．実は，メンデルは異なる形質を支配する複数遺伝子が同一染色体上に存在する現象（連鎖，3.2.1 項参照）を記載していないが，幸運にもメンデルの二因子交配には，連鎖関係にある遺伝子の組合せが含まれていなかった[*8]．

メンデルの法則の正しさは，配偶子を形成する成熟分裂の細胞学的観察により確認された．1903 年，サットン（W. S. Sutton）とボヴェリ（T. Boveri）が，メンデルの法則と減数分裂で相同染色体がとる行動様式の観察結果とを統合して，次のように要約される**遺伝の染色体説**（chromosome theory of heredity）を唱えた．

① 精子（あるいは花粉）と卵子以外に世代間を結ぶ橋はないから，すべての遺伝的特性はこの二つの配偶子によって運ばれる．
② 顕微鏡観察によれば，精子は細胞質のほとんどすべてを減数分裂過程で失うが，受精に際して遺伝的に卵子と同等の寄与をするから，遺伝因子は卵子と精子の核の中にある．
③ 核の可視的構成成分のうち，減数分裂で配偶子に正確に分けられるのは染色体だけだから，遺伝子は染色体上にある．
④ 染色体は父親と母親に由来する一つずつが対になっており，メンデル因子（遺伝子）も対になって行動する．
⑤ 染色体は減数分裂時に分離して，配偶子にランダムに分配されるよう

*8 エンドウマメは七つの染色体をもつが，信頼できると考えられる報告によれば〔T. H. N. Elli, S. J. Poyser, *New Phytologist*, **153**, 17（2002）〕，メンデルが調査した七つの形質は，第 I, II, III, IV, V という五つの染色体上のアレルで支配される．すなわち，*V/v* と *Le/le* は第 III 染色体上に，*R/r* と *Gp/gp* は第 V 染色体上に存在する．とくに，メンデルの二因子交配に含まれていない *V/v* と *Le/le* は第 III 染色体長腕上で近接した位置に存在する．もしメンデルがこの交配を行っていれば，これら 2 遺伝子の組合せでは独立分離が認められなかったはずで，おそらく連鎖に気づいたであろう．

に見える．メンデル因子(遺伝子)もランダムに分離して配偶子に入る．
⑥ 対になった2本の染色体(相同染色体)は他の染色体とは独立に分離するように見える．メンデル因子も独立に分離する．

すべての遺伝子対について，異なる両親間の交配で生じるF_1がつくる配偶子の種類と，F_2で現れる遺伝子型と表現型の種類はいくつになるだろうか．n個の遺伝子についてそれぞれ2個のアレルがある場合を考えると，期待される結果は表2.3の通りである．

表2.3 異なる両親から生じるF_1の配偶子，F_2の遺伝子型と表現型

遺伝子対	F_1の配偶子	F_2の遺伝子型	F_2の表現型
1	2	3	2
2	4	9	4
3	8	27	8
n	2^n	3^n	2^n

1905年にパネット(R. C. Punnett)は，メンデル遺伝の分離比を簡便に決めるパネットの方形(Punnett's square)を考案した．ニワトリのとさかの形を例にしたパネットの方形を図2.4に示す．とさかの形は，2対の遺伝子が関与して決定される．Rはバラ冠を，Pはマメ冠を支配する独立な遺伝子である．2因子に関してヘテロ接合($R/r\ P/p$)のクルミ冠の雌雄(ともにF_1)を交配すると，雌雄のどの配偶子も1組の遺伝子を受けとるから，次代で次の4種類のとさかをもった子が生じる．すなわち，$R/-P/-$(クルミ冠)，$R/-$

Column

再発見されたメンデルの法則

メンデルが成功した大きな理由は，明確に対をなす形質に着目したこと，純系間の交配を行ったこと，適当な交配の子に現れる形質を数量的に解析したこと，表現型と遺伝子型を明確に区別したことにあった．メンデルの法則は例外を除いて今でも正しく，とくにその中心である分離の法則は遺伝の根本原理を述べている．

しかし，この優れた仮説は当時の学会にまったく受け入れられなかった．メンデルは論文をネーゲリ(K. W. von Nägeli)など当時の著名な生物学者たちに送ったが，満足に読んでもらうことさえできず，その内容はほとんど無視された．メンデルは，その後さまざまな生物種を対象に検証実験を行うが，エンドウマメで得たような見事な結果が得られないことが多く，1884年，失意のうちに生涯を閉じた．ド・フリース(H. M. de Vries)，コレンス(C. E. Correns)，チェルマク(E. von Tschermak)の3人によってメンデルの法則が独立に再発見されたのは，メンデルの論文発表後35年を経た1900年のことであった．研究が正当に評価されるのには適切なタイミングが必要なのかもしれない．

メンデルに限らず，多くの重要な科学的発見が，長い間見向きもされなかったり激しい批判に遭ったりする例は多い．科学的発見は，それが根本的なものであればあるほど，厳しい検証を経て初めて正しい科学知識として受け入れられる．

2.4 複対立遺伝子

(a)

♂
R/r P/p
クルミ冠

♀ R/r P/p クルミ冠		RP	Rp	rP	rp
	RP	R/R P/P クルミ冠	R/R P/p クルミ冠	R/r P/P クルミ冠	R/r P/p クルミ冠
	Rp	R/R P/p クルミ冠	R/R p/p バラ冠	R/r P/p クルミ冠	R/r p/p バラ冠
	rP	R/r P/P クルミ冠	R/r P/p クルミ冠	r/r P/P マメ冠	r/r P/p マメ冠
	rp	R/r P/p クルミ冠	R/r p/p バラ冠	r/r P/p マメ冠	r/r p/p 単冠

クルミ冠:バラ冠:マメ冠:単冠=9:3:3:1

(b)

♂
R/r P/p
クルミ冠

♀ r/r p/p 単冠		RP	Rp	rP	rp
	rp	R/r P/p クルミ冠	R/r p/p バラ冠	r/r P/p マメ冠	r/r p/p 単冠

クルミ冠:バラ冠:マメ冠:単冠=1:1:1:1

図2.4 ニワトリのとさかの形を例にしたパネットの方形
(a) 2因子の独立分離, (b) 検定交配で見られる2因子の独立分離.

p/p(バラ冠), r/r $P/-$(マメ冠)とr/r p/p(単冠)が9:3:3:1の分離比で生じる[*9]. さらに, 二重ヘテロ接合であるクルミ冠の雄(R/r P/p)と二重潜性の単冠の雌(r/r p/p)とのテスト交配では, 4種類の表現型が1:1:1:1の割合で生じる.

[*9] 遺伝子型を標記する際には, 相同染色体上のアレルを, / をはさんだ両側に記し, ―は顕性あるいは潜性いずれかのアレルであることを示す.

2.4 複対立遺伝子(複アレル)

二倍体生物の1個体は, 通常, 1遺伝子座について最大2個のアレルしかもたないが, 集団を考えたときは1遺伝子座に多数のアレルが存在しうる(14章参照). ある遺伝型が, 同一遺伝子座に存在する三つ以上のアレルにより支配されているとき, これらを**複アレル**(multiple alleles)と呼ぶ. 次に, 複アレルが関与する代表例であるヒトの**ABO式血液型**(ABO blood type)について解説する.

ABO式血液型は, 1900年にランドシュタイナー(K. Landsteiner)によって考案された血液の分類法である. ある人の血液と別の人の血液を混ぜると, **血液凝固**(blood coagulation)が起こることがある. この反応は, 血球表面にある糖タンパク質の糖鎖が抗原となり, 血清中にある抗体との**抗原抗体反応**(antigen-antibody reaction)が原因となって起こる. O型血球は抗原をもたず(遺伝子型はii), A型とB型はそれぞれA型とB型の抗原をホモ($I^A I^A$, $I^B I^B$)あるいはヘテロ($I^A i$, $I^B i$)でもつ. AB型はA型とB型を両方もつヘテロ接合($I^A I^B$)であり, このとき遺伝子I^AとI^Bは**共顕性**(2.3.1項参照)の関係にある. 一方, O型の血清は抗A抗体とともに抗B抗体をもち, A型血清は抗B抗体, B型血清は抗A抗体をもつが, AB型血清はどちらの抗体ももたない. 血液凝固は, 抗原型と抗体型が一致したとき, たとえば抗原Aが抗A抗体と出合ったときに生じる. 以上の関係を表2.4に示す.

二つまたはそれ以上の遺伝子が同じ形質に働くとき, 一つの遺伝子が他の遺伝子の作用に影響を与えることがある. この現象を**上位性**(epistasis)[*10]

[*10] 一般に, 非アレル間(別の遺伝子座にある遺伝子の遺伝子型)の相互作用が, 一つの形質に影響することをいう. 本文の例では, C遺伝子座がB遺伝子座による表現型に影響を与えている.

表 2.4　ABO 式血液型で血液凝固が起こる組合せ

受血者		輸血提供者				抗原の遺伝子型
血清	血清中の抗体	赤血球（表面抗原）				
		O(−)	A(A)	B(B)	AB(AB)	
O	抗A, 抗B		×	×	×	ii
A	抗B			×	×	$I^A I^A, I^A i$
B	抗A		×		×	$I^B I^B, I^B i$
AB	—					$I^A I^B$

×は血液凝固が起こる組合せを表す．

と呼ぶ．ハツカネズミの毛の色は，$C/- \; B/-$（黒色），$C/- \; b/b$（褐色），$c/c \; B/-$（白色），$c/c \; b/b$（白色）という遺伝子型で決定される．着色に必要な C 遺伝子は B に対して上位にあり，C 遺伝子が少なくとも一つなければ着色は見られずに毛は白色になる．C 遺伝子とともに B 遺伝子が少なくとも一つあるときには黒色に，B 遺伝子が一つもないときは褐色になる．遺伝的に上位として働く遺伝子は，一般にある形質を発現するための代謝経路の上流で働く遺伝子であり，遺伝子間の上位・下位を解析して代謝経路の骨格を理解できる．

練習問題

1. 体細胞分裂と減数分裂をそれぞれ説明し，その様式の違いを遺伝学上の意義とともに述べなさい．
2. メンデルの遺伝法則を説明しなさい．
3. メンデルが遺伝法則の発見に成功した理由は何か，説明しなさい．
4. 次の交配から得られた雑種 F_1 は何種類の配偶子をつくるか．F_1 の自家受粉により何種類の F_2 遺伝子型と表現型が得られるか．① $AA \times aa$，② $AABB \times aabb$，③ $AABBCC \times aabbcc$
5. $AaBb \times AaBb$ の交配で次の表現型の分離を得た．それぞれに対応した検定交配（$AaBb \times aabb$）では，どのような表現型の分離比が期待されるか．① 13：3，② 15：1，③ 9：3：4，④ 12：3：1，⑤ 1：2：1：2：4：2：1：2：1
6. ヒトの ABO 式血液型に関して，次の男女から生まれる子の表現型と，それらの頻度はいくらになるか．① $I^A I^A \times I^B I^B$，② $I^A I^A \times ii$，③ $I^A i \times I^B i$，④ $I^A i \times ii$
7. ヒトの ABO 式血液型に関して，ある集団では O 型が 36％，A 型が 45％，B 型が 13％，AB 型が 6％ であった．この集団では血液型について選り好みがなく，どの血液型も生存率に影響がないとする．3 種類のアレル I^A, I^B, i の頻度はどのくらいと推定できるか．

3章 遺伝の染色体基礎

　特定の形質を支配する特定の遺伝子は特定の染色体上にあること，個々の遺伝子は染色体上の特定の位置に直線的に配列していること，同一染色体上にある異なる遺伝子間の距離は遺伝子間の組換え価（組換え頻度あるいは組換え率）に基づき測定できることを明らかにしたのは，モルガン（T. H. Morgan）および彼の学生と共同研究者たちであった．この章では，古典遺伝学の金字塔であるモルガン派の遺伝学を学ぶ．

T. H. モルガン
（1866～1945）

3.1　伴性遺伝

　モルガンの実験は，遺伝の染色体基礎を確立する契機になった．彼は，ショウジョウバエ（*Drosophila melanogaster*）で突然変異型の白眼の雄を得て，遺伝解析を開始した．まず，白眼の雄と野生型の赤眼の雌との交配で得たF_1は，雄でも雌でも赤眼であった．F_1の雄と雌（brother and sister）の交配では，雌はすべて赤眼，雄は赤眼と白眼が1：1に分離し，雌雄を区別しなければ，赤眼と白眼の分離比は3：1であった（図3.1）．F_1が生む雄と雌の交配の子孫は，自家受精で得たF_2に相当する．さらに，赤眼のF_1雌と白眼の雄の交配（**検定交配**）を行ったところ，雌雄を問わず，赤眼と白眼の子が1：1の分離比で生じた．この実験によりモルガンは，メンデルの遺伝法則のうち，顕性の法則と分離の法則がショウジョウバエでも成立していることを知った．しかし，F_2世代の雌雄の交配から得た白眼の雌と野生型赤眼の雄を交配して，その結果に驚いた．この逆交配[*1]では，F_1の雄は白眼，雌は赤眼であり，その分離比は1：1であった．しかも，この逆交配の次代F_2では，雄でも雌でも赤眼と白眼が1：1に分離した（図3.2）．この結果は，一見してメンデルの法則に合致しないように思えた．しかしモルガンは，この矛盾を見事に解決した．当時すでに知られていたように，ショウジョウバエの性は**X染色体**（X-chromosome）と呼ばれる性染色体によって決定され，雌はX染色体を2

[*1] reciprocal cross. 対立する形質（遺伝子型）について，母親と父親を代えた交配をいう．

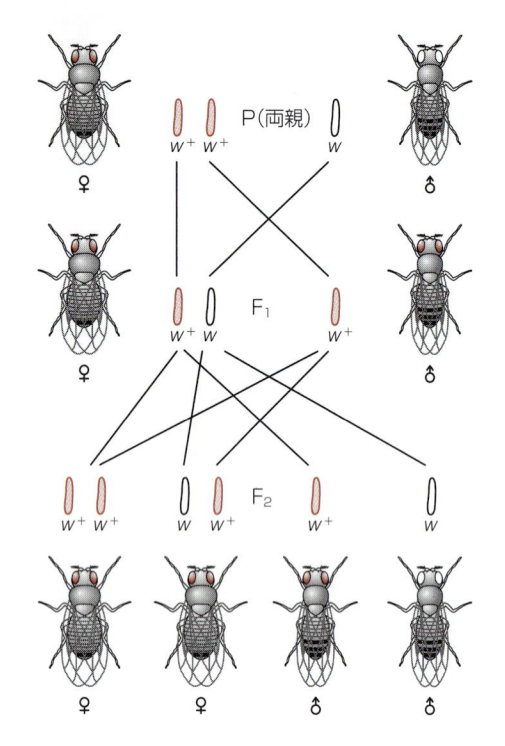

図 3.1 ショウジョウバエの伴性遺伝様式
白眼（突然変異型）の雄と赤眼（野生型）の雌を交配したときの X 染色体上の白眼遺伝子（w）の遺伝様式を示す．モルガンによる実際の F_2 分離数は，赤眼の雌が 2459 匹，雄が 1011 匹，白眼の雄が 782 匹であった．

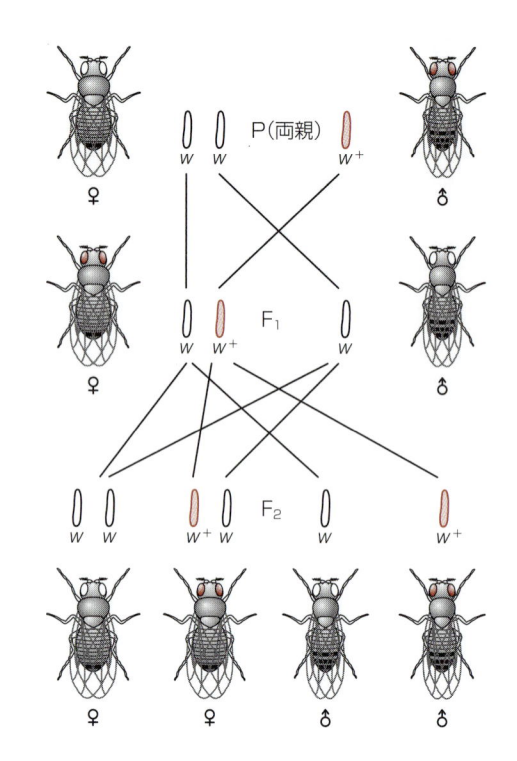

図 3.2 ショウジョウバエの伴性遺伝様式
白眼の雌と赤眼の雄を交配したときの X 染色体上の白眼遺伝子（w）の遺伝様式を示す．モルガンによる実際の F_2 分離数は，赤眼の雌が 129 匹，雄が 132 匹，白眼の雌が 88 匹，雄が 86 匹であった．

本もち（XX），雄は X 染色体とともに Y 染色体をもつ．モルガンは，眼の色を決める遺伝子が性染色体上にあると仮定すると，実験結果がメンデルの法則に矛盾なく適合することに気づいた．

　ここで，性を決定する**性染色体**（sex chromosome）について解説する．なお，性染色体以外の染色体は**常染色体**（autosome）と呼ばれる．一般的な性決定機構は X 染色体と Y 染色体によるもので，ヒトやショウジョウバエは XX が雌，XY が雄である．雄は X 染色体と Y 染色体をもち，この状態は X 染色体について**ヘミ接合**（hemizygous）[*2]である．バッタでは XX が雌，XO が雄となる（O は対応する X 染色体をもたないことを示す）．トリ，チョウ，ガでは XX が雄，XY あるいは XO が雌となり，バッタと反対である．ミツバチ，スズメバチ，ハバチ，アリなどの膜翅目昆虫では面白い性決定機構が見られる．これらの昆虫では，未受精卵から単為発生[*3]した単数体の個体が雄，受精卵から発生した二倍体の個体が雌となる．これを**単数二倍体性**（haplodiploidy）と呼ぶ．この種の昆虫では，雌が体内に蓄えた精子と排卵した卵子との受精を自ら制御して，子の雌雄を選択している可能性がある．

[*2] 相同染色体が欠落していたり，欠損をもっていたりして，一方に対応する他方の対立遺伝子（アレル）が存在しない状態をヘミ接合という．ホモ接合，ヘテロ接合（1 章の注 6 と注 7 参照）との違いに注意すること．

[*3] parthenogenesis．卵細胞が精子（花粉）と受精せずに発生を開始すること．単為生殖，処女生殖ともいう．

性には，しばしば異常な現象が見いだされる．ショウジョウバエではX染色体の異常分離でXXXの個体が生じる．これは**超雌**(super-female)と呼ばれ，通常は致死である．しかし，XXYは正常な雌，XOも正常な雄となる．一般にショウジョウバエでは，常染色体とX染色体の量比が性を決定し，この比が1なら雌，1/2なら雄となる[*4]．一方，哺乳類ではY染色体が雄の決定因子である．たとえば，ハツカネズミのXXYは不妊の雄，XOは正常な雌となる．ヒトでは，XXY, XXXY, XXYY, XXXYなどはすべてクラインフェルター症候群を発症する不妊の男子となり，XOはターナー症候群を発症する発育不良の女子となる．XXXは正常な女子である．

1916年，モルガン研究室のブリッジズ(C. B. Bridges)はX染色体の**不分離**(nondisjunction)という現象を発見した．彼は，白眼の雌と赤眼の雄を交配したF_1で，例外的な白眼の雌と赤眼の雄の出現を観察した(図3.3)．この伴性遺伝現象では，父親の形質が直接息子に伝わっている．この遺伝様式は，卵子をつくる減数分裂で，w遺伝子をもつ2本のX染色体の不分離が起こったと仮定すれば説明できる．実際，顕微鏡で観察すると，例外的な白眼の雌は母方由来と予想される2本のX染色体と父方由来の1本のY染色体をもち，

[*4] ショウジョウバエは4対の染色体をもつが，そのうち3対が常染色体であり，残りの1対がX，Y性染色体である．遺伝解析に大きく貢献した唾腺染色体については5.2節参照．

Column

メンデルとモルガン

モルガンは，メンデルの論文「植物雑種の研究」が発表された1866年，アメリカに生まれた．ケンタッキー大学を卒業後，ジョンズ・ホプキンス大学大学院で学び，動物学でPh.D.を得た．

1904年，コロンビア大学の教授となったモルガンの興味は，動物の発生学であった．メンデルの法則が再発見された翌年の1901年，彼はメンデルの論文を読んだ．しかし，遺伝現象を個々の単純な遺伝因子の組合せに還元する学説に納得できず，当時は反メンデル学派の筆頭だった．一方で彼は，ド・フリースの突然変異説を支持しており，発生学の研究に役立つような突然変異体を得たいと考えていた．そこでマウスを用いて実験を始めたが，うまくいかなかった．

1909年になって同僚の助言を得たモルガンは，ショウジョウバエを材料に研究を始めた．ショウジョウバエは，ガラス瓶に入れた簡単な人工飼料で育てることができるので(実際は，ここで増殖する酵母を食べて育つ)，容易に実験室で飼うことができた．世代時間も2週間と短く，雄と雌を適当数だけ同じガラス瓶に入れておけば子孫が生まれるから交配は容易だった．ショウジョウバエは二酸化炭素で処理すると麻酔にかかって動かなくなり，顕微鏡による観察が可能なうえ，この麻酔状態はしばらくすると解けるから，突然変異体を選抜後にその子孫を解析できる．しかし期待に反して，大量のハエを飼育したにもかかわらず，識別できる変異体をなかなか見いだすことができなかった．

だが，実験を開始して約1年，モルガンは多くの赤眼のハエのなかから1匹の白眼の雄をようやく見つけだした．モルガンの得た実験結果とその解釈は非常に重要であり，特定の形質を支配する遺伝子が特定の染色体上にあることを示す最初の事例となった．それまでメンデルの学説に懐疑的だったモルガンは，この発見をきっかけに，以後は完全なメンデルの支持者になった．

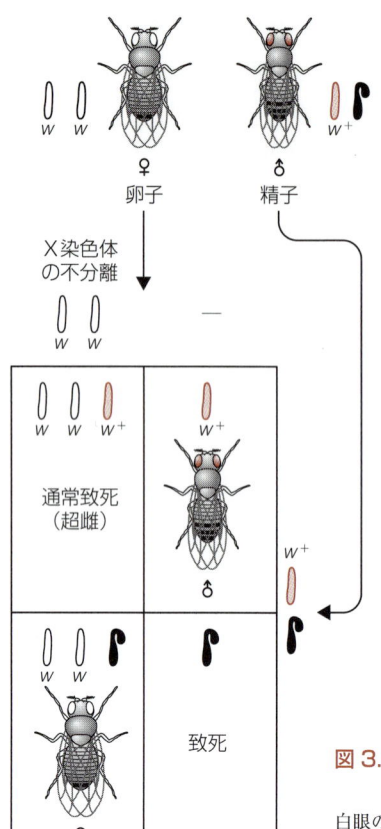

図 3.3 ショウジョウバエにおける
　　　X 染色体の不分離現象
白眼の雌と赤眼の雄で見られる異常分離の様子を示す．ここでは父親の形質が息子に直接に伝わっている．

例外的な赤眼の雄は父方由来と予想される1本のX染色体のみをもっていた．ところで，モルガンが行った白眼の雄と赤眼の雌との交配で得られたF_1では，1240匹の子のうち3匹が白眼の雄であった．この白眼の雄もX染色体の不分離によることが明らかとなった．

これら一連の実験結果から，特定の遺伝子が特定の染色体上にあることが確かな一般的事実であること，減数分裂における染色体の分離はメンデル式の遺伝子分離の物質的説明であることが見事に証明され，ここに遺伝の染色体説が完成した．

次に，性染色体の性質をうまく利用した **ClB 法**(ClB method)について解説する．この方法はマラー(H. J. Muller)[*5]が開発した．彼は，X線が突然変異に与える効果を検証しようとした．これにはX線の効果を効率的に検出できる致死突然変異を観察するのが便利であるが，さらに彼は潜性致死突然変異を直接に検出しようとした．ところで，ショウジョウバエの雄はX染色体上の遺伝子がヘミ接合であり，潜性突然変異が当代に直接に現れるという特徴をもつ．この現象を **偽顕性**(pseudodominance)という．さらに雄の

[*5] マラーは，コロンビア大学でモルガンの指導を受け，遺伝的干渉(3.2.2項参照)の発見などに貢献した．

X 染色体は，先に述べた X 染色体不分離などの場合を除いて，一般に母方の祖父に由来する．マラーは，祖父となる雄に X 線を照射して孫の雄を調べれば，祖父の X 染色体に生じた潜性致死突然変異を孫の雄で直接検出できると考えた．彼が用いた X 染色体は **ClB 染色体**(*ClB* chromosome)と呼ばれ，次の三つの要素からなる．

①　*C*(交叉の抑制因子，crossing-over suppressor)
②　*l*（潜性致死遺伝子，lethal gene)
③　*B*(半顕性の棒眼遺伝子，*Bar*)

C は，*l* と *B* を含む染色体部分が野生型 X 染色体の相同部分と逆向きに配置した**逆位**(inversion)と呼ばれる染色体変異であり，*ClB* 染色体のヘテロ接合体では，相同な X 染色体部分との交叉を抑制する効果をもつ(5 章参照)．*l* は潜性の致死遺伝子であり，X 線照射した祖父の X 染色体ではなく，祖母がもっていた *ClB* 染色体が伝達した孫の雄は致死になるから，孫の雄がもつ X 染色体はすべて祖父由来であることが保証される．*B* は棒眼遺伝子で，これをもつと雄も雌も個眼あるいは小眼[*6]の数が減少して，眼が棒状の棒眼となる．*B* 遺伝子は，*ClB* 染色体と X 線照射を受けた祖父由来の X 染色体を

[*6] facet. 複眼(complex eye)と呼ばれる昆虫の眼は，数万にも及ぶ多数の小さな眼から構成される．これら構成単位を個眼あるいは小眼という．

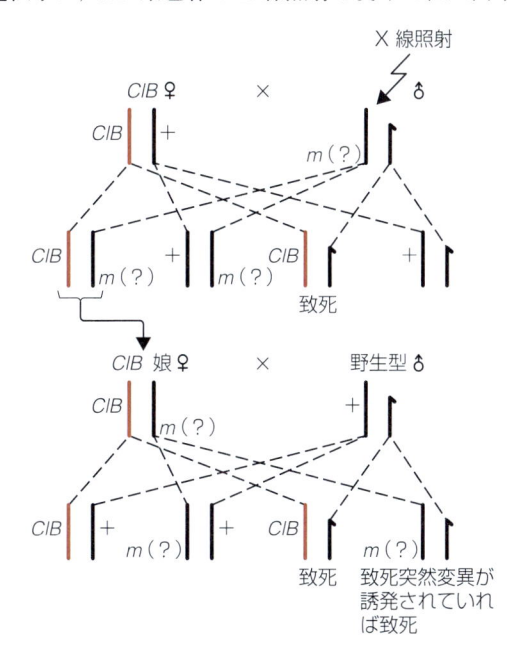

図 3.4　マラーの *ClB* 法
ショウジョウバエの *ClB* ヘテロの雌を，X 線照射した雄と交配し，*ClB* 染色体と照射 X 染色体とをヘテロにもつ棒眼の雌を選ぶ．このような雌1匹ずつを野生型数匹と一緒に飼育瓶に入れて，子(孫の世代)を生ませる．産まれた子に雄がいるか否かを数えることで，X 染色体に潜性致死遺伝子が誘発されたか否かを判定できる．　+は野生型の X 染色体を，*m*(?)は致死を含む誘発された潜性突然変異を示す．

1本ずつヘテロにもつ娘(問題とする雄孫の母)を選ぶのに利用される.マラーの ClB 法を図 3.4 に示す.

まず,X 線を照射した雄(問題とする世代の祖父)を ClB ヘテロ雌(祖母)と交配して棒眼の娘(母)を選ぶ.棒眼の母は祖母由来の ClB 染色体と祖父由来の照射 X 染色体をもつ.この母を 1 匹ずつ飼育瓶に入れて野生型の雄(父)と交配し,子の表現型を観察する.もし照射 X 染色体に潜性致死突然変異が生じていれば,生まれる孫はすべて雌となって雄が得られない.一方,潜性致死突然変異が誘発されていなければ,ClB 染色体をもつ雄は致死だから,子の性比は雌が 2,雄が 1 となる.したがって,雄が得られない割合を求めれば,X 線によって祖父の X 染色体に生じた潜性致死突然変異の頻度を推定できる.潜性致死遺伝子以外にも,雄で現れる表現型の変化を見れば,非致死突然変異の誘発頻度を推定できる[*7].

*7 マラーは,このような実験から,X 線の照射線量と致死突然変異の誘発頻度に正の相関があることを見いだした.

3.2 連鎖,組換え,染色体地図

3.2.1 連鎖と組換え

二因子交配(dihybrid cross)で期待されるアレルの分離を表 3.1 にまとめる.③は,メンデルが記載しなかった一般の分離比,すなわち問題とする二つの遺伝子が同一の染色体上で連鎖している場合の分離比を示す./ で隔てられた二つのアレルの記号は,一方が父親,他方が母親に由来する配偶子の遺伝子型を表す.

表 3.1 二因子交配で期待されるアレルの分離

両親間の交配	$a^+b^+/a^+b^+ \times ab/ab$
検定交配	a^+b^+/ab (F_1 ヘテロ接合体) $\times ab/ab$
① 独立分離	$a^+b^+/ab : ab/ab : a^+b/ab : ab^+/ab = 1:1:1:1$
② 完全連鎖	$a^+b^+/ab : ab/ab = 1:1$
③ 組換え	$a^+b^+/ab : ab/ab : a^+b/ab : ab^+/ab = m:m:n:n$
	組換え率 = 組換え型の数 / 子の総数 × 100 (%)
	$= \{n/(m+n)\} \times 100$ (この数値を centi-Morgan: cM という)

*8 異なる遺伝子座が同一染色体上に存在するとき,その関係を連鎖という.なお同一染色体上の遺伝子は,すべて同一連鎖群に属する.

モルガンは次のような経緯で**連鎖**(linkage)[*8]という現象に気づいた.彼は,白眼に続いて,短い翅(miniature: m)をもつ変異体を見つけ,m^+ が m に対して顕性で,m が w と同じように X 染色体上にあることを確認した.この二つの遺伝子を含む交雑の結果を表 3.2 に示す.

表 3.2 モルガンが得たショウジョウバエの二因子交配の結果

	(♀)wm/wm(白眼短翅) × w^+m^+(赤眼長翅)(♂)
F_1	(♀)w^+m^+/wm(赤眼長翅),(♂)wm(白眼短翅)
F_2	両親型 (♀)$w^+m^+/wm, wm/wm$,(♂)w^+m^+, wm 合計 1541 匹
	非両親型 (♀)$w^+m/wm, wm^+/wm$,(♂)w^+m, wm^+ 合計 900 匹 (36.9%)

もし連鎖が完全であれば，F_2 では雌雄とも子の半分が白眼短翅で，残りの半分が野生型のはずである．実際は，2441 匹の子のうち 900 匹が親と異なる非両親型を示した[*9]．モルガンはこの観察結果に基づき，二因子交配の結果を次のように説明した．すなわち，異なる遺伝子が同一の染色体上の別の位置(**座位**, locus)に存在するとき，遺伝子間に組換えが生じ，両親型と異なる遺伝子型や表現型を示す**組換え体**(recombinant)が生じる．さらに彼は X 染色体上の遺伝子による 3 番めの変異体(黄体色，y)を見つけ，w との間で同様の実験を行った．ここでも部分連鎖，すなわち部分組換えが見いだされたが，w と y の連鎖は強く，組換え体は 1.3% しか得られなかった．彼はこの結果を，X 染色体上では w と y の距離が w と m の距離より近いためと説明した．

3.2.2 染色体地図

モルガンの一連の実験と，そこから得られた推論の意義を明らかにしたのは，教え子のスターテバント(A. H. Sturtevant)だった．当時まだ学部学生だったスターテバントは，さらに二つの突然変異遺伝子〔朱色眼(v)と痕跡翅(r)〕を含む合計五つの伴性遺伝子について，可能な交配組合せのうち八つを検定した．連鎖した遺伝子間の組換え価(率)を基準にすれば，遺伝子間の距離を測定して遺伝子地図を 1 本の直線上に描くことができるという強い確信があった[*10]．すべての実験を終えた彼は，下宿にもどり，二因子交配の実験データをもとに，五つの遺伝子からなる X 染色体に関する**連鎖地図**〔linkage map，**遺伝地図**(genetic map)ともいう[*11]．図 3.5〕を作成し，翌朝，ハエ教

```
0  0.7           30.7 33.7        57.6
|---|-------------|----|-----------|
y   w             v    m           r
```

図 3.5 スターテバントが作成したショウジョウバエの X 染色体の連鎖地図
五つの遺伝子 y(黄体色)，w(白眼)，v(朱色眼)，m(小型翅)，r(痕跡翅)の位置関係と遺伝距離(cM)を示す．

[*9] このときモルガンは，二つの遺伝子が連鎖している確証をすでに得ていた．1909 年，ジャンセンズ(F. A. Janssens)が，イモリの減数分裂過程では相同染色体が対合し，非姉妹染色分体間で交叉が起こることを観察していた．

[*10] 乗換えあるいは交叉(crossing-over)とは，減数分裂時に相同染色体間で非姉妹染色分体の一部分が相互交換される細胞学的な現象をいう．一方，組換え(recombination)とは，乗換えが原因となって両親とは異なる遺伝子の組合せをもつ配偶子が生じる遺伝的な現象をいう．両者は別々の概念であり，後者は測定可能な数値として求まるが，前者は直接観察ができない．

[*11] 遺伝地図あるいは連鎖地図は，染色体上で隣り合う遺伝子間の距離に基づき作成した地図であり，**染色体地図**(chromosome map)とも呼ばれる．当初，連鎖地図における遺伝距離の単位(1 地図単位)は組換え価 1% に相当し，モルガンに因んで 1 センチモルガン(cM)と定義された．ところで，cM で表した遺伝距離(地図距離)は乗換え頻度を反映したもので，組換え価とは直接の対応関係がない．実際，近距離にあ

Column

モルガンの業績

遺伝子間の組換え価による遺伝距離の測定法および遺伝地図の作製法というエキサイティングな発見に，モルガンのハエ教室は興奮のるつぼと化した．すぐさま，さらに多くの変異株を用いた連鎖地図の作成が開始された．1915 年までには 85 の遺伝子について連鎖地図が完成したが，そのうちの一つは X 染色体，他の三つは常染色体の地図であり，ショウジョウバエがもつ 4 対の染色体と連鎖群の完全な対応関係が成立した．遺伝の染色体基礎を確立したこの偉大な業績は，メンデルが「植物雑種の研究」を発表してからちょうど 50 年めのことであった．

る遺伝子間では地図距離が乗換え頻度および組換え価をよく反映するが，遠距離にある遺伝子間の組換え価は地図距離の過小評価値となる．したがって現在では，組換え価を地図関数によって補正し，地図距離としている．たとえば，地図距離を d とし組換え価を r とすれば，コサンビ(Kosambi)の式に基づき，両者は以下のように求まる．$d=\ln\{(1+2r)/(1-2r)\}/4$, $r=(\tanh 2d)/2$．ここで ln は自然対数，tanh は双曲線関数を表す．

室でモルガン教授や先輩研究者たちに発表した．
　遺伝地図(連鎖地図)の作成に威力を発揮したのは，**三因子交配**または**三点交配**(three-point cross)であった(表3.3).

表3.3　三因子交配の例
——検定交配(♀)$y^+w^+m^+/ywm$ × ywm/Y(♂)

遺伝子型	両親型・組換え型	子の数
$y^+w^+m^+$, ywm	両親型	6972
y^+w^+m, ywm^+	w–m 間の組換え型	3454
y^+wm, yw^+m^+	y–w 間の組換え型	60
y^+wm^+, yw^+m	二重組換え型	9

子の♂と♀は，あわせて分類した．父方の X 染色体からは ywm のみが伝達するので，母方の X 染色体におけるアレル型のみを示す．

　この検定交配の結果をどのように考察すれば，連鎖関係を明らかにできるだろうか．まず，二重交叉の頻度は単交叉の頻度よりずっと低いことに着目して，三つの遺伝子の並び(どの遺伝子が真ん中にあるか)を決める．ywm(wが真ん中，mwyと区別できない)ならば二重組換え体は yw^+m と y^+wm^+ のはずで，wym ならば wy^+m と w^+ym^+ のはずである．実験結果から，最も低頻度で出現した二重組換え体は y^+wm^+ と yw^+m であるから，遺伝子の並びは ywm であることがわかる．次に，二つの連鎖した遺伝子間の組換え率はそれらの距離に比例するから，各遺伝子間の距離は次のように求められる．

　　y–w 間の距離　$(60+9)/10,495 ≒ 0.007$　　　　　遺伝距離 0.7 cM
　　w–m 間の距離　$(3454+9)/10,495 ≒ 0.330$　　　　遺伝距離 33.0 cM
　　y–m 間の距離　$(3454+60+9+9)/10,495 ≒ 0.337$　遺伝距離 33.7 cM

ここで y–m 間の距離は y–w 間と w–m 間の距離の和であり，この値には二重組換え体が二度加えられていることに注意する[12]．

　組換え頻度に影響を与える**干渉**(interference)と呼ばれる現象がある．相同染色体間で二つの組換えが互いに独立に起こると仮定すれば，二重組換えの頻度は二つの単組換えの頻度の積で与えられるが，一つの組換えがその近くの別の組換えに干渉効果を与えることがある．上記の例では，二重交叉の期待値は $0.33 × 0.007 ≒ 0.0023$ で，観察値は $9/10,495 ≒ 0.0009$ である．二つの交叉が同時に起こる割合を**併発率**(coefficient of coincidence)というが，ここでは $0.0009/0.0023 ≒ 0.39$ だから，「1 − 併発率」で定義される干渉率は $1 − 0.39 = 0.61$ となる．一般に干渉は二つの遺伝子間の距離が近いほど大きくなるから，連鎖地図は最も近い遺伝子間の距離を順に加えたものとして定義される．したがって，1 本の染色体に対応した一つの連鎖地図の全距離は，通常，独立な遺伝子間の距離である 50 cM よりずっと大きくなる．

*12　この三因子交配を 3 組の別々の二因子交配として扱えば，y–m 間の距離は $(3454 + 60)/10,495 ≒ 0.335$ で，遺伝距離は 33.5 cM となる．実際，w を考慮しない y と m のみの二因子交配では，y–m 間の二重交叉を検出できない．

3.2.3 交叉（組換え）の時期と場所

アカパンカビ（*Neurospora crassa*）[*13] は，通常，単数体の栄養菌糸として生活するが，栄養菌糸から生じた**分生胞子**（conidium）が**原子嚢殻**（perithecium）中で接合して二倍体の接合体になると，ただちに減数分裂を開始する（図 3.6）．減数分裂の結果，4 個の細胞が生じ，引き続いて 1 回の体細胞分裂が起こり，合計 8 個の**子嚢胞子**（ascospore）が生じる．これらはすべて分裂の経過を正確に反映する形で**子嚢**（ascus）の中に配置される．すなわち，減数分裂の第二分裂で紡錘糸は混ざることなく二極に分かれるので，子嚢中で半分に分かれた子嚢胞子のそれぞれは，第一分裂で分離したセントロメアをもつことになる．同様に，その後の体細胞分裂時にも紡錘糸は混ざらないから，四分の一に分かれた子嚢胞子のそれぞれは，第二分裂で分離したセントロメアをもつ姉妹染色分体から構成されることになる．すなわち，子嚢中の 8 個の子嚢胞子の配列は，第一および第二分裂でのセントロメアの分離順序を示し，連続して並んだ 8 個の子嚢胞子を 4 個ずつに分ける面が第一分裂面であり，2 組の 4 個をそれぞれ 2 個ずつに分ける面が第二分裂面である．8 個の子嚢胞子のうち，並んだ 2 個ずつは遺伝子型が同一である．

A と a および B と b について，二重ヘテロ接合の個体から期待される子嚢胞子の配列順序は図 3.7 の通りであり，その内容は次のようにまとめられ

[*13] ソルダリア科（Sordariaceae）に属する子嚢菌で，分生胞子が赤みを帯びる．遺伝学と生化学を統合した生化学遺伝学の発展に大きく貢献した生物種である（1.4.2 項参照）．

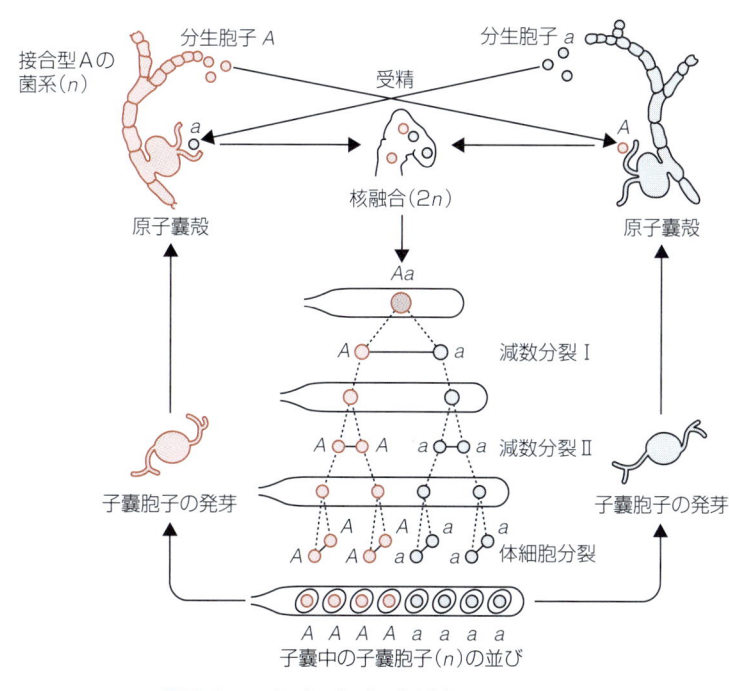

図 3.6　アカパンカビの生活史
受精は接合型を異にする分生胞子間でのみ起こる．

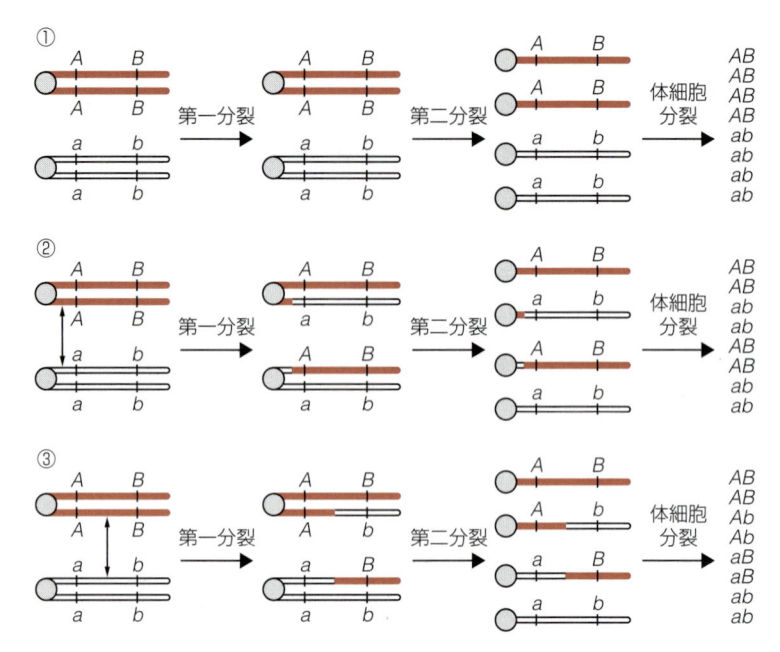

図3.7 アカパンカビの減数分裂と子嚢胞子の形成過程
核融合により生じた$2n$細胞の減数分裂過程と，子嚢中での子嚢胞子の並びを表す．並んだ8個の子嚢胞子のうち連続した2個ずつは，減数分裂後の体細胞分裂で生じたものだから遺伝子型は同じである．

る．ただし，二重交叉は省略してある．

① 交叉が起こらないとき：すべてのアレルは第一分裂で分離し，子嚢中で両側に対称に配置する．
② セントロメアとマーカーA/a間[*14]で1回の交叉が起こるとき：アレルは第二分裂で初めて分離するから，第二分裂での分離を示す子嚢胞子の頻度はセントロメアとマーカー間の組換え(交叉)頻度を示す．しかし，4分子のうち半分の染色分体のみが組換え体だから，実際の組換え率(価)は第二分裂で分離した子嚢胞子の頻度の半分である．
③ 二つのマーカーA/aとB/b間で1回の交叉が起こったとき：交叉に対してセントロメア寄り(proximal)にあるアレルA/aは第一分裂で分離し，末端側(distal)にあるアレルB/bは第二分裂で分離する．

3.2.4 交叉の染色体基礎

減数分裂の第一中期に形成される二価染色体で，細胞学的に観察される非姉妹染色分体間の交叉を**キアズマ**(chiasma)[*15]という．交叉が1回起こると，無交叉型と交叉型の染色分体がそれぞれ2個できる．すなわち，組換え体の

*14 一般には，マーカー遺伝子(marker gene)は，遺伝解析で対象とする遺伝子あるいは特定形質を示す個体の選抜に用いる遺伝子をいう．とくに遺伝子操作(遺伝子組換え操作)では，抗生物質耐性遺伝子や蛍光物質の合成遺伝子などがマーカー遺伝子として用いられる．

*15 非姉妹染色分体間の切断と再結合，すなわち乗換えあるいは交叉によって形成される構造をいう．

頻度はキアズマ頻度の 1/2 である．なお，二つの遺伝子間の距離が大きくなると，その間で起こるキアズマの確率は増加するが，二つの遺伝子間の交叉の最大検出量は距離とは無関係に 50% を超えることはない．この事実は，次のように説明できる（図 3.8）．

今，部位 I で交叉が 1 回起こり，部位 II で交叉が非姉妹染色分体間で無差別に起こるとする．I と IIA で二重交叉が起これば，四つの染色分体すべてを含む一回交叉による染色分体が 4 個できる（四鎖二重交叉）．I と IIB あるいは I と IIC で二重交叉が起これば，一回交叉による染色分体が 2 個，二回交叉による染色分体と無交叉染色分体が各 1 個でき（三鎖二重交叉），I と IID で二重交叉が起これば，二回交叉による染色分体と無交叉染色分体が各 2 個できる（二鎖二重交叉）．以上をまとめると，無交叉：I の部位の交叉：II の部位の交叉：二重交叉 ＝ 4：4：4：4 が得られる．交叉染色分体は無交叉染色分体の 3 倍の頻度で生じるが，二重交叉の染色分体では遺伝子の組換えは見られないから，交叉の頻度は最大で 1/2（50%）となる．なお，二鎖二重交叉と四鎖二重交叉の存在は，交叉が四分染色体期に起こることの証拠である．

遺伝子の組換えが実際に交叉の結果であることは，1931 年にスターン（C.

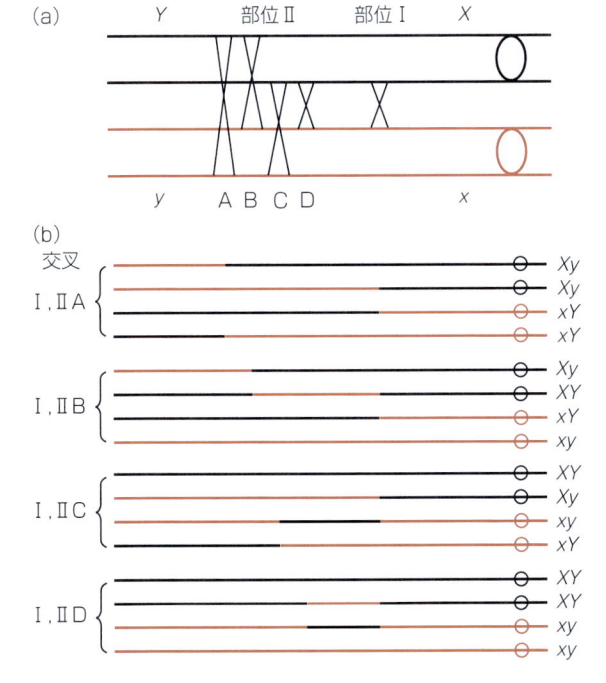

図 3.8 二重交叉の起こり方
(a) 部位 I で交叉が 1 回起こり，部位 II で第二の交叉が A, B, C, D いずれかの位置で起こるとする．(b) 起こりうる 4 通りの交叉で生じる次代の染色体．

Stern)によって証明された(図3.9)[*16]．通常，相同染色体対は形態的に区別できない．ところが，ショウジョウバエでは，細胞学的に正常なX染色体と識別できる2種類の異常X染色体が見つかった．すなわち，一方のX染色体はセントロメア部にY染色体の一部が転座で付着しており，他方のX染色体はその末端部分が他の染色体(第4染色体)に転座し，正常なX染色体より短くなっていた．これら二つの異常X染色体についてヘテロな雌の減数分裂では，異常X染色体は互いに正常に対合し分離した．加えて，この雌はX染色体上の2遺伝子，すなわち顕性の棒眼遺伝子Bと眼色をカーネーション色(ピンク色)にする潜性遺伝子carについて，図3.9に示すような二重ヘテロ個体であった．これら2遺伝子のアレル(B^+とcar^+)はそれぞれ眼の形を野生型の丸形に，眼色を赤色にする．

スターンは，$car\ B/car^+\ B^+$遺伝子型をもつ赤眼・棒眼の雌をカーネーション色で正常眼の雄($car\ B^+/Y$)と交配し，子の遺伝子型を決定した．さらに，マーカー遺伝子について組換え型を示す個体が，形態的にも組換え型のX染色体をもつか否かを顕微鏡観察で調べた．実際，それぞれの組換え型の子がもつX染色体上の形態マーカーの組合せは，交叉が相同染色体部分の切断，交換，再融合の結果から期待される通りのものだった．たとえば，棒眼で赤

[*16] 遺伝子の組換えが染色体の交叉の結果であることは，同じ年，クレイトン(H. B. Creighton)とマクリントック(B. McClintock)により，トウモロコシの第9染色体上で連鎖するC遺伝子座(C: colored, c: colorless)とWx遺伝子座(Wx: starchy, wx: waxy)を用いて証明された．

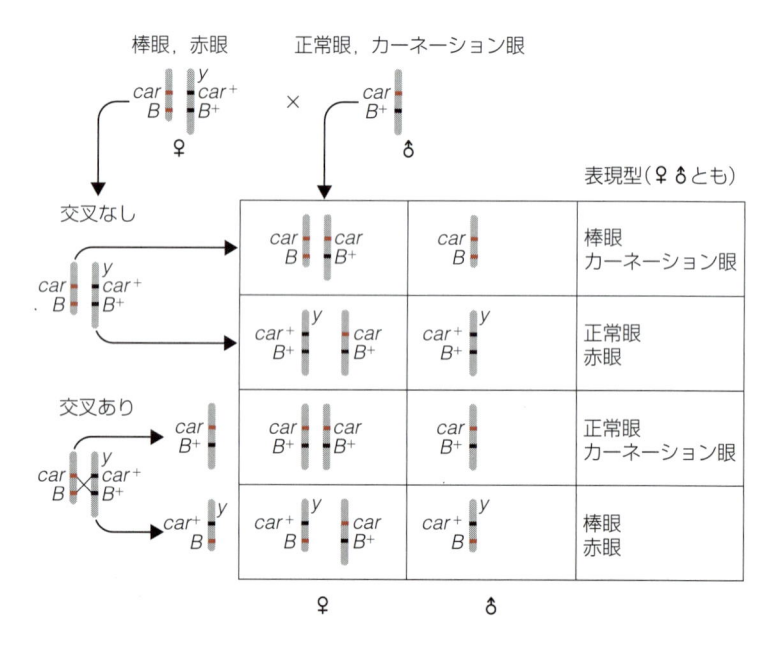

図3.9　遺伝子の組換えが染色体の交叉によることを証明したスターンの実験
ショウジョウバエの異型染色体を利用．末端が第四染色体に転座して短くなったX染色体はcar遺伝子とB遺伝子をもつ．末端にY染色体(yで示す)が付着したX染色体はcar^+遺伝子とB^+遺伝子をもつ．car遺伝子座とB遺伝子座の間で交叉が起こり遺伝子が組み換えられた染色体は，すべて染色体部分の組換えを伴っている．

眼の組換え型の雄(car^+ B/Y)は短い X 染色体をもっていたが，この X 染色体には末端に転座した Y 染色体の一部が存在した．正常眼でカーネーション色眼(car B^+/Y)の雄は長い X 染色体をもっていたが，付着 Y 染色体を欠いていた．すなわち，car と B が分離した子はすべて，その染色体組に交叉型 X 染色体をもっていたことになる．

練習問題

1. モルガンはショウジョウバエの白眼の雌と赤眼の雄を交配し，一見してメンデルの法則に従わない分離比を得た．どのような分離比だったか．
2. 問題1の矛盾をモルガンはどのように解決したか．
3. ショウジョウバエの集団で白眼の雄が現れた．どのような実験を行えば，次の疑問に答えることができるか．① 白眼の出現は環境変化によるものか，あるいは突然変異によるものか．② 突然変異によるとして，それは伴性遺伝を示すか．③ 白眼の雌を得ることができるか．
4. ヒトの赤緑色盲は X 染色体上の潜性遺伝子 g による．色盲でない夫①と妻②の間で次のような3人の子が生まれ，いずれも色盲でない相手と結婚した．1人の息子③は色盲で，2人の色盲でない娘④をもった．1人の娘⑤は色盲でなく，1人の色盲の息子⑥と1人の色盲でない息子⑦をもった．もう1人の色盲でない娘⑧は，3人の色盲でない息子⑨をもった．①から⑨の人々の遺伝子型を推定しなさい．
5. ショウジョウバエの赤眼，白眼を決める X 染色体上の w^+, w 遺伝子について，X 染色体の不分離により，どのような例外的な分離が見られたか．X 染色体の不分離は，どのような原因で起こったと考えられるか．
6. 連鎖した遺伝子間の組換え価は，独立な（別の染色体上の）遺伝子間の組換え価である 50% を超えることがない．この理由を説明しなさい．
7. 同一染色体上の異なる三つの遺伝子座（A か a, B か b, C か c からなるアレルをもつ）のすべてについて，ホモ接合型どうしの交配により F_1 ヘテロ個体を得た．この F_1 を母親にして，これら遺伝子座のすべてが潜性ホモ接合型(abc/abc)である雄親を交配して次の結果を得た．

表現型	頻度	表現型	頻度
+ + +	7	+ b c	77
+ + c	334	a + c	62
+ b +	68	a b +	366
a + +	83	a b c	3

次の問いに答えなさい．
① F_1 ヘテロ個体に潜性ホモ接合型個体を交配することを一般に何と呼ぶか．
② F_1 雌とその両親の遺伝子型を答えなさい．
③ 三つの遺伝子座の染色体上の配列順序を a, b, c を用いて答えなさい．
④ 各遺伝子座間の組換え価を求め，遺伝子地図を書きなさい．

⑤ 各遺伝子座間の組換えについて干渉があるといえるか．あれば干渉率を求めなさい．

8 スターンは，ある遺伝学上の重要な仮説を検証するために，ショウジョウバエの遺伝子型 $car\ B/car^+\ B^+$ の赤眼・棒眼の雌をカーネーション色で正常眼の雄（遺伝子型 $car\ B^+/Y$）と交配し，得られた子の表現型を調査した（図3.9）．結果は次の通りだった．

棒眼・赤眼	14 匹
棒眼・カーネーション色眼	240 匹
丸眼・赤眼	233 匹
丸眼・カーネーション色眼	13 匹

すべての棒眼・赤眼の個体は図3.9に示した異常 X 染色体とは別の異常 X 染色体を，すべての丸眼・カーネーション色眼の個体は正常な X 染色体をもっていた．次の問いに答えなさい．

① ショウジョウバエは X，Y 染色体対を含めて 4 対の体細胞染色体をもつ．減数分裂で遺伝子間の組換えがなく，相同染色体の無差別な分離のみが起こるとして，1 匹の雌がつくりうる配偶子は何種類あるか．
② 遺伝子間の組換えは遺伝学上どのような意義をもつか．
③ 上の交配から得られた，二つの遺伝子（B, B^+ と car, car^+）について組換え型であるような 2 種類の X 染色体の模式図を，遺伝子の位置関係と形態標識の有無がわかるように示しなさい．
④ 2 遺伝子間の組換え価を求めなさい．
⑤ 二つの遺伝子についてカーネーション色で正常眼以外の表現型の雄を交配しても，上の交配と同様の解析ができる．どのようにすればよいか，その理由とともに答えなさい．
⑥ 染色体の形態標識と遺伝子の組換えに関するこの実験結果から，遺伝学上重要な結論が導かれた．それは何か．

9 アカパンカビでは，異なる交配型の間でのみ交配が起こる．交配型を決めるアレルは A と a である．次の表の結果から，交配型を決める遺伝子座とセントロメア間の遺伝距離を求めなさい．

子嚢中の子嚢胞子の位置								子嚢の数
1	2	3	4	5	6	7	8	
A	A	A	A	a	a	a	a	412
a	a	a	a	A	A	A	A	438
A	A	a	a	A	A	a	a	40
a	a	A	A	a	a	A	A	37
A	A	a	a	a	a	A	A	38
a	a	A	A	A	A	a	a	35

4章 染色体の基本構造

染色体(chromosome)[*1]は，遺伝子(DNA)を**連鎖群**(linkage group)と呼ばれるグループに分け，それらの次世代への伝搬と機能発現の制御を行う細胞学的な基本構造である．遺伝子は核中にランダムに存在するのでなく，染色体中に整然と配列する．その利点は次の点にあると考えられる．

① 染色体が一群の遺伝子の伝達単位であることにより，個々の遺伝子の無差別な分配や分離で生じる過ちを避けることができる．
② 染色体の構成要素の機能分化を可能にする．
③ 遺伝子間の相互作用や調節を容易にする．

染色体は，組織化した構造だけがもちうるような自然淘汰上の利点を生物に保証していると考えることができる．この章では，染色体の基本構造について学ぶ．

4.1 ヌクレオソーム

染色体は，一つの巨大な DNA 分子（厳密には，分裂期 M の後から DNA 合成前期 G_1 までの間）[*2]と**ヒストン**(histone)というタンパク質などから構成されている．たとえばヒトの場合，核内の DNA は 23 対の染色体に分割されているが，染色体を構成する全 DNA を 1 本につないで伸ばしたとすると，3.2×10^9 bp[*3] $\times 0.34$ nm[*4] $= 1.1$ m の長さにもなる．個々の染色体には平均 5 cm ほどの DNA 分子が含まれていることになるが，細胞分裂中期の染色体サイズは数〜十数 μm しかない．このことは，巨大な DNA 分子が染色体中で高次に折りたたまれていることを意味する．この折りたたみ方には多くの段階があるが，最初の折りたたみは**ヌクレオソーム**(nucleosome)と呼ばれる DNA−ヒストンタンパク質複合体を介して行われる．

染色体を構成する DNA 分子は，塩基性のヒストンタンパク質と結合して

[*1] 染色体(chromosome)という用語は，ギリシャ語のchromo−(＝colored)と−some(＝body)に由来する．当初は動植物細胞の有糸分裂，とくに中期に観察される，塩基性色素で濃く染まる棒状の構造体に対して用いられた．現在では，真核生物の間期や分化した核内の染色質（核酸−タンパク質複合体）を含めて，染色体と呼ぶことが多い(狭義)．また広義には，ウイルスや原核生物の核様体，葉緑体やミトコンドリアなどの細胞内器官にある DNA を呼ぶことがある．本章では，特別な場合を除き，真核生物の染色体について解説する．

[*2] 細胞周期については 2.1 節および 2.2 節参照．

[*3] bp＝base pair, 塩基対．

[*4] 1 nm ＝ 10^{-9} m

4章　染色体の基本構造

表 4.1　ヒストンタンパク質の種類

ヒストン分子	構成上の特徴	分子量(D)	分子中の相対量
H1	リシンに富む	21,000	1
H2A	いくぶんリシンに富む	14,500	2
H2B	いくぶんリシンに富む	13,700	2
H3	アルギニンに富む	15,300	2
H4	アルギニンに富む	11,300	2

クロマチン(chromatin)を構成する．真核生物には通常，表4.1に示した5種類のヒストンタンパク質が存在する．このうちH1の構造は変異に富み，種によって大きく異なるが，他は高度に保存されている．とくに，H3, H4のアミノ酸配列の保存性が高い．H2A, H2B, H3, H4は，それぞれ2分子ずつが結合して八量体(オクタマー)を形成することから，**コアヒストン**(core histone)と呼ばれる．一方，H1(またはH5)は**リンカーヒストン**(linker histone)と呼ばれる．ヒストンは，核から分離したクロマチン画分を高濃度の塩溶液(たとえば1 M[*5]食塩)で処理することで，リン酸とのイオン結合が切れてクロマチンから分離・精製できる．

[*5] 1 M = 1 mol/ℓ

電子顕微鏡の観察によれば，クロマチンは1本の鎖の上に約10 nm(100 Å)の直径をもつ数珠玉(beads-on-a-string)状の構造物が，約20 nmの間隔で規則正しく並んだ構造をとっていることがわかる(図4.1)．この数珠玉の一つ一つがヌクレオソームであり，クロマチンの基本単位である．一つのヌクレオソームは約200 bpのDNAと結合している．この事実は次の実験によって証明された(図4.2)．① クロマチンをDNA分解酵素(DNase)で部分分解し，DNAを抽出する．抽出したDNAをショ糖平衡密度勾配遠心で分離し，回収後にアガロースゲル電気泳動を行うと，H1を含むヌクレオソームと平均

Column

ヌクレオソーム発見のいきさつ

ヌクレオソーム(nucleosome)は，1975年にフランスのシャンボン(P. Chambon)らによって名づけられた．命名の理由として，核に由来すること，前年にオリンズ夫妻(D. E. Olins, A. L. Olins)によって報告された同様の構造体がν body(ニューボディ)と名づけられていることをあげている．オリンズらは，1973年からコールドスプリングハーバーのシンポジウムなどで積極的に自分たちの発見をアピールしていたが，彼らがつけた名前は結局，受け入れられなかった．この二つの研究グループの発見は*Science*と*Cell*に発表されたが，実はもう一つの研究グループ(C. L. Woodcockら)も，ほぼ同時期に同様の論文を*Nature*に投稿していた．しかし結局，掲載は拒否された．当時，電子顕微鏡で可視化されたbeads-on-a-string(数珠玉)構造は，アーティファクト(人為産物)であるとの考え方が強かったからである．

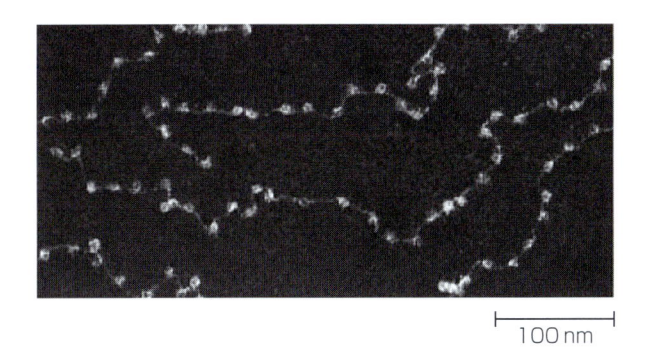

図 4.1 クロマチンを構成するヌクレオソームが規則的に配置した数珠玉構造を示す電子顕微鏡像

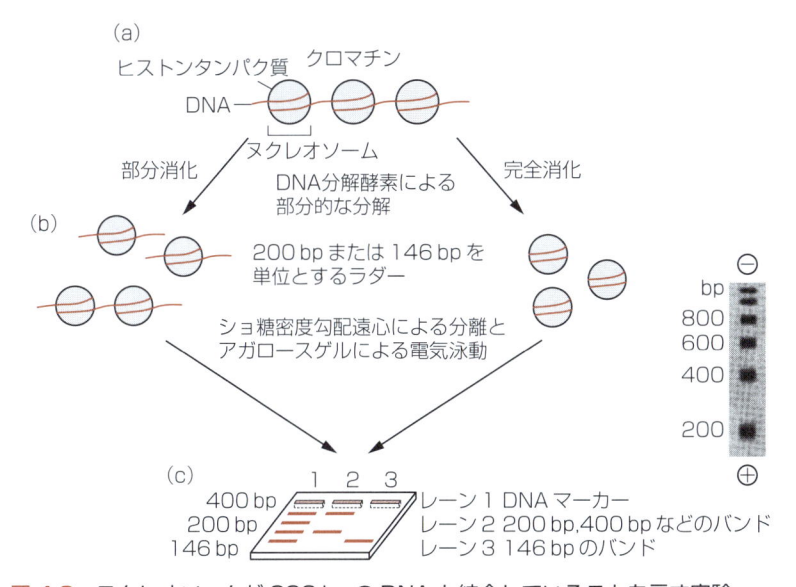

図 4.2 ヌクレオソームが 200 bp の DNA と結合していることを示す実験
(a) ヌクレオソームからなるクロマチンの模式図. (b) DNA 分解酵素による部分的な分解で生じる 200 bp または 146 bp を単位とするラダー. (c) 200 bp を単位とするラダーのショ糖密度勾配遠心による分離とアガロースゲルによる電気泳動像.

200 bp の DNA 断片(モノマー, 単量体)の他に 400 bp(ダイマー, 二量体), 600 bp(トリマー, 三量体), 800 bp(テトラマー, 四量体)など倍数的な DNA 断片の梯子構造(DNA ラダー)が見られる. ② さらに完全分解すると, H1 に加えて 146 bp の DNA と 8 分子のヒストンオクタマーからなるヌクレオソーム・コア粒子(nucleosome core particle)が得られる.

この実験結果は, 1 ヌクレオソームが平均 146 bp の DNA 分子と結合していること, 二つのヌクレオソーム間は平均 54 bp の DNA によって連結していることを示す. ヒストンオクタマーに弱い分子間結合で結合しているリン

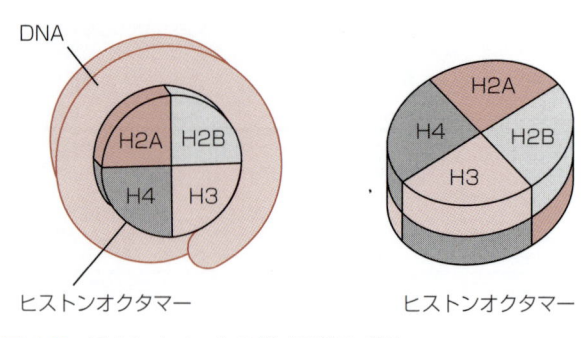

図 4.3 ヌクレオソームの構成要素と構造
ヌクレオソームは 146 bp DNA とヒストンオクタマーから構成される．

アーヒストンは，ヌクレオソームの高次構造に重要な役割を果たしている．

図 4.3 に示すように，ヌクレオソームは 146 bp の DNA とヒストンオクタマーからなる複合体ユニットである．1 ヌクレオソームあたりでは，直径 2 nm の DNA が，直径 11 nm で高さ 6 nm のヒストンオクタマーの周りを 1.7 回転して取り巻いている．ヌクレオソームが互いに重なり合って 11 nm ファイバーをつくり，続いてファイバーの 1 回転あたり 6 個のヌクレオソームを含んだ直径 30 nm の高次ファイバー（**ソレノイド**, solenoid）ができる．この 30 nm ファイバーがさらに高次の折りたたみ構造をつくる．すなわち，およそ $2〜8 \times 10^4$ bp ごとに DNA がタンパク質の足場（**スキャフォールド**, scaffold）[*6] に結合し，300 nm のループ構造体がつくられる．クロマチンはさらに複雑な高次構造をとって染色体をつくる（図 4.4）．

染色体を構成するクロマチンには，その凝集の程度により，**異質染色質**（ヘテロクロマチン, heterochromatin）と呼ばれる部分と**真正染色質**（ユークロマチン, euchromatin）と呼ばれる部分が存在する．ヘテロクロマチンは塩基性色素に濃く染まる部分で，通常はメンデル性遺伝子を欠き，反復配列からなる．体細胞分裂の間期では，ユークロマチンは分散するが，ヘテロクロマチンは凝集状態にとどまる．常に凝集状態にあるヘテロクロマチンを**構成的ヘテロクロマチン**（constitutive heterochromatin），発生のある特定の時期にのみ凝集状態を示すものを**機能的ヘテロクロマチン**（facultative heterochromatin）という．哺乳類の雌の分裂間期核には，凝集して塩基性色素によく染まる小体が見られるが，これは**バー小体**（Barr body）[*7] と呼ばれる不活性化した X 染色体で，機能的ヘテロクロマチンの代表例である．

クロマチンにはヌクレオソーム構造をとらない部分も存在する．この事実は，クロマチンを低濃度の DNase I で処理すると，その部分だけが分解されてヌクレオソームと結合した部分が残ることでわかる．ヌクレオソームと結合していない DNase I に高感受性な部位には，複製，組換え，遺伝子の発現調節などさまざまな機能に関与する多くの非ヒストンタンパク質や

*6 クロマチンの凝集に関与していると考えられる非ヒストンタンパク質（コンデンシンなど）で構成される高次構造体．

*7 バー小体は，この現象の発見者である M. Barr に由来する．

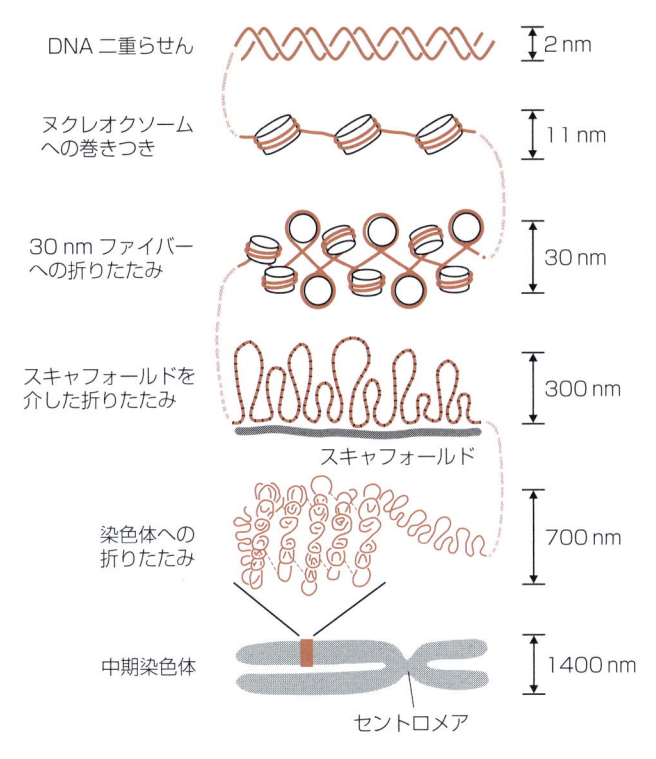

図 4.4　DNA から染色体までの構造変化
DNA 二重らせんが，ヌクレオソームへの巻きつき，30 nm ファイバーへの折りたたみを経て，中期染色体へと折りたたまれる過程を示す．

RNA が結合している．こうした部位の存在は，遺伝子の発現調節とクロマチンの構造が深くかかわっていることを示すよい証拠である．最近では，コアヒストンの N 末端領域のリシンやセリンなどがさまざまな修飾を受けることにより，クロマチン構造を変化させ，遺伝子の発現を制御していることが明らかになってきた[*8]．そのため，これらの修飾を**ヒストンコード**(histone code)と呼ぶこともある．

*8　N 末端領域(ヒストンテールと呼ばれる)のリシンやセリンは，アセチル化，メチル化，リン酸化，ユビキチン化などの化学修飾を受ける．

4.2　染色体の機能要素

真核生物の染色体には，三つの機能要素(**セントロメア**，**テロメア**，**複製起点**)が含まれている．これらの機能要素は当初，比較的構造が単純な出芽酵母や原生動物のテトラヒメナで同定された．その後，これらが染色体の機能に必要十分な構造であることは，出芽酵母で人工染色体を構築することによって証明された．現在では，分裂酵母や哺乳動物，植物でも解析が進んでいる．

4.2.1　セントロメアの構造

分裂の開始時点では，個々の染色体は複製を終えた 2 本の**姉妹染色分体**

(sister chromatid)からなる．2本の姉妹染色分体は全長にわたって接合しているが，前〜中期ではセントロメア部位でのみ連結している．**セントロメア**(centromere)は染色体の分離と分配にかかわる機能領域であり，分裂極から伸びた**微小管**(microtuble．紡錘糸，spindle fiber)*9 がこれと結合する．多くの真核生物のセントロメアは，中期染色体に1か所観察されるくびれ(**一次狭窄**, primary constriction)に存在する．これに対し，ルズラ属植物，半翅目昆虫や線虫などでは一次狭窄がなく，染色体全体にセントロメアが分散している．前者を**局在型セントロメア**(localized centromere)，後者を**分散型**あるいは**非局在型セントロメア**(holocentric centromere)と呼び，区別する．

セントロメア領域内の外側部を，とくに**動原体**(**キネトコア**, kinetochore)と呼んで区別することがある(図4.5)．哺乳動物では，電子顕微鏡下で三層構造が観察され，特異的なタンパク質の局在が見られる．キネトコアには前期の終わりに微小管が結合する．これが後期に染色分体を両極へ引っ張る役割を果たす．キネトコアタンパク質に対する特異抗体を用いると，染色体中期像でキネトコア構造体がセントロメア部の外側に存在することを可視化できる．

*9 チューブリン(tubulin)と呼ばれるタンパク質からなる直径25nmほどの管．分裂極に形成される紡錘体(spindle)の主体である．

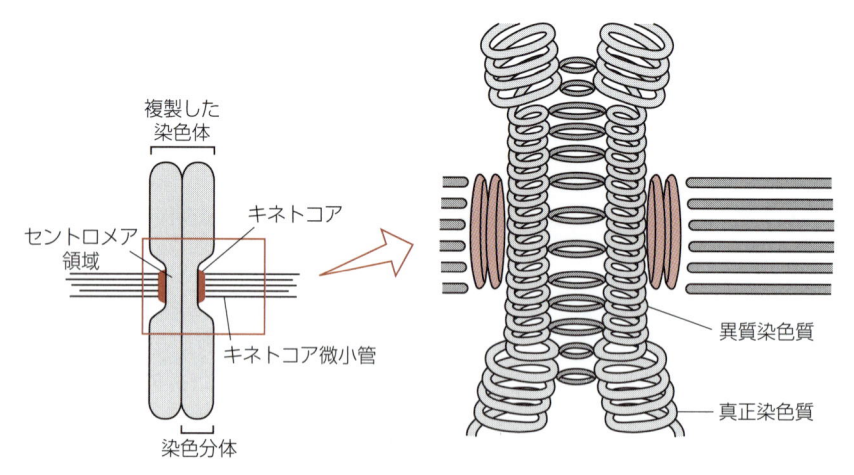

図4.5 体細胞分裂中期の染色体
右は中央部の拡大図．

セントロメア・キネトコアは，正確な微小管の配位と染色分体の両極への分配を保証するきわめて重要な構造体である．**出芽酵母**(*Saccharomyces cerevisiae*)では約125 bpのDNAがセントロメアとして機能する．**CEN配列**(centromere sequence)と呼ばれるこの配列は，プラスミド(11章参照)を安定して娘細胞に分配できるDNA配列としてクローニングされた．16本の染色体からクローニングされたCEN配列を比較したところ，三つのドメイン(CDE I, II, III)を共通に含んでいた(図4.6)．CDE Iは8 bp，CDE IIは90%

以上ATリッチな78〜86 bp, CDE IIIは26 bpの長さの配列であった．これらに塩基置換や欠失を導入して機能を解析したところ，CDE IIIが最も重要であることがわかった．出芽酵母では一つのキネトコアに1本の微小管が結合する．CENの構造と機能の関係はどうだろうか．これを調べるために，CENの構造を変えた突然変異体を解析した．まずCEN3を欠いた第3染色体の細胞分裂時の行動を調べると，これは不安定で娘細胞に伝達されずに失われた．次にCEN3を逆向きに入れた染色体を調べると，この場合にはCEN機能は正常だった．驚くべきことに，CEN3のかわりに第11染色体のCEN11を入れた場合にも，第3染色体の娘細胞への分配は正常であった．このことは，CENの構造は各染色体に特異的ではないことを示している．

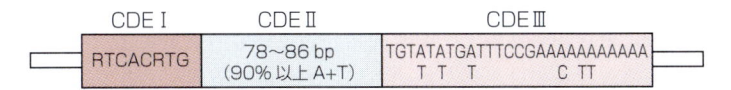

CDE I	CDE II	CDE III
RTCACRTG	78〜86 bp (90%以上 A+T)	TGTATATGATTTCCGAAAAAAAAAAA 　　T T T　　　C TT

図 4.6 出芽酵母の CEN 構造
CENは三つの要素 I, II, III から構成される．要素 II は AT 対に富んだ配列である．Rはプリンを，Nはプリンかピリミジンのいずれかを示す．

他の真核生物のセントロメアは，出芽酵母ほど単純ではない．**分裂酵母**（*Schizosaccharomyces pombe*）も出芽酵母と同様，比較的単純な真核生物種であるが，2〜4本の微小管がキネトコアに結合する．分裂酵母の3本の染色体からCEN配列を単離し，比較してみると，**コア配列**（core sequence）と呼ばれる染色体特異的な配列の周辺に，複数種の反復配列が逆向きに配置されていることがわかった．それらの機能サイズは，38 kb[*10], 65 kb, 97 kbと染色体によって異なっており，含まれる反復配列の種類やコピー数も異なっている．動植物のCEN構造はさらに複雑であり，30〜40の微小管と結合した大きなキネトコアを形成している．ヒトなど霊長類のCENは，**αサテライト**（α satellite）と呼ばれる約171 bpを基本とする縦列型反復配列からなっており，数メガ(10^6) bpにも及ぶクラスターを形成している．また，双子葉植物（dicotyledonまたはdicot）[*11]のシロイヌナズナでは，178 bpの縦列型反復配列が5本すべての染色体のセントロメアに局在している．一方，イネなどの穀類には，縦列型の反復配列とTy3/*gypsy*型の**レトロエレメント**（retroelement）が混在している（12.4節参照）．

セントロメア・キネトコアの染色体分配機能は生物種間で共通であるが，そこに局在するDNA配列には，ほとんど保存性が見られない．このことをとくに**セントロメアパラドックス**（centromere paradox）ということがある．しかし，キネトコアに局在するタンパク質には共通性が見られる．たとえば，ヒトのキネトコアには，CENP-Aと呼ばれる特異的なタンパク質が存在する．これはヒストンH3の変異体であり，N末端のアミノ酸配列が通常のH3

[*10] kb = kilobase, 1000塩基．

[*11] 種子植物のうち子葉（cotyledon）が2枚ある群．子葉が1枚の群は単子葉植物（monocotyledonまたはmonocot）と呼ばれる．

と大きく異なる．同様のセントロメア特異的なヒストン H3 は，これまで調べられたすべての生物種で見つかっている．これ以外に，CENP-C や Mis12 などのタンパク質も，酵母から動植物に至るまでその存在が確認されている．以上のことは，セントロメア・キネトコアの機能は真核生物で広く保存されているが，その機能の付与には直接 DNA がかかわっていないことを意味している．

4.2.2　染色体末端のテロメア

テロメア(telomere)は，真核生物の染色体末端にある特殊な構造で，染色体の保全機能を果たすと考えられている．テロメアの存在は 1930 年代後半にマラー(3.1 節参照)によって予言された．マラーは，ショウジョウバエで X 線照射後に染色体末端の欠失や末端部の逆位などの構造変化が得られないことから，染色体末端は必須な機能を担っていると考え，これをテロメアと名づけた(テロメア概念)．その後，マクリントックがトウモロコシで染色体の切断-融合-染色体橋形成サイクルの解析から，染色体の切断後に姉妹染色分体が切断点で融合することが欠失や重複の原因であるとして，染色体の切断点は非常に不安定であり，他の切断点と融合するか分解を受けるかすることを示した(12 章参照)．

テロメアの構造については，次の二つの疑問が存在した．

① 染色体を構成する DNA の 5′ 末端部はどのように複製されるのか．
② 染色体の末端部が安定で，分解したり他の染色体末端と融合したりしないのはなぜか．

①の疑問は，DNA 複製が次の機構で行われることから生まれる．一般に DNA 複製は RNA プライマーを用いて行われる(7 章参照)．DNA ポリメラーゼによる DNA 複製は 5′ から 3′ の方向でのみ進行するから，染色体 DNA のような直鎖状 DNA 分子では，プライマーとなった RNA が RNA プライマーゼによって取り除かれた後で，この部分の複製ができないことになる．5′ 末端部分の複製はどのように行われるのだろうか．

DNA の複製機構の詳細が明らかにされ始めると，線状 DNA の末端部が複製ごとに短くなるという問題がワトソンによって指摘された(**末端複製問題**(end replication problem，図 4.7)．実際には短くなる現象は観察されないので，なんらかの特殊な構造がテロメアに隠されていることになる．1970 年代後半にテロメア配列が同定され，その構造と複製様式が解析されるようになると，DNA の末端は独特の方法で複製されることがわかってきた．この糸口を与えたのは原生動物(protozoa)繊毛虫類(ciliates)の**テトラヒメナ**(*Tetrahymena*)であった．テトラヒメナでは，配偶子系列を形成するゲノム

4.2 染色体の機能要素

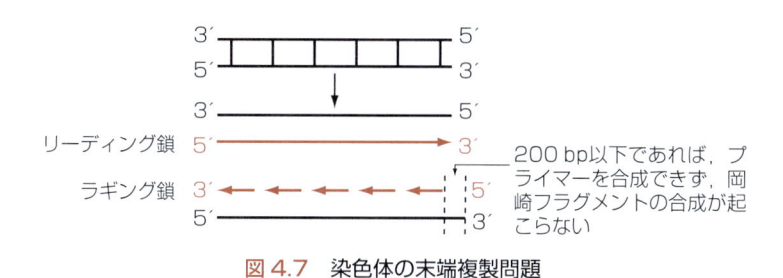

```
          3′ ┌─┬─┬─┬─┬─┬─┐ 5′
          5′ └─┴─┴─┴─┴─┴─┘ 3′
                    ↓
          3′ ─────────────── 5′
                              200 bp以下であれば，プ
リーディング鎖 5′ ──────→ 3′    ライマーを合成できず，岡
                              崎フラグメントの合成が起
ラギング鎖  3′ ←─←─←─← 5′    こらない
          5′ ─────────── 3′
```

図 4.7 染色体の末端複製問題

が小核に集められ，一方で体細胞系列のゲノムは大核に収められる[*12]．大核は，rRNA（リボソーム RNA）遺伝子のみを含む断片化した短い直鎖状の DNA 分子からなる．この短い直鎖状の二本鎖 DNA の一方の末端には 5′-TTGGGG-3′ 配列が 20～70 コピー縦列して反復しており，他方の鎖の末端には相補的な 5′-CCCCAA-3′ が同様に並んでいる．1980 年に，他の繊毛虫類（*Oxytricha* など）でも類似の配列（5′-TTTTGGGG-3′）が見つかり，さらにテトラヒメナのテロメア配列が出芽酵母でも機能することが示された．このことから，単細胞生物で明らかになったテロメアの構造と機能は，おそらく多くの真核生物でも保存されていると考えられた．実際，その後にヒトやシロイヌナズナでクローニングされたテロメアの配列は，テトラヒメナのそれと非常に類似していた（表 4.2）．

[*12] 単細胞中に，生殖核とも呼ばれる小核（遺伝情報一式が含まれる）と，栄養核と呼ばれる大核が存在する．大核は接合中に小核の分裂によって生じ，ゲノム配列の一部を欠く．

表 4.2 テロメアの配列

生物種	反復配列単位（5′→3′）
出芽酵母	TG_{1-3}
分裂酵母	$TTACG_{3-5}$
テトラヒメナ	TTGGGG
粘菌（*Dictyostelium*）	AAG_{1-8}
シロイヌナズナ	TTTAGGG
ヒト	TTAGGG

　テロメア DNA の末端が平滑でないこと，つまりグアニンに富む鎖が 3′ 側で突出していることは，初期の繊毛虫（*Euplotes*）の研究で，すでに指摘されていた．その後の研究からも，この構造が進化的に広く保存されていることが明らかとなったが，突出した鎖の長さは種によって異なっている（*Oxytricha* では 16 塩基，ヒトやマウスでは 50～100 塩基）．突出した鎖はフォールドバックし，ヘアピン構造をとって安定化していると考えられているが，この安定化には四つのグアニン同士の結合による四本鎖構造が関与しているらしい．一方で，このオーバーハング G リッチ一本鎖に特異的に結合するタンパク質が同定された．また，二本鎖のテロメア DNA に結合するタンパ

ク質も複数同定されている．これらテロメア結合タンパク質の役割は不明であるが，電子顕微鏡による解析から，哺乳動物のテロメア末端は**Tループ**（T loop）と呼ばれる大きな二本鎖ループ構造をもっており，3′オーバーハングは二本鎖テロメアDNAに入り込み，**Dループ**（D loop）と呼ばれる構造をつくることがわかった（図4.8）．さらに，一本鎖および二本鎖結合タンパク質が，それぞれDループとTループに結合し，テロメアを安定化させていることが示された．同様の構造が真核生物全般に保存されているか否かは定かではないが，テロメアの一本鎖と二本鎖DNAに結合するタンパク質は，酵母から動植物まで見つかっている．

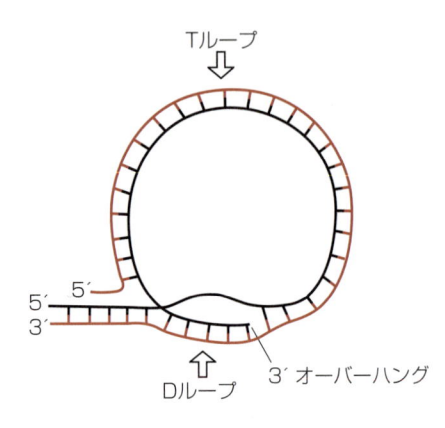

図4.8 TループとDループからなる哺乳動物のテロメア構造

　テロメアリピート（反復配列）の長さは種によって大きく異なっており，繊毛虫では50 bp弱であるのに対し，マウスでは100 kbを超える．また，組織間にも違いが見られることから，リピートの長さは遺伝的因子によって制御されていると同時に，発生の段階でも調節されていると考えられる．では，テロメア配列はどのように合成されるだろうか．テロメアの合成にかかわる酵素がテトラヒメナから精製され，**テロメラーゼ**（telomerase）と命名された．テロメラーゼは，**ガイドRNA**（guide RNA）と呼ばれる鋳型RNAとタンパク質からなるリボヌクレオタンパク質であり，テロメアDNAの3′末端の（TTGGGG）$_n$に5′-TTGGGG-3′反復配列を付加する能力をもつ．ガイドRNAはテロメアDNAに相補的な5′-AACCCAAC-3′（あるいはCAACCCAA）配列をもち，5′-GGGGTT-3′配列合成の鋳型として働いている（図4.9）．まず，テロメラーゼのガイドRNAがDNAプライマーに結合してDNA複製の鋳型として働き，DNAプライマーの3′末端にそれと相補的なヌクレオチドが付加される．相補的な部分の複製が完了すると，テロメラーゼは3′側へ転位して，RNAを鋳型とした次の単位の複製が始まる．

　テロメアリピートの長さは，主としてテロメラーゼによって制御されると考えられている．そのため，テロメラーゼ活性が失われると，テロメアの長

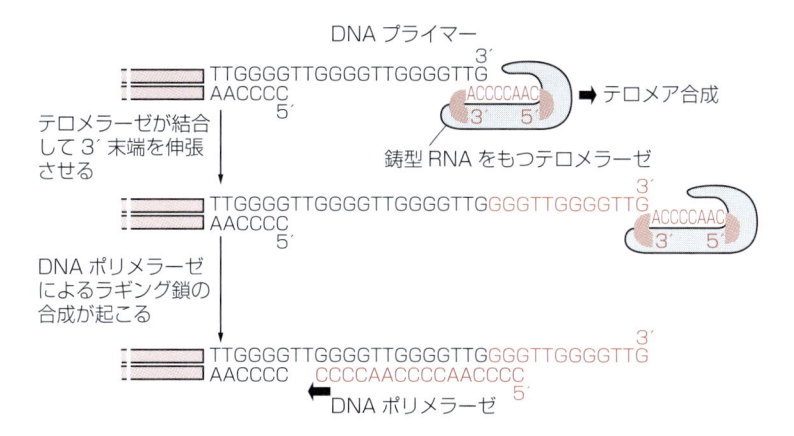

図 4.9　テロメラーゼがテロメア配列を複製する仕組み
DNA の 3′ 末端部分への鋳型 RNA の結合，RNA を鋳型にした DNA プライマーからの DNA 鎖の伸長，テロメラーゼの 3′ 方向への転位の 3 段階で反応が進行する．

さは複製のたびに短くなっていく．ヒトなど哺乳動物のテロメラーゼは，生殖細胞や造血細胞で活性が高いのに対し，体細胞では活性がきわめて低い．このことから，テロメアの短縮化が**プログラム細胞死**(programmed cell death: PCD)[*13] を引き起こし，細胞の寿命を決定しているという考えがある．また，すべてのがん細胞に当てはまるわけではないが，不老化した HeLa 細胞[*14]ではテロメラーゼ活性が高く，テロメアも十分な長さが維持されている．

4.2.3　DNA の複製起点

真核生物の染色体 DNA は巨大であるため，大腸菌のように一か所からのみ複製が始まっていては，いくら時間があってもたりない．実際，真核生物の DNA 複製は，細胞周期の S 期に染色体上の多数の箇所から開始される．このような複製が開始される部位を**複製起点**または**複製開始点**(replication origin, *ori*)といい，1 回の細胞周期で起こる複製の単位を**レプリコン**(replicon)という．一般に真核型のレプリコンは短く，細菌のレプリコンよりもゆっくりと複製する．

酵母の複製起点を，とくに**自律複製配列**(autonomous replicating sequence: **ARS**)という．ARS は，大腸菌と酵母のシャトルベクター[*15]を用いた次の方法でクローニングされた（図 4.10）．出芽酵母のヒスチジン合成遺伝子の一つである *HIS3* をプラスミド pBR322 のテトラサイクリン抵抗性遺伝子領域にクローニングした組換え体は，大腸菌での複製を可能にする複製起点 ARS をもち，大腸菌中では複製できるが，酵母で機能する ARS をもたないため，酵母細胞中では複製できない．もし，*HIS3* とともに酵母の ARS を含むよ

[*13]　多細胞生物における細胞の計画的な自殺．アポトーシス(apoptosis)によるものやネクローシス(necrosis)によるものがある．

[*14]　当時 30 歳代の女性ヘンリエッタ・ラックス(Henrietta Lacks)の子宮頸がん由来の細胞で，1951 年にヒトの細胞株として初めて確立された．パピローマウイルス(human papilloma virus: HPU)遺伝子の挿入によってがん化したと考えられている．

[*15]　ベクターとは遺伝子など DNA の運び屋のことで，特定の宿主細胞内で複製・維持される能力をもつことから，組換え DNA の導入，増幅などに使われる．大腸菌などを宿主とするものは，プラスミドやファージなどを人工的に改変してつくられる．シャトルベクターとは 2 種類以上の宿主で増殖できるベクターのことで，それぞれの宿主の複製起点をもっていることが必要となる．

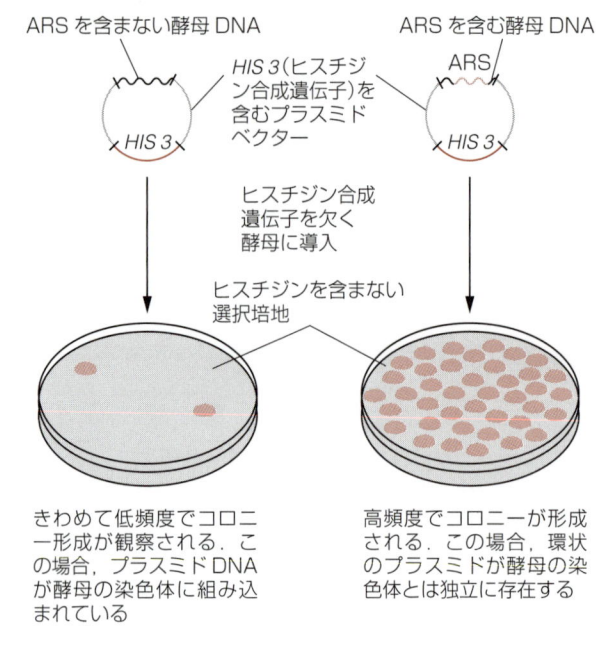

図4.10 シャトルベクターによるARSのクローニング

うな組換えプラスミドができれば，それらは酵母でも複製するだろう．実際，トリプトファン合成遺伝子 *TRP1* あるいはアルギニン合成遺伝子 *ARG4* を含む DNA 領域を挿入した組換え体は，酵母細胞中で複製した．これは，二つの遺伝子がどちらも ARS と強く連鎖しているからであった．同様の方法で得られた多くの ARS は 100～150 bp であり，11 bp の共通 A 配列〔5′-(A/T)TTTAT(A/G)TTT(A/T)-3′〕を保持していた．この他にも，複数の B 配列と呼ばれる配列が必要であることもわかっている．分裂酵母の ARS には共通配列は存在しないが，A が連続する配列が多数存在する．しかし，高等真核生物では安定に保持される ARS がほとんど得られないため，特異的な配列は見つかっていない．

近年，出芽酵母で，ARS のコンセンサス配列に結合する因子として **ORC**（origin recognition complex, **複製起点認識複合体**）が同定された．この複合体は六つのサブユニット（ORC1～6）からなり，A 配列などに結合する．分裂酵母，ショウジョウバエ，ヒトやトウモロコシでも同様の複合体が見つかっており，真核生物に共通の機構が存在すると考えられるようになった．しかし真核生物では，潜在的な複製起点の一部しか活性化していないとも考えられており，その制御機構については未知な点が多い．

4.2.4　人工染色体

三つの染色体機能要素（セントロメア，テロメア，複製起点）にかかわる

DNA 配列を，試験管内で人工的に結合し，真核生物の細胞内へ導入すると，人工的な染色体をつくりだすことができる．このアイデアが最初に実現したのは，1983 年，出芽酵母においてであった．しかし，3 要素を結合させた DNA 分子を導入しただけでは不安定で，細胞分裂を経るごとに失われてしまう．つまり，ある程度の長さが保たれないと，染色体として安定に保持されない．このことは逆に，酵母人工染色体(yeast artificial chromosome: YAC)が，非常に長い DNA をクローニングするのに適していることを意味した．この後，バーク(D. T. Burke)らによって，汎用性の高い**YAC ベクター**(YAC vector)が開発された(1987 年，図 4.11)．このベクターには，出芽酵母の第 4 染色体のセントロメア配列 CEN4 と複製起点 ARS1，テトラヒメナのテロメア DNA (逆向きに 2 断片)，大腸菌プラスミドベクター pBR322 の配列(Amp：アンピシリン耐性遺伝子，ori：複製起点)が含まれている．出芽酵母での選抜には，3 種類のアミノ酸合成遺伝子(TRP1, HIS3, URA3)を利用する．このpYAC4 では，SUP4[*16] の EcoRI サイトに，外来の巨大 DNA をクローンできるよう工夫されている．外来 DNA が挿入された人工染色体を保持する酵母コロニーは，ピンク色となり，非組換え体コロニーは白色となるため選抜可能である．

酵母での人工染色体の構築は，他の真核生物でも同様のアプローチが可能なことを示した．しかし，これまで高等真核生物での人工染色体の構築例は，ヒトなどの哺乳動物の培養細胞に限られている．この理由の多くは，セントロメアの DNA 構造にある．出芽酵母のようなきわめて短いセントロメアは例外で，ほとんどが非常に長い縦列型の反復配列である．ヒトのセントロメアも巨大な DNA 反復配列からなっている．ところで，どうしてヒトでは成

*16 チロシン tRNA オーカーサプレッサー(ochre suppressor)．UAA を停止(ナンセンス)コドンではなく，チロシンコドンとして読みとる tRNA の変異遺伝子(8.3 節参照)．

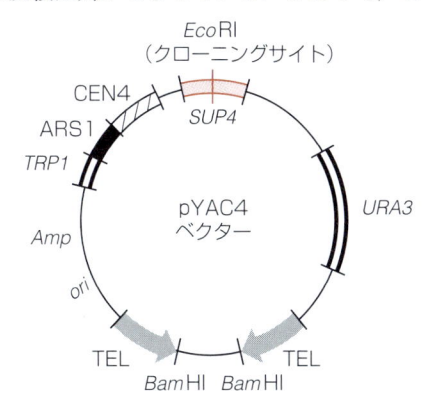

図 4.11 YAC ベクターのマップ
CEN4：第 4 染色体由来のセントロメア配列，ARS1：第 4 染色体複製起点(自律的複製配列)，TEL：テトラヒメナ由来のテロメア DNA，TRP1 および URA3：トリプトファンおよびピリミジンリボヌクレオチド合成にかかわる遺伝子，SUP4：オーカーサプレッサー(破壊されるとピンク色のコロニーを形成する)，Amp：アンピシリン耐性遺伝子(大腸菌で働く)，ori：複製起点(大腸菌で働く)．

＊17 「細菌の人工染色体」と命名されているが，真核型の染色体ではなく，大腸菌のF'プラスミドを改変したベクターであり，セントロメアやテロメアは必要ない．

功したのか．1997年，ハーリントン(J. J. Harrington)らは，ヒトのセントロメアに局在する縦列型反復配列αサテライトをPCRで増幅し(PCRについては11.5節参照)，BAC(bacteria artificial chromosome)[17]ベクターにクローニングした．さらに，増幅したαサテライトDNAを方向性を保ったまま挿入し，最終的に連続した100 kbほどのαサテライトを含むクローンを作製した．これをヒトの培養細胞に導入したところ，小型の染色体(マイクロ染色体)が形成された．しかし，この人工染色体を解析したところ，導入したαサテライトよりも10倍も長くなっていること，他の正常染色体からのDNAは含まれていなかったことから，αサテライトの増幅が人工染色体の安定に必要であることがわかった．一方，1998年，池野正史らは，ヒトの第21染色体から得た80〜100 kbのαサテライトをYACにクローニングし，ヒトのテロメア配列と組み合わせて，ヒト培養細胞に導入した．その結果，約1/3の割合で，安定なミニ染色体の形成が起こった．このような高率での人工染色体形成には，導入したαサテライトに17 bpのCENP-Bボックスが含まれていることが重要であった．しかしこのケースでも，30倍ほどのαサテライトの増幅が起こっていた．現在ではいろいろな工夫が施され，人工染色体が遺伝子治療のベクターとしても注目を浴びている．

練習問題

1 真核生物の染色体を構成する主要なタンパク質であるヒストンを説明しなさい．
2 真核生物のクロマチンの基本構造であるヌクレオソームの構造を説明しなさい．
3 DNA二重らせんがどのような高次構造をとって体細胞分裂中期の染色体となるか，その過程を説明しなさい．
4 キネトコアを説明しなさい．
5 キネトコアが付属したセントロメアが果たす役割を説明しなさい．
6 酵母からセントロメアを構成するCEN配列が単離された．どのような方法で単離されたか説明しなさい．
7 染色体の末端にあるテロメアが果たす役割は何か．それはどんな事実から推定できるか．
8 テトラヒメナのテロメア配列を利用して酵母のテロメア配列が単離された．どのような方法で単離されたか説明しなさい．
9 テロメラーゼの構造と活性を説明しなさい．
10 テロメアが複製される仕組みを説明しなさい．

5章 染色体の構造変異と多様性

　染色体を構成するDNAの塩基配列に変化が生じ，これが突然変異をもたらす．同様に，染色体には進化の途上で多くの構造変異が生じ，生物に多様性を生む原動力となっている．この章では，染色体に起こる巨視的な構造変異について学ぶ．

5.1　染色体の形態

　一般に，有糸分裂中期に観察される染色体の形態は，生物種によって特異的である．このような染色体構成を**核型**(karyotype)といい，染色体の長さ，セントロメアの位置，二次狭窄の有無や位置などによって分類される．また，分染法など特異的な染色法によって観察される**異質染色質**(heterochromatin)，**真正染色質**(euchromatin)の分布や大きさなどを参考にして分類されることもある(4.1節参照)．核型を図式化したものを**イディオグラム**(idiogram)という．

　セントロメアによって分けられる染色体領域を**腕**(arm)といい，長いほうを長腕(L)，短いほうを短腕(S)と呼んで区別することがある．ヒトなどの哺乳動物の染色体では，それぞれの腕をp, qと表記する．染色体はセントロメアの位置によって分類できる．1941年，レバン(A. Levan)らは，腕の長さの比($r = $ L/S)を参考にして次のように区別した[*1]．

① 中部セントロメア型(metacentric)
　　ほぼ中央にセントロメアが位置する($r = 1.0 \sim 1.7$)
② 次中部セントロメア型(submetacentric)
　　中央より離れてセントロメアが位置する($r = 1.7 \sim 3.0$)
③ 次端部セントロメア型(subtelocentric, acrocentric)
　　末端近くにセントロメアが位置する($r = 3.0 \sim 7.0$)

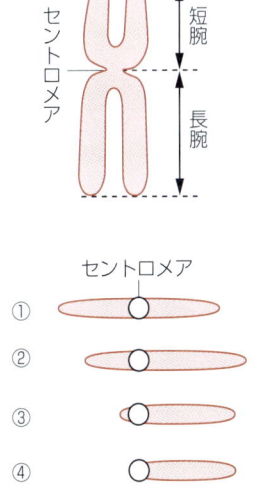

④ 端部セントロメア型（telocentric）
末端部にセントロメアが位置する（$r = 7.0$〜無限大）

5.2 染色体の構造的変異

染色体は，放射線などの物理的刺激や化学薬品などの処理によって切断され，構造的な変異が誘発される．切断が染色体DNAの複製前であれば染色体型変異に，複製後であれば染色分体型変異となる．これらの切断は，そのままの状態で残ることは少なく，修復された結果として，以下で解説するような構造異常が検出されることがある．

5.2.1 欠失

染色体の特定領域が抜け落ちた状態を**欠失**（deficiency, deletion）と呼ぶ〔図5.1(a), 7.5節参照〕．大きな欠失を含んだ染色体と正常な相同染色体とが核内に共存するヘテロ状態では，減数分裂第一中期に対合が起こらない正常な染色体部分がループ状に突出する[*2]．欠失は，欠失部に対応した相同染色体上の劣性遺伝子が**ヘミ接合**（hemizygous）状態で発現する**偽優性**（psuedodominance）と呼ばれる現象によっても検出できる（3.1節参照）．光学顕微鏡で小さな欠失を検出することは難しいが，双翅目の唾腺染色体（salivary gland chromosome）では，欠失だけでなく，次に述べる重複や逆位など他の構造変異も検出できる．唾腺染色体は多糸性（polytene）の巨大な

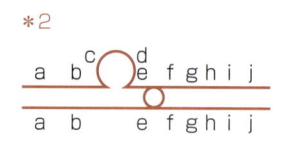

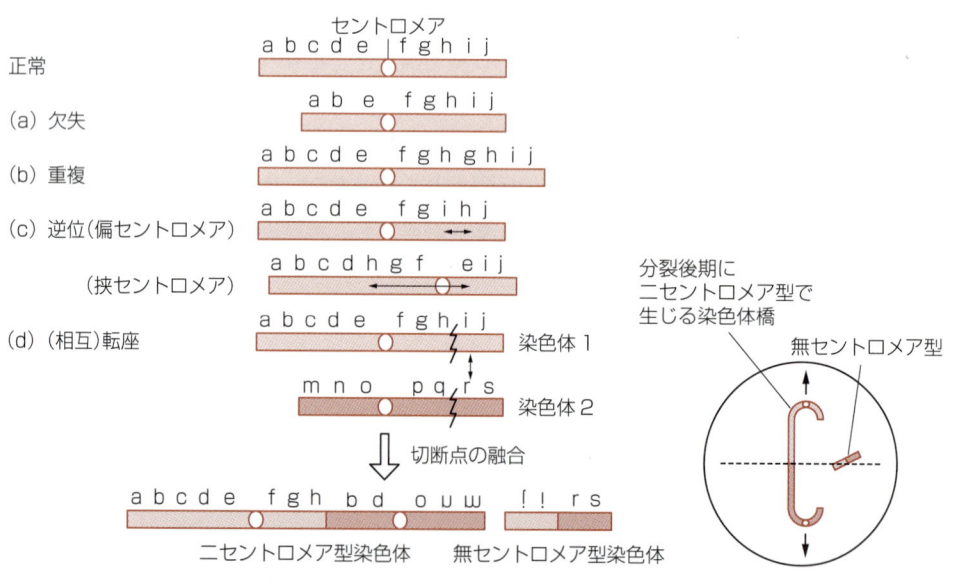

図5.1　代表的な染色体構造変異

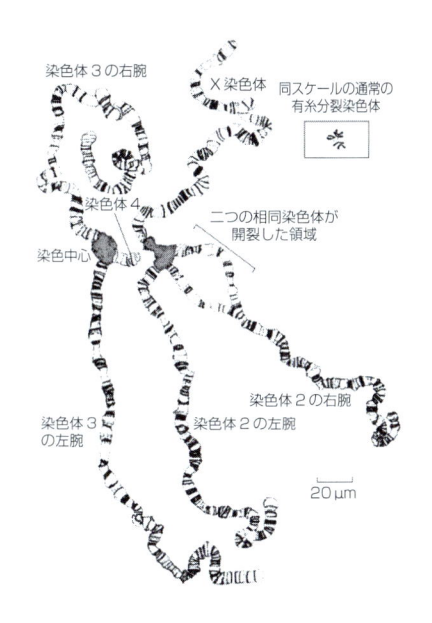

図 5.2　ショウジョウバエの唾腺染色体
それぞれの染色体は相同染色体と密着しており，4対の染色体は染色中心でつながっている．この図では押しつぶし操作により染色中心が二つに分かれて見える．T. S. Painter, *J. Hered.*, **25**(12), 465(1934) より．

染色体で，ショウジョウバエでは細胞分裂を伴わない約10回の複製の繰返しで生じる．染色体小粒(chromomere)が帯状に現れ，そのパターンは染色体に特異的であるため，細かな染色体変異を調べることが可能である（図5.2）．

5.2.2　重　複

　欠失とは逆に，染色体の特定領域が余分に存在する状態は**重複**(duplication)と呼ばれ〔図5.1(b)〕，欠失と対になって生じることが多く，同様にループ構造をとる．欠失よりも致死となる確率は低く，遺伝子の重複は，新たな機能をもった遺伝子の起源ともなりうる．染色体間に起こるものと染色体内に起こるものがある．重複の最も代表的な例は，キイロショウジョウバエのX染色体に座乗する顕性変異の**棒眼**(*Bar*)である(3.1節参照)．野生型では，複眼を構成する個眼あるいは**小眼**(facet)の数が700～800であるのに対し，*Bar*の雄では90前後，雌のホモでは70前後，ヘテロでは360ほどになる．この原因は，*Bar*が座乗する領域(16A)の重複であり，変異体では16A領域が二つ縦列していることが唾腺染色体の解析から明らかとなっている．16A領域が3個となり，眼の数が25しかないダブル棒眼なども発見されているが，これらはすべて**不等交叉**(unequal crossing-over)によって生じたと考えられる(7.5節参照)．

5.2.3　逆　位

　一つの染色体に2か所の切断が起こり，断片の向きが逆になって修復され

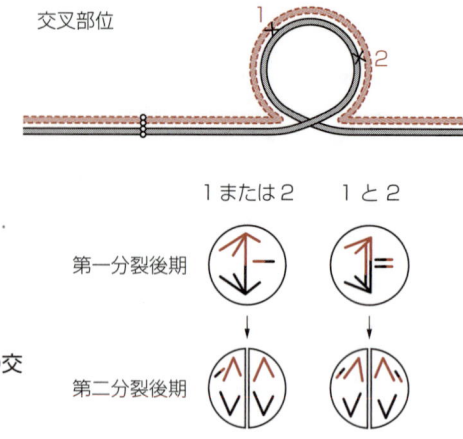

図 5.3　偏セントロメア逆位を含む染色体と正常染色体との間の交叉により生じる第一および第二分裂後期の染色体異常
(a) 第一分裂後期に染色体橋と無セントロメア型染色体が生じる．
(b) 第一分裂後期に二つの染色体橋と二つの無セントロメア型染色体が生じる．

たことによる構造変化を**逆位**(inversion)と呼ぶ(7.5節参照)．セントロメアを含むものを**挟セントロメア逆位**(pericentric inversion)，含まないものを**偏セントロメア逆位**(paracentric inversion)という〔図 5.1(c)〕．正常な染色体と逆位を含んだ相同染色体が核内に共存するヘテロ状態では，その領域では遺伝子の順序が逆になっているため，減数分裂期にループが観察されることがある．逆位の部分に交叉が起こると，生じた交叉型染色分体には重複や欠失が起こり，配偶子が機能しなくなることから，逆位は交叉を抑制する働きをする．第一分裂後期と第二分裂後期に現れる染色体異常のタイプから，交叉の回数と起こった位置を推定できる(図 5.3)．

5.2.4　転　座

切断された染色体断片が他の染色体に移る変異を**転座**(translocation)と呼ぶ．二つの染色体に起こった切断が起源となり，切れた断片が相互に入れ替わる転座を，とくに**相互転座**(reciprocal translocation)という〔図 5.1(d)〕．相互転座染色体がホモの状態となった場合，通常の染色体と同様に挙動するため，新たな核型をもつ個体として集団中に固定される．自然界では多くの植物種に見いだされるが，サソリなどの動物種にも生じている．相互転座がヘテロの状態〔図 5.4(a)〕では，減数分裂第一前期から中期に，相互転座を起こした染色体と起こしていない染色体の間で対合が起こり，環状四価染色体〔図 5.4(b)〕が形成される．この染色体の配置と分離様式により，いろいろなタイプの配偶子を生じるが，その三分の二は，完全な染色体セットを含まない(重複および欠失がある)ために機能しないと予測される．しかし，トウモロコシのように四価染色体が**交互分離**(alternative segregation)を起こしやすいため，50％近くの花粉が**稔性**(fertility，受精能力)を示すものもある．

偏セントロメア逆位と同様に，転座の結果，**無セントロメア型染色体**(acentric chromosome)と一つの染色体にセントロメアが二つある**ニセントロメア型**(dicentric)が生じることがある．ニセントロメア型は，分裂後期に染色分体が分離する際，**染色体橋**(chromosome bridge)を生じて切断される〔図5.1(d)〕．その結果，欠失と重複が起こり，配偶子は致死となることが多い．また残ったとしても，染色体の切断部位は融合し，新たな染色体切断を引き起こす．このような染色体の切断と融合の繰返しを**切断–融合–染色体橋サイクル**(breakage-fusion-bridge cycle)という．マクリントックは1941年に，トウモロコシの種子に斑入りが生じる現象を，このような染色体異常の繰返しによって説明した(図5.5)．これは後に**調節要素**(controlling element, 12.1項参照)の発見につながる．

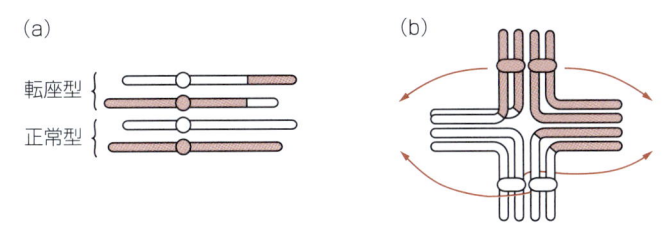

図5.4 (a)相互転座ヘテロ接合体と(b)四価染色体
(b)交互分離を示す四価染色体の配置．矢印は分離の方向を示す．

相互転座の一種に**ロバートソン型融合**(Robertsonian fusion)がある．次端部セントロメア型染色体同士が，それらの短腕またはセントロメア部位で融合した変異で，動物界では比較的頻繁に見られる．次端部セントロメア型の染色体から(次)中部型の染色体への構造的変異と染色体数の減少が起こる大きな核型変異となるが，ゲノムの総量にはそれほど変化は見られない．たとえば，アフリカピグミーマウスでは，36本の染色体をもつ集団と18本の染色体をもつ集団が存在するが，この数の減少はロバートソン型のセントロメア融合による．

Column

マクリントックの卓越した観察力

トランスポゾン(12章参照)の発見により1983年にノーベル生理学・医学賞を受賞したバーバラ・マクリントックは，非常に優れた細胞遺伝学者であった．彼女は，旧友ローズ(M. Rhodes)に次のように話したという．「細胞を顕微鏡で観察するとき，私はあたかも細胞の中に降りていき，そのあたりを見回すのです」．彼女の卓越した観察力が，当時は誰も想像しえなかった「動く遺伝子」という概念に導いたのである．

参考図書：エブリン・フォックス・ケラー著，石館三枝子，石館康平訳，『動く遺伝子——トウモロコシとノーベル賞』，晶文社(1987)

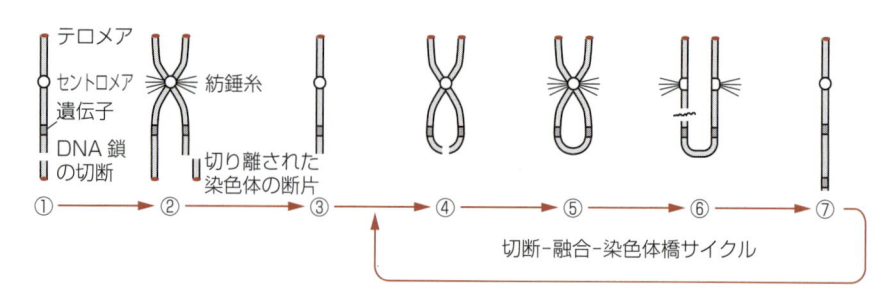

図 5.5　マクリントックの切断－融合－染色体橋サイクル
①→②DNA鎖の切断の一部が修復されずにS期へ進む．②→③テロメアを欠いた染色体が生じる．③→④S期に入り，テロメアを欠いた染色体が複製する．④→⑤染色分体の末端が融合する．⑤→⑥セントロメアが両極に移動して生じた染色体橋に新たな切断が起こる．⑥→⑦遺伝子が重複し，かつテロメアを欠いた染色体が生じる．テロメアを欠いた染色体が複製し，④からのサイクルを繰り返す．

5.3　染色体の数的変異

染色体の数的変異は，**倍数性**と**異数性**に分けることができる．前者は，配偶子に含まれる染色体セット（n）の正確な倍数的変化であり，**一倍体**（monoploid），**単数体**（haploid），**二倍体**（diploid），**三倍体**（triploid）などと表記される．後者は，体細胞での染色体数（$2n$）が，種に特異的な正常数よりも1ないし数個多いか少ない状態を指す．厳密には，nは配偶子の染色体数，$2n$は接合体の染色体数を意味し，正常の二倍体（**正倍数体**，euploid）の配偶子に含まれる染色体の数を基本数xで示す．たとえばヒトの場合，$n = x = 23$，$2n = 2x = 46$となる．ターナー症候群のように染色体が1本少ない場合は，$2n = 2x - 1 = 45$となる．また，パンコムギのような六倍体植物では，$2n = 6x = 42$（基本数xは7）と表記する．

5.3.1　倍数性

倍数性（polyploidy）は，植物種に多く見られる現象である．裸子植物（gymnosperm）ではそれほど一般的ではないが，被子植物（angiosperm）ではその半数が倍数体であるともいわれている．倍数性には，**同質倍数性**（autopolyploidy）と**異質倍数性**（allopolyploidy）がある．二倍種の配偶子に含まれる染色体のセット（ゲノム）をAとすると，一般的な二倍体はAA，同質三倍体はAAA，同質四倍体はAAAAと表記できる．つまり同質倍数性とは，同じ染色体構成をもつゲノムの整数倍の変化である．一般的に同質倍数体では，細胞や個体のサイズが二倍体よりも大きくなることが知られており，これは同じ機能をもつ遺伝子の相加的効果であると考えられている．しかし，相同染色体が3個以上存在するため，減数分裂期に多価染色体（3価や4価染色体）が形成され，不均等な分配が行われることがある．その場合は稔性の低下を引き起こし，子孫を得ることが難しい．種子繁殖する植物よ

りも栄養繁殖する植物に倍数性が多く見られるのは，このためである．

異質倍数体は，2種以上の異なったゲノム（たとえばA, B, Cなど）をもつ倍数体であり，異質四倍体をAABB，異質六倍体をAABBCCなどと表記する．一般的に，これらの染色体は二価染色体を形成することが多く，二倍体のように振る舞うことから，**複二倍体**（amphidiploid）と総称されることがある．異質四倍体は，次のような過程を経て生じたと考えられる．ゲノムAとBの異なる2種の間で交雑が起こり，F_1雑種ができる．このとき，それぞれの祖先種のゲノム構成はAAとBBだから，F_1のゲノム構成はABと表すことができる．Aゲノム染色体とBゲノム染色体の間で十分に分化が起こっている場合は，対合が起こらず，染色体はランダムに分離するため，配偶子のゲノム構成が乱れ，稔性が大きく低下する．そのため，このゲノム構成が維持されるには，何らかの機構でゲノムの倍加が必要である．このことから，自然界で種間交雑によって異質倍体が生じる場合は，F_1雑種で**非還元性配偶子**（unreduced gamete）[*3]が形成され，それら同士の受精があると考えられている．パンコムギは，3種の異なった二倍種（それぞれAA, BB, DDゲノムをもつ）から生じた異質六倍体であり，進化的に図5.6のように生じたと考えられている．実際，木原 均[*4]により，人為的にも，マカロニコムギ（四倍性の二粒系コムギ）と野生のタルホコムギ（二倍性）から，六倍性のパンコムギ（あるいは普通系コムギ）が合成されている．

[*3] 染色体数（DNA量）の半減が起こらずに生じた配偶子．

[*4] 世界的な遺伝学者で，コムギの進化を「ゲノム分析」により明らかにした．1944年にはアメリカのシアーズ（E. R. Sears）と独立に，コムギのDゲノム祖先種であるタルホコムギを発見した．1975年に文化勲章を受章，1985年には木原記念横浜生命科学財団が設立された．

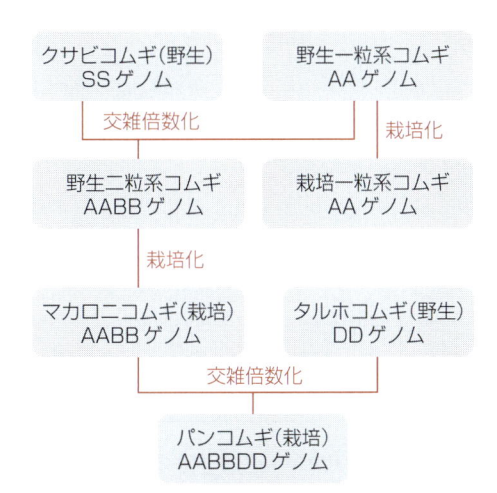

図5.6　パンコムギの倍数性進化とゲノム構成
クサビコムギのSは，野生二粒系コムギが生じた後に分化してBとなったと考えられている．

木原 均
(1893～1986)

染色体の基本数が異なっても，異質倍数体は形成される．その典型的な例は，アブラナ科の*Brassica*属植物である．*B. nigra*（クロガラシ），*B. oleracea*

（キャベツ，ブロッコリーなど），B. rapa（ハクサイ，カブなど）はすべて二倍体であるが，それぞれ $2n = 2x = 16$（ゲノム構成 BB），$2n = 2x = 18$（CC），$2n = 2x = 20$（AA）の染色体数を示す．この3種の二倍体から，3種の可能な異質四倍体（B. carinata では $2n = 4x = 34$，BBCC．B. juncea では $2n = 4x = 36$，AABB．B. napus では $2n = 4x = 38$，AACC）が生じている（図5.7）．

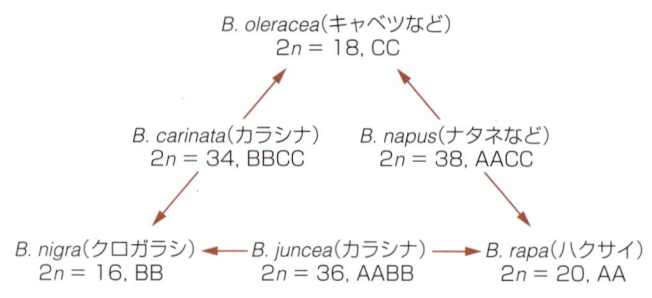

```
                B. oleracea(キャベツなど)
                    2n = 18, CC
                         ↑
         B. carinata(カラシナ)    B. napus(ナタネなど)
            2n = 34, BBCC          2n = 38, AACC

    B. nigra(クロガラシ) ← B. juncea(カラシナ) → B. rapa(ハクサイ)
       2n = 16, BB         2n = 36, AABB         2n = 20, AA
```

図5.7 アブラナ属植物のゲノム関係
禹の三角形[*5]（1935）を元に作図．

*5 「韓国近代農業の父」と呼ばれる禹長春（ウチョンジュン）の発見．木原均のコムギにおけるゲノム分析に触発され，アブラナの研究を行った．

　異質倍数体は近縁種間で形成される場合が多い．その場合，起源を同じくする染色体には，同様な機能をもつ遺伝子群が座乗している．これらの染色体を**同祖的**(homoeologous)であるという．同祖的な染色体同士であっても，減数分裂期において染色体の対合は抑制されていることが多い．これには特定の遺伝子が関与していることが知られている．コムギでは，*Ph*(pairing homoeologous)*1* や *Ph2* と呼ばれる遺伝子が同祖染色体同士の対合を抑えており，これらが突然変異すると，同祖染色体が対合して**多価染色体**(multivalent chromosome)が形成される．

　植物では多くの種が，何度か倍加を繰り返して進化してきたと考えられている．モデル植物[*6]で，非常にコンパクトなゲノムをもつシロイヌナズナ（*Arabidopsis thaliana*）でさえ，過去に倍数化を経験している証拠がある．一方，動物界では倍数体の存在はあまり知られていない．これは，性染色体が存在するため，倍加が性の分化に大きく影響するためと考えられる．動物では逆に，アリやハチの仲間のように，雄は未受精卵から発生し（**単為生殖**，parthenogenesis），半数体となるものがある．

*6 「植物のショウジョウバエ」とも呼ばれるシロイヌナズナは，アブラナ科に属する一年性の雑草で，植物研究のモデルとされる．小型で生育が早く，自殖性で多くの種子をつけるため，以前から遺伝学のモデルとして使われていた．核ゲノムのサイズが他の植物に比べてきわめて小さく（145 Mb），反復配列の割合が少ないため，2000年12月に植物で初めてゲノムプロジェクトが完了した．

5.3.2 異数性

　倍数性のようなゲノム単位の染色体数の変化ではなく，個々の染色体の増減にかかわる変異を**異数性**(aneuploidy)と呼ぶ．異数性を示す個体または系統などを**異数体**(aneuploid)という．染色体数が基本数の整数倍よりも少ないか多い場合，ある染色体の本数をもとに異数性を分類する．すなわち，相

同染色体の両方が欠けている個体または状態を**零染色体性(的)**(nullisomy, nullisomic)，片方欠けている状態を**一染色体性(的)**(monosomy, monosomic)，2本ともそろっている状態を**二染色体性(的)**(disomy, disomic)，1本過剰となっている状態(相同染色体が3本)を**三染色体性(的)** (trisomy, trisomic)などと表す(表5.1)．異数体が生じる原因としては，減数分裂時の不分離などが考えられる．ブリッジズは，ショウジョウバエで，X染色体の不分離により一染色体と三染色体が生じることを報告した(3.1節参照).

表5.1　異数体の表記法

異数体	染色体数[1] ($2n$)	植物種 トマト[2]	コムギ[3]
ナリソミック(nullisomic)	$2x-2$	$2x-2(5S・5L)$	20''
モノソミック(monosomic)	$2x-1$	$2x-5S・5L$	20'' + 1'
ダイソミック(disomic)	$2x$	$2x$	21''
一次トリソミック(primary trisomic)	$2x+1$	$2x+5S・5L$	20'' + 1'''
二次トリソミック(secondary trisomic)	$2x+1$	$2x+5S・5S$	20'' + i2'' ·
三次トリソミック(tertiary trisomic)	$2x+1$	$2x+5S・7L$	19'' + 1''''
テロトリソミック(telotrisomic)	$2x+1$	$2x+ ・5S$	20'' + t2'' ·
テトラソミック(tetrasomic)	$2x+2$	$2x+2(5S・5L)$	20 + 1''''

Khush(1973)を改変．1)$2n+1$，$2n-1$などと記載するケースもあるが，$2n$は接合体の染色体数を意味しているため，基本数xを用いて記載するほうが正確である．2)トマトでは，変異する染色体を腕ごとに記載する．ここでは5S・5L(正常染色体)および5S・7L(転座染色体)の例を示した．3)コムギでは，減数分裂時の染色体対合を記載する．' '' ''' ''''はそれぞれ一価，二価，三価，四価，五価染色体を，iは同腕(iso)染色体，tはテロ(telo)染色体を表している．

(1) 三染色体性

相同染色体が1本過剰，つまり3本存在するため，その染色体に座乗している遺伝子の効果が過剰に現れることがある．そうした変異を**三染色体性(トリソミー, trisomy)** と呼ぶ．植物は，染色体数の変化に比較的耐性で，オオムギ，トウモロコシ，トマトなどで，**三染色体シリーズ(トリソミックシリーズ, trisomic series)** が作出されている．これらは三倍体と二倍体の交配後代などで選抜できる．ブレイクスリー(A. F. Blakeslee)らによるチョウセンアサガオ(*Datura stramonium*)の研究では，過剰染色体を種子や葉の形態から識別できた[*7]．動物では過剰染色体の影響はより顕著で，ヒトの最も小さい21番染色体のトリソミーは，ダウン症候群を引き起こす．なお，過剰な染色体が正常なものと同じ場合を，とくに**一次トリソミック(primary trisomic)**，等腕染色体の場合を**二次トリソミック(secondary trisomic)**，腕が異なった染色体起源である場合を**三次トリソミック(tertiary trisomic)** という．

*7 ブレイクスリーは，形態異常を示すこれら12種類を初めは突然変異体であると考えたが，後(1959年)に異数体であることを発見した．

（2）一染色体性

正常な染色体数より1本少ない染色体数をもつような変異を**一染色体性**（モノソミー, monosomy）と呼ぶ．染色体の数や種類にもよるが，一対の相同染色体のうち一つを失うことは，生物にとってかなり致命的である．そのため，二倍性の生物ではモノソミーの出現頻度は低く，植物でも一部の種と特定の染色体に限られている．しかし，コムギなどの倍数性植物では遺伝子が重複していることから，一染色体状態でも生育や稔性がそれほど低下しない．六倍性のパンコムギでは，モノソミーの全シリーズ（**モノソミックシリーズ**, monosomic series）が作出されている．さらに特定の染色体では，相同染色体の両方を欠いた**零染色体**（**ナリソミック**, nullisomic）も出現するが，その生育は貧弱で，稔性もほとんどない．なお，欠失した一対の相同染色体の機能をそれらと同祖な（homoeologous）染色体対の過剰により補償したナリテトラソーミック（nullitetrasomic）と呼ばれる異数体のシリーズも作成されている．

練習問題

1. 染色体数 $2n = 10$ の植物の一次トリソミックと二次トリソミックは，それぞれ理論上何種類つくりだせるか．
2. パンコムギ（$2n = 6x = 42$）のモノソミックは，理論上何種類つくりだせるか．
3. 三倍体のオオムギ（$2n = 3x = 21$）をつくり，これに二倍体のオオムギ（$2n = 2x = 14$）を交配した．次代の種子には，どのような染色体数の個体が現れるか，推定しなさい．
4. 逆位が交叉を抑制する仕組みを考えなさい．

6章 細菌・ウイルス遺伝学の発展と分子遺伝学の誕生

分子遺伝学(molecular genetics)は，遺伝子DNAの構造と機能に関する知見を，生化学や生理学などと合流させることで，現代生物学に大きく貢献した．この分子遺伝学の基礎を築いたのは**細菌・ウイルス遺伝学**(bacterial and viral genetics)であり，生物学の根幹にかかわる遺伝子の実体を追究した．実験は驚くほど綿密に計画され，導かれた結果は実に興味深く，1940年代から60年代に至る四半世紀は，生物学の発展の歴史で最も興奮に満ちた時代であった．この章では，分子遺伝学の誕生に直接にかかわった研究者たちの考え方や実験，その成果を学ぶ．

6.1 細菌における自然突然変異の証明

細菌(bacterium, 複数形bacteria)に**自然突然変異**(spontaneous mutation)[*1]が起こることを実験的に証明したのは，ルリア(S. E. Luria)とデルブリュック(M. Delbrück)であった．彼らは，細菌やファージを用いて遺伝現象を解析しようと試みた．細菌やファージはきわめて小さく，短時間に膨大な数の子孫を残す．彼らはまず，細菌を宿主とするファージの増殖を解析した．ファージを大腸菌の培養に与えると，ファージは菌に感染して多数の子ファージを産生した後に，菌を溶かして子ファージを放出する．この現象を**溶菌**(bacteriolysis)という．細菌で濁った培養液は溶菌により透明になるが，そのまま培養を続けると，やがてファージ抵抗性の菌が増殖し，培養液が再び濁ることがある．こうして生じたファージ抵抗性の性質は，子孫の細菌に受け継がれる．彼らは，ファージ抵抗性の大腸菌がどのようにして生じるかに興味をもった．可能性は二つ考えられた．

① ファージの感染によって，細菌に一定の頻度でファージ抵抗性が誘導された．

[*1] 遺伝物質(DNAおよびRNA)に生じた構造変化を[突然]変異(mutation)というが，そのうち人為によらず自然に生じるものを自然[突然]変異と呼ぶ．さまざまな誘発源により人為的に起こされる誘発[突然]変異(induced mutation)に対比される．

② 細菌にファージ抵抗性の自然突然変異が，ファージとの接触とは無関係に起こり，これがファージ感染によって選抜された．

ルリアの得た実験結果を表 6.1 に示す[*2]．まず，ファージ T1 に感受性の大腸菌（$T1^S$）の培養を 2 通り用意した．一方は 10^3 $T1^S$ 細胞 /ml の濃度の 0.2 ml 培養（小培養）で 20 本，他方は同濃度で容量の大きな培養（大培養，10 ml）が 1 本であった．彼は，それぞれの培養を濃度が 10^9 細胞 /ml になるまで増殖させ，続いて小培養を T1 と混ぜて寒天培地（プレート）に移植し，T1 に抵抗性の菌（$T1^R$）の数を元のそれぞれの試験管について数えた．同時に大培養からも 0.2 ml ずつとって，同様のプレート 10 個に移植し，$T1^R$ コロニー数を数えた．どのプレートも 2×10^8 細胞を含むことになる．この実験から次の結果が得られた．大培養では，ほぼ一定の割合で $T1^R$ コロニーがすべてのプレートで見られた．小培養では，20 の試験管のうち九つで $T1^R$ の出現が見られ，しかも $T1^R$ コロニーの数は試験管ごとに大きくふれた．もし，$T1^R$ コロニーが T1 との接触によって誘導されたのであれば，すべてのプレートでほぼ同数の $T1^R$ コロニーが生じるだろう．一方，$T1^R$ が T1 との混合培養以前に存在したとすれば（ファージ抵抗性菌が自然突然変異で生じたとすれ

[*2] 彼らは T1 ファージを用いて，上の二つの可能性を区別するための実験をいろいろとやってみたが，なかなかうまくいかなかった．しかし 1943 年，ルリアはコロンビア大学で学長主催のパーティーに参加し，会場に置いてあったスロットマシーンを見ているうちに，次のことに気づいた．スロットマシーンでは，当たりが出たときにだけ，当たりに相当する褒美が与えられる．ファージ抵抗性菌の出現を自然突然変異の当たりと見ればよい．すなわち，ファージ抵抗性菌の出現数を単に数えるのではなく，数のふれを見ればよいのである．ルリアの直感は当たった．パーティーのあった金曜日の夜に始まって月曜日に終了した実験から明らかになったファージの自然突然変異を彷徨変異（fluctuation）という．

表 6.1　ルリアの彷徨変異の実験結果

小培養 培養番号	$T1^R$ 細胞数	大培養 培養番号	$T1^R$ 細胞数
1	1	1	14
2	0	2	15
3	3	3	13
4	0	4	21
5	0	5	15
6	5	6	14
7	0	7	26
8	5	8	16
9	0	9	20
10	6	10	13
11	107		
12	0		
13	0		
14	0		
15	1		
16	0		
17	0		
18	64		
19	0		
20	35		
平均値	11.4		16.7

ば），スロットマシーンで当たりが出るのと同じように，抵抗性菌が生じた時期が早いほど小培養に含まれる抵抗性菌数が増加するだろう．各小培養で抵抗性菌が生じる時期はまちまちだから，各小培養に含まれる抵抗性菌の数はふれると期待できる．実験結果は2番めの推論が正しいことを裏づけた[*3]．

一見何でもないこの実験が，植物や動物と同じように細菌にも自然突然変異を起こす遺伝子が存在することの最初の証明となった．ルリアは自伝[*4]で，この実験は自分を最も幸福にした瞬間であったと回想している．いったんこの事実が明らかになると，細菌には植物や動物にはない遺伝学上の圧倒的な有利さがあることが，すぐに理解された．すなわち，扱える数の多さと世代時間の短さである[*5]．これにより，それまで遺伝学解析の対象にはなりえないと考えられていたファージや細菌が，一躍遺伝学研究の主役になった．

レーダーバーグ夫妻（JoshuaおよびEster Lederberg）らは，変異体の検出・選抜・同定法である**レプリカプレート法**（replica plating technique）を考案し，細菌の自然突然変異を決定的に証明した．レプリカプレート法は，細菌のコロニーをあるプレートから別のプレートに，コロニーの位置関係を崩さずに効率よく移す方法である（図6.1）．彼らは，10^7個の$T1^S$細胞を培養してペトリ皿の寒天培地上に計10^7個のコロニーをつくり（マスタープレート），コロニーをベルベット（布）の表面へ写しとって，それぞれのプレートからT1ファージを含む別の三つのペトリ皿（レプリカプレート）に移した．もし$T1^R$がT1との接触で生じたならば，レプリカプレートの無差別な場所に

[*3] ルリアは，この結果を早速カリフォルニア工科大学のデルブリュックに手紙で連絡した．すぐにデルブリュックから，ポアソン分布に基づく解析結果のついた返事がもどってきた．その内容は，ルリアが期待していたものよりさらに一歩進んで，細菌の突然変異発生率（この場合は$T1^R$コロニーの発生率）を計算したものであった．

[*4] サルバドール E. ルリア著，石館康平，石館三枝子訳，『分子生物学への道』，晶文社（1991）．

[*5] ファージの数は一晩で1 mlの大腸菌培養あたり10^9個にも達するし，大腸菌の分裂時間は20分，一方，ショウジョウバエの繁殖周期は2週間である．

Column

細菌を遺伝学の対象にしたコッホ

モルガンの遺伝学が華々しく発展していたとき（3章参照），細菌の変わりやすさは広く認識されていたが，細菌を遺伝解析の対象としようと考えた者はいなかった．その当時，植物，動物，カビなどでは遺伝的変異が明らかになっていたが，細菌については性があるか否かも明らかでなかった．細菌学者の多くは，細菌の変わりやすさを遺伝的変異によるよりは適応現象として説明できると考えていた．しかも，細菌は一つずつを個体として解析することができず，常に膨大な数の集団としてしか扱えなかった．

純粋なクローンの概念は，遺伝学者ではなく医者のコッホ（R. Koch）によって確立された．コッホは，一つの特定の病気が多種類ではなく1種類の細菌の感染によることを証明する目的で，固形培地上での単一コロニー純化法を確立した．彼は培地上の菌集団からコロニーを選抜することで，1個の細菌から由来する遺伝的に単一な集団（クローン）を得て，病原菌を同定した．次のコッホの三原則は，病気の原因となる細菌を同定する際に，今でも有効な判定法である．

① 病巣から特定の細菌を単離できるか．
② 単離した細菌を健康な組織や個体に接種すると，同じ病気が引き起こされるか．
③ 引き起こされた病巣から同一の細菌を単離できるか．

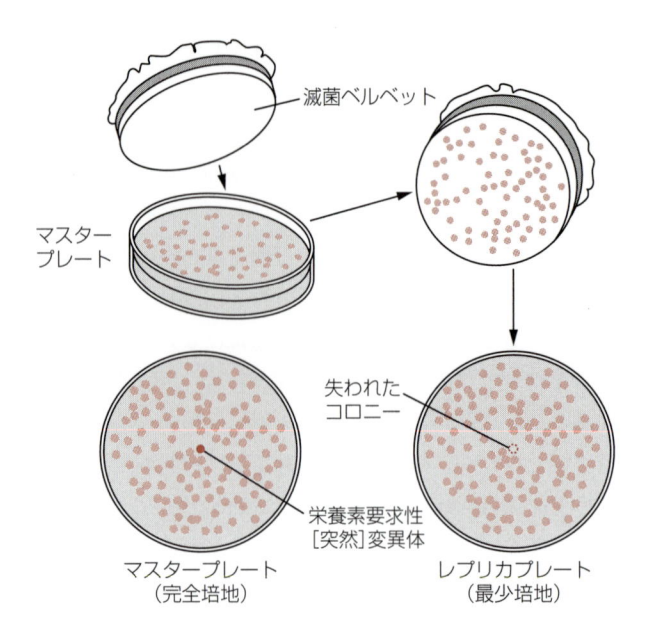

6章　細菌・ウイルス遺伝学の発展と分子遺伝学の誕生

図6.1　レプリカプレート法
完全培地を含むマスタープレート上のコロニーを，それらの位置関係を崩さずに速やかに別のプレートに移す方法．レプリカプレートに最少培地を用いれば，最少培地(制限条件)で育たずに完全培地(許容条件)でのみ育つ栄養素要求性［突然］変異体を効率よく選抜できる(制限および許容条件については6.5.1項参照)．

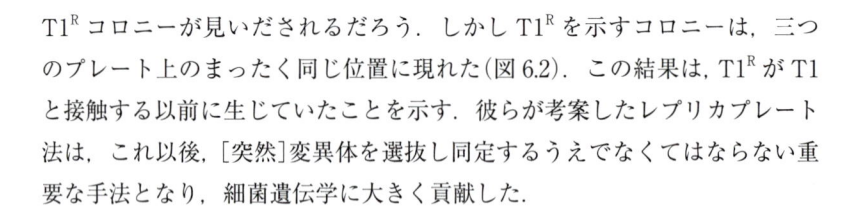

J. レーダーバーグ
(1925～2008)

$T1^R$ コロニーが見いだされるだろう．しかし $T1^R$ を示すコロニーは，三つのプレート上のまったく同じ位置に現れた(図6.2)．この結果は，$T1^R$ が T1 と接触する以前に生じていたことを示す．彼らが考案したレプリカプレート法は，これ以後，［突然］変異体を選抜し同定するうえでなくてはならない重要な手法となり，細菌遺伝学に大きく貢献した．

6.2　細菌における性の証明

　細菌に性すなわち遺伝子の交換はあるか？　変異体が手に入っても，それらを交配できなければ遺伝解析は不可能である．ビードルとともに，アカパンカビの**栄養素要求性変異体**(nutrient-requiring mutant)を用いて一遺伝子一酵素仮説(1.4.2項参照)を提唱したスタンフォード大学のテータムは，大腸菌で栄養素要求性変異体の分離を試みた．栄養素要求性変異体は，$T1^R$ (ton^R)を代表とするファージ抵抗性変異体，Str^R を代表とする抗生物質抵抗性変異体などとともに大腸菌の代表的な変異体である．栄養素要求性変異体には，同化すなわち合成機能にかかわるメチオニン要求性の met^- ($metA^-$, $metB^-$ など)，チアミン要求性の thi^- ($thiA^-$, $thiB^-$ など)，プリン要求性の pur^- ($purA^-$, $purB^-$ など)のほか，異化すなわち分解機能にかかわるラクトース要求性の lac^- ($lacZ^-$, $lacY^-$, $lacA^-$)などがある．

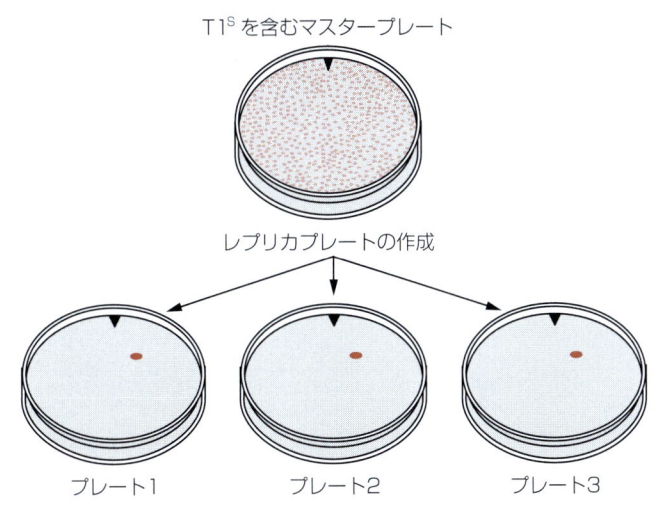

6.2 細菌における性の証明

図 6.2 大腸菌の T1^S から T1^R が自然突然変異で生じることのレプリカプレートを用いた証明

大腸菌の細胞をプレートにまき，小さなコロニーをつくらせた後，T1 ファージと接触したことがない T1^S コロニーを，T1 ファージを含む三つのレプリカプレートに移す．培養後に生じた T1^R コロニーは，三つのレプリカプレート上ですべて同じ位置にあった．

　テータムは，栄養素要求性変異体の選抜法としてレプリカプレート法を用いた．マスタープレートは完全培地を含むから，変異体も生存できる．レプリカプレートは選抜用のプレートで，既知の栄養素を欠いており，その栄養素を要求する変異体は生存できない[*6]．一方，レーダーバーグはコロンビア大学でアカパンカビの栄養素要求性の研究をしていた．彼は，大腸菌で性を見いだすためには，互いに異なる栄養素要求性変異をもつ2種類の株を混合し，そこから栄養素要求性を失った野生型株を分離すればよいと考えた．この試験を**原栄養体回復試験**（protoroph-recovery test）という．

　二人は相談し，1946 年 3 月末に共同研究を始めた．最初の交配は，テータムが分離した 2 種類の多重栄養素要求性変異体であるメチオニン・ビオチン要求株（$met^- bio^-$ で同時に $T1^R lac^+$）とスレオニン・ロイシン要求株（$thr^- leu^-$ で同時に $T1^S lac^-$）を用いて行われた（図 6.3）．まず，これらを混合し，最少培地にプレートしてコロニーを得た．選抜の対象となる遺伝子マーカーは met^+, bio^+, thr^+, leu^+ で，$T1$ と lac 遺伝子座は非選抜対象である．組換え体の遺伝子型は $met^+ bio^+ thr^+ leu^+$ となる．これが復帰突然変異でない証拠は，$T1$ と lac 遺伝子座に関して両親型の $lac^- T1^S$ または $lac^+ T1^R$ 以外に $lac^- T1^R$ あるいは $lac^+ T1^S$ の組換え型が存在したことである．さらに，交配後に生じる野生株が二倍体であれば，$T1^R$ しか生じないはずであるが，

[*6] 彼が使った大腸菌は，長年，スタンフォード大学で学生実験用に使われていた K-12 株であり，幸運にもこの株は雄株，すなわち稔性（交配能力）をもっていた．

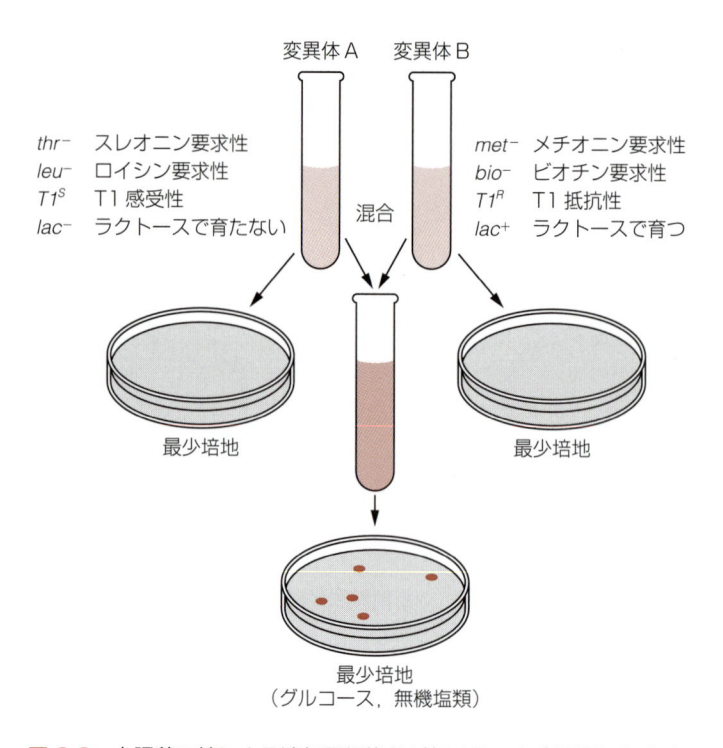

図6.3 大腸菌で性による遺伝子組換えが起こることを証明した実験
異なる多重栄養素要求株を混合して培養すると，組換えの結果，最少培地で育つ原栄養体コロニーが得られた．

$T1^R$ とともに $T1^S$ が現れ，その頻度は原栄養株の出現頻度と同じだったことから，野生型が二倍体ではなく一倍体の組換え体であることが確かめられた．なお，一遺伝子座に関する栄養素要求株の単独培養から求めた一遺伝子座の突然変異率は，約 1×10^{-6} であり，交配による原栄養株の出現頻度はこれよりずっと高かった．

　この実験結果にも，野生型菌と見えるのは実は2種類の栄養素要求性変異体が互いに栄養を供給し合う栄養共生の可能性があるという異論が出た．そこでレーダーバーグらは，野生型菌を1個ずつクローン化して，それらがすべて原栄養体であることを確かめた．さらに彼らは，すでに知られていたDNAによる形質転換の可能性を否定するために，2種類の親株をフィルターで分離する実験を行った．フィルターはDNAを通すが菌を通さない．この実験条件下では野生型菌が生じなかった．さらに，DNA分解酵素を培養液に加えても野生型の原栄養体の出現頻度には差がないことがわかった[7]．

*7 レーダーバーグらが行った細菌における性の存在(交配可能性)の証明実験は，研究者間に非常に大きな興味を引き起こし，たちまちのうちに多くの研究室で追試が行われ，交配の機構が活発に研究されるようになった．

6.3　F因子

大腸菌では，繊毛(appendage)をもつ雄株ともたない雌株が存在し，両者で線毛(pilus)を介して接合(conjugation)が起こる．さらに，X線照射により雄株から雌

株への変換が起こり，雄株と雌株の接合後，雌株が雄株に変換することがある．これらを説明するため，感染性をもつ**稔性因子**（**F因子**, fertility factor）の存在が仮定され，雄株のみがこのF因子をもち，接合でF因子が雄株から雌株へ移ることで雌株が雄株に変化すると考えられた．F因子は94 kbpの大きさをもつ閉環状の二本鎖DNA分子で，F⁺菌に1コピーが**プラスミド**として存在する．F因子は，二本鎖のうちの1本に切断が生じた後，**ローリング・サークル型複製**（rolling circle type replication）[*8]の機構に従って複製されつつ，線毛を通ってF⁻菌に入る．F⁻菌中では同様の機構でF因子の複製が起こり，F⁻菌がF⁺菌になる（図6.4）．接合中の細菌はほとんどの場合，組み込まれたF因子がF⁻菌に完全に転移する以前に分離する．F⁺菌染色体の一部分が転移したF⁻受容菌は，転移した染色体部分について部分的な二倍体（**メロディプロイド**, merodiploid）となる．部分二倍体はF⁻菌のままであり，F因子とともに転移した遺伝子は自己複製できず，組換えによってF⁻菌染色体に組み込まれないかぎり不安定で，受容細胞からいずれ消失する．

[*8] 環状のDNA親分子から新たに合成された子DNA子分子が，直鎖状かつ連続的に複製される様式．

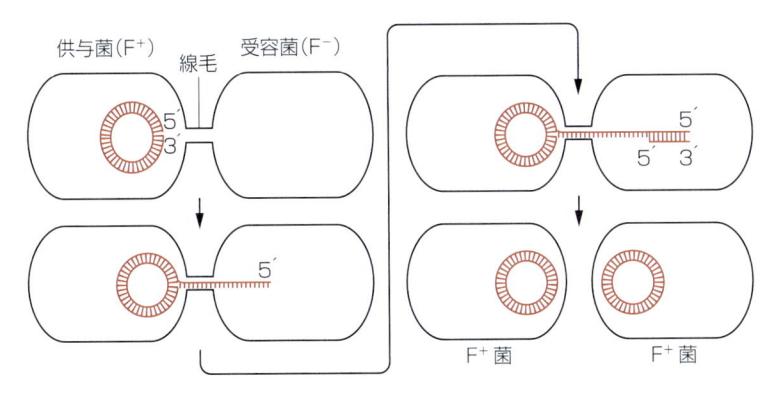

図6.4 F因子がローリング・サークル型のDNA複製を経て
F⁺細胞からF⁻細胞へ移行する様子

F因子は，全体が細菌染色体中に組み込まれることがある（図6.5）．F因子を染色体中に組み込んだ菌を **Hfr菌** と呼ぶ．Hfr（high frequency recombination）の名称は，これが接合を通じて受容菌中で高頻度で遺伝子の組換えを起こすことに由来する．Hfr菌中に組み込まれたF因子は，F因子内部でDNAの一本鎖に切断が起こり，ローリング・サークル型のDNA複製様式に従って複製しつつ，F⁻菌へF因子を転移する．供与菌であるHfr菌が受容菌のF⁻菌と接合する際には，F因子に連結したHfr菌由来の染色体部分がF⁻菌中へ転移し，転移した染色体部分がF⁻菌の染色体の相同部分と高頻度で組換えを起こす．F因子の挿入部位と挿入方向は，Hfr菌により特異的で，個々のF因子によって異なる．したがって，宿主染色体のさまざま

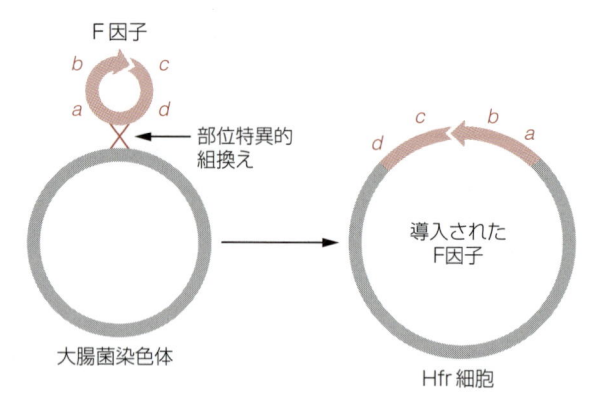

図 6.5　F 因子の宿主染色体への組み込みと宿主染色体の可動化
F 因子が組み込まれた染色体をもつ宿主細胞は Hfr 菌となる．Hfr 菌は，F 因子に連結した大腸菌染色体の一部を F⁻ 細胞に導入できる．さらに，F 因子が宿主染色体 DNA の一部を含んだ状態で Hfr 菌の染色体から不正確に切り出されると F′因子が生じる．F′因子をもつ細胞は，F′因子に連結した大腸菌染色体部分を F⁻ 細胞に導入できる．

な部位に挿入をもつ多くの種類の Hfr 菌を用いれば，菌の染色体すべてを網羅した Hfr 菌集団を得ることができる．

6.4　大腸菌の染色体地図の作成法

　1961 年，フランス・パスツール研究所のジャコブ(F. Jacob)とウォルマン(E. L. Wollman)は大腸菌の染色体地図を作成した．Hfr 細胞と F⁻ 細胞の接合では，接合直後に Hfr 細胞中で組み込まれた F 因子に切断が生じ，DNA 複製が開始され，一本鎖 DNA が F⁻ 菌へ伝達される．彼らは，この過程で Hfr 菌染色体上の遺伝子が F⁻ 細胞に入るから，接合を人為的に中断することで，時間を基準にして細菌ゲノムの物理地図が作成できると期待して，Hfr 細胞から F⁻ 細胞へ遺伝子が移行する過程を調べた．この実験は**接合中断法**(interrupted-mating technique)と呼ばれる．まず，Hfr, $leu^+ str^S$ × F⁻, $leu^- str^R$ の組合せからなる交配を行った．接合開始後の時間経過に従って一部をとり，ブレンダーにかけた後，ストレプトマイシン[*9]を含む最少培地に植えて，生じたコロニーを数えた．両親細胞とも単独ではコロニーを生じ

[*9] streptomycin．1944 年にワックスマン(S. A. Waksman)らが放線菌(Streptomyces)から発見した最初の抗生物質．特効薬であるリファンピシン(rifampicin)が発見されるまで，結核の予防薬として人類に大きく貢献した．

表 6.2　Hfr, $leu^+ str^S$ × F⁻, $leu^- str^R$ を用いた接合中断法で得られた $leu^+ str^R$ 組換え体の数

接合開始からの時間(分)	100 Hfr 細胞中の $leu^+ str^R$ 組換え体の数	接合開始からの時間(分)	100 Hfr 細胞中の $leu^+ str^R$ 組換え体の数
0	0	15	33
3	0	18	42
6	6	21	43
9	15	24	43
12	24	27	43

ない．生じたコロニーの数の変化を表 6.2 に示す．この実験から，Hfr 菌は F⁻菌との接合を一斉に開始するのではなく，接合開始が時間とともに増加して一定の状態に達することがわかった．

次に，Hfr, $thr^+ leu^+ az^S T1^S lac^+ gal^+$, str^S × F⁻, $thr^- leu^- az^R T1^R lac^- gal^-$, str^R という交配の組合せを用いて，同様に時間ゼロから経時的に接合を中断し，ストレプトマイシンを含む最少培地に移植した．ここで，選抜対象としたマーカー遺伝子は $thr^+ leu^+ str^R$，非選抜のマーカーは $az^S T1^S lac^+ gal^+$ である．$thr^+ leu^+$ が導入された F⁻細胞は，ストレプトマイシンを含む最少培地でコロニーを形成するから選抜できる．継時的に採取した培養から $thr^+ leu^+ str^R$ を選抜し，組換え体中にある非選抜マーカーの出現頻度を調査した．その結果を図 6.6 にプロットする．この結果は，すべての遺伝子が同時に移行するのではなく，それぞれが時間経過とともに順に移行したことを示す．すなわち，9 分後には，スレオニンとロイシンに対する栄養素要求性を失いストレプトマイシン耐性となった細胞中からアジド感受性細胞が出現し，その割合は時間とともに増加して一定の最大値に達した．その後，$T1^S$ (11 分)，ラクトース非要求性 (18 分)，ガラクトース非要求性 (25 分) が続いた (図 6.7)[*10]．1 個の F⁺細胞は，F 因子の挿入部位と挿入方向が異なる多数の Hfr 細胞を生じる．多数の Hfr 細胞を利用することで，大腸菌の染色体の物理地図作成が可能となる．こうして作成した大腸菌染色体の物理地図は約 90 分で，環状であった．

接合中断法は接合の開始から中断までの時間をもとにしているが，その開始と中断は正確に制御できないから，比較的遠く離れたマーカー間の遺伝距

*10 図の直線部分の傾きは，それぞれの出現頻度が時間とともに増大することを表し，直線が横軸と交わる点が，最初に当該遺伝子が移行した時間を表し，侵入点に近い遺伝子ほど早く入る．直線の傾きが各遺伝子で異なることは，移行する速度に違いがあることを示す．さらに，飽和状態を表す最大値が各遺伝子により異なり，後で移行する遺伝子ほど最大値が小さくなるのは，後になるほど接合状態が自然に終了するためである．

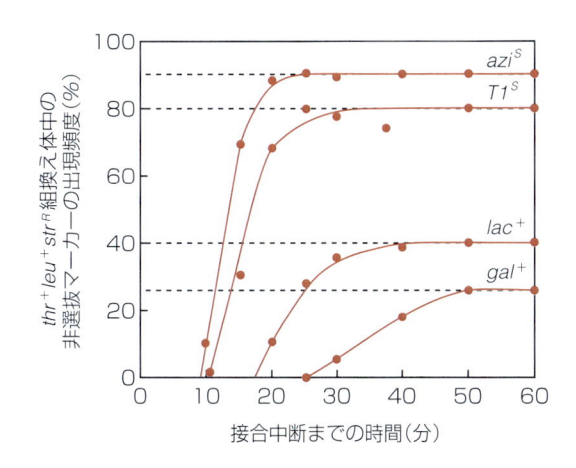

図 6.6 ジャコブとウォルマンの接合中断実験
選抜した組換え体 $thr^+ leu^+ str^R$ 中に出現する非選抜マーカーをもった細胞の頻度を示す．選抜培地にプレートする直前に接合を中断した．各直線が x 軸と交わる点は，Hfr 菌から F 因子とともに F⁻細胞へ導入された染色体部分が，F⁻細胞中の相同染色体と組換えを起こして安定な組換え体が生じる最初の時間を表す．

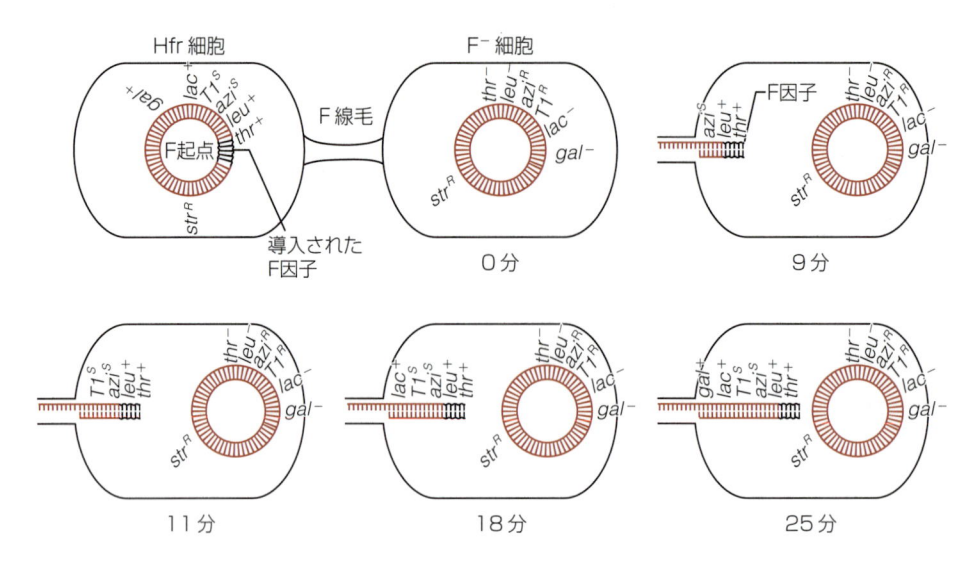

6章　細菌・ウイルス遺伝学の発展と分子遺伝学の誕生

図 6.7　ジャコブとウォルマンの接合中断実験で見られる Hfr 菌からの染色体部分の移入
接合の中断以前に F⁻ 細胞に導入されていた遺伝子だけが，F⁻ 細胞の相同染色体部分に組み込まれる．

離しか見積もれない．近接したマーカー間の遺伝子の並びと距離は，次の安定した組換え体を用いた実験によって決められる．環状染色体をもつ受容菌とそれに直鎖状 DNA を供与する供与菌との間で安定な組換え体が生じるためには，独立な偶数回の交叉が必要である．すなわち，1 回は供与 DNA が挿入されるため，もう 1 回は受容 DNA が環状構造を維持するためである．まず，挿入部位から最も遠く離れた位置にある既知のマーカーを選抜することで，解析しようとするすべての非選抜マーカーが挿入された部分二倍体から，安定な組換え体のみを選抜する．選抜マーカーと非選抜マーカーの距離は，選抜マーカーに関する組換え体中の非選抜マーカーの頻度として求めら

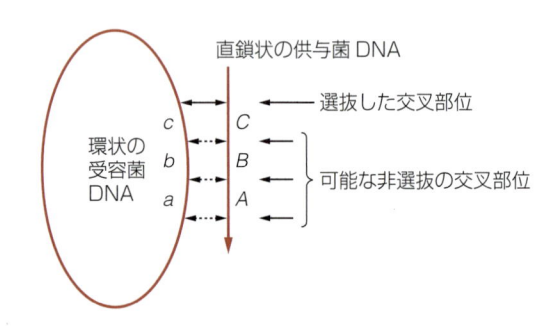

図 6.8　接合で作成された部分二倍体で生じる組換えを利用した染色体マッピング
F 因子から最も遠いマーカー C を選抜マーカーとすることで，それまでに侵入した遺伝子すべて（ここでは A と B）に関する組換え体を得られる．

れるから（図 6.8），F 因子から最も遠く離れた位置にある遺伝子 C が導入された組換え体を選抜する．BC 間の遺伝距離は（bC 組換え体の数）／（C 組換え体の数）で表すことができる．AC 間の遺伝距離は（aC 組換え体の数）／（C 組換え体の数）である．

6.5 ウイルスのゲノム

ファージグループ（p.4 のコラム参照）の基礎的な研究成果から，ファージは大腸菌とともに遺伝学の主役となった．おもな理由に次の点が考えられる．

① 世代時間が短い（10 分以内）
② ゲノムサイズが小さい（数十キロ塩基）
③ 多数の個体を小さな培養器で扱える（1 ml 培養で $10^{9～10}$ 個）

ファージの突然変異体は，ファージが感染して生じる宿主大腸菌の**溶菌斑**（**プラーク**，plaque）の大きさ，形態，宿主範囲，致死性により識別される．図 6.9 には T 偶数ファージの模式図を表す．頭部には DNA がつまっている．

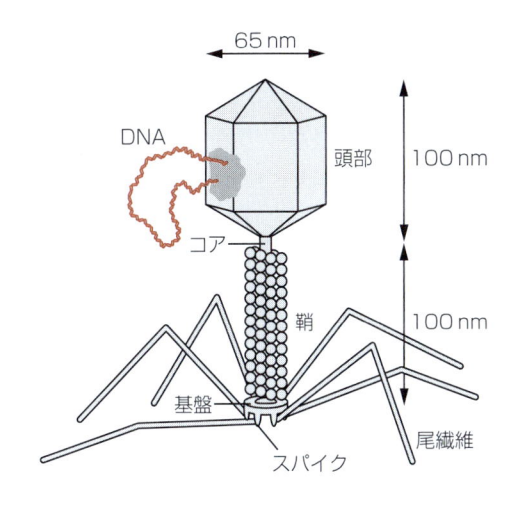

図 6.9 T 偶数ファージ (T2, T4, T6)

6.5.1 条件致死突然変異

ファージを遺伝学の対象とするには，ファージの数を正確に数える必要があった．それができなければ，突然変異の出現頻度を正確に求められないからである．ところで，細菌を数えるには細菌の培養物を希釈して固形培地に広げ，生じるコロニーを数えればよい．一定数の細菌細胞が一定量の液体培地に存在するときの吸光度を測定し，細胞密度と吸光度の関係を求めておけば，吸光度から細胞数を算出することもできる．一方，ファージを数えるには，プラークを数えればよい[*11]．

致死突然変異は，その判定基準が生きるか死ぬかで一意的であるから，細

[*11] 通常，1 個のプラークは 1 個のファージの感染に由来する．ファージの一段増殖法は，ファージ増殖を解析する際，次々に起こる再感染を防ぐために，デルブリュックらが考案した方法である．ファージが感染した細菌懸濁液を希釈後に培養し，一定時間ごとに一部をとって，ファージに感染していない細菌と混ぜ，寒天培地上で生じるプラークを数える．これにより，潜伏期，対数増殖期を経て放出期（飽和期）に至るファージの一段増殖が可能となった．

菌やファージ遺伝学にとって有効な突然変異である．しかしながら，完全致死は遺伝解析に利用できない．そこで**条件致死突然変異**(conditional lethal mutation)が有効利用される．ファージの条件致死突然変異は，特定の**許容条件**(permissive condition)では子ファージをつくるが，**制限条件**(restrictive condition)では致死となるような変異体である．典型的な条件致死突然変異体には，**温度感受性**(temperature-sensitive, *ts*)**変異体**と**抑圧遺伝子感受性**(suppressor-sensitive, *sus*)**変異体**の2種類がある．温度感受性変異体は，大腸菌を宿主として37℃で培養したとき（許容条件）には生存し，高温の40～42℃で培養したとき（制限条件）には致死であるような突然変異体をいう．抑圧遺伝子（サプレッサー）感受性突然変異は，次のようなものである．ある遺伝子座に生じた突然変異の致死効果を抑圧して野生型にもどす第二の突然変異のうち，異なる遺伝子座に起こる突然変異を一般に**サプレッサー突然変異**(suppressor mutation)という．ここで扱う大腸菌のサプレッサー突然変異は，遺伝暗号の翻訳停止を抑圧して正常なアミノ酸を挿入し，タンパク質合成を遂行できるような特殊な突然変異である(8.1節参照)．一方，ファージのサプレッサー感受性突然変異体は，サプレッサー遺伝子(Su^+)をもつ許容宿主菌では生存できるが，もたない Su^- 制限宿主菌では生存できない．表6.3に，サプレッサー突然変異に関与するファージと宿主大腸菌の遺伝子型および反応を示す．○なら子ファージが生産されてプラークが生じるが，×なら子ファージが生産されずプラークが生じない．

表6.3 サプレッサー突然変異とサプレッサー感受性突然変異

ファージの遺伝子型	宿主細菌の遺伝子型			
	Su^-	Su^+アンバー	Su^+オーカー	Su^+オパール
野生型	○	○	○	○
sus アンバー	×	○	×	×
sus オーカー	×	×	○	×
sus オパール	×	×	×	○

野生型ファージは，宿主大腸菌の遺伝子型によらず，プラークをつくることができる．一方，アンバー突然変異は Su^+アンバー遺伝子型，オーカー突然変異は Su^+オーカー遺伝子型，オパール突然変異は Su^+オパール遺伝子型の宿主菌のみでプラークをつくる．このようにファージのサプレッサー感受性突然変異には，**アンバー**(amber, UAG)，**オーカー**(ochre, UAA)，**オパール**(opal, UGA)と呼ばれる三つの翻訳停止暗号に対応した3種類がある．これらは Su^- 菌中では生育できないが，Su^+ 菌中では翻訳停止を阻害して正常なアミノ酸を挿入し，タンパク質合成を遂行できる．実は，アンバー，オーカー，オパール突然変異はすべて，遺伝暗号が解読される以前から，その存

在が遺伝学では知られていた．これらの突然変異は，翻訳停止暗号が生じたことでタンパク質の翻訳停止が起こることから**ナンセンス突然変異**（nonsense mutation）と呼ばれる[*12]．

6.5.2 相補性検定

相補性検定（complementation test）とは，表現型から区別できない二つの突然変異が，同一の遺伝子座に起こったものか，あるいは別々の遺伝子座に起こったものかを決める試験である．この検定はベンザーにより開発された．今，独立に得た二つ以上の表現型が同じ潜性変異体を考える．一般には，二つの変異体を交配し雑種を得て，その表現型を調べる．もし雑種が野生型の表現型を示せば，二つの変異は相補的で，別々の遺伝子座に生じた変異であると判定する．一方，雑種の表現型が変異型であれば，二つの変異は非相補的で，同じ遺伝子座に生じたものと判定する．

変異が同じ染色体（DNA）上にある場合，それらは互いに**シス**（cis）の位置関係にあるといい，別の相同な染色体（DNA）上にある場合は**トランス**（trans）の関係にあるという．図6.10に示すように，シスでもトランスでも相補的な（野生型を示す）二つの変異遺伝子座は別々の**シストロン**（cistron）[*13]に属すると判定し，一方，トランスで変異型，シスで野生型を示す場合（シス-トランス効果が認められる場合）は同一のシストロンに属すると判定する．すなわち，シス-トランス効果で規定される染色体領域がシストロンであると定義される．シストロンは，一つの機能遺伝子を構成する染色体領域のことである．なお，相補的な，つまり別々の遺伝子座に生じた変異は別々の相補性グループに属するという．一方，相補的でない，つまり同一の遺伝子座に生じた変異は同一の相補性グループに属するという．

[*12] ナンセンス突然変異は，カリフォルニア工科大学のベンザー（S. Benzer）によってT4ファージのrⅡ遺伝子座で発見された（8.1節参照）．ベンザーは，見つけた学生に命名権を与える約束で，さらに他の遺伝子座でもこれらを探した．まず初めにバーンスタインという名の学生がこれを見いだしたが，バーンスタイン変異と呼ぶのもナンセンスと考え，バーンスタインがドイツ語で「アンバー（琥珀）」の意味だったから，この変異体をアンバーと名づけた．こうして，初めの約束は反故になり，2番めはオーカー（黄土），3番めはオパール（淡白）と名づけられた．

[*13] シストロンもベンザーの命名．rⅡ遺伝子座の解析（8.1節参照）から，相補性検定によって認識できる染色体領域としてつけられた．ベンザーはさらに，変異の最小単位をミュトン（muton），組換えの最小単位をレコン（recon）と名づけた．

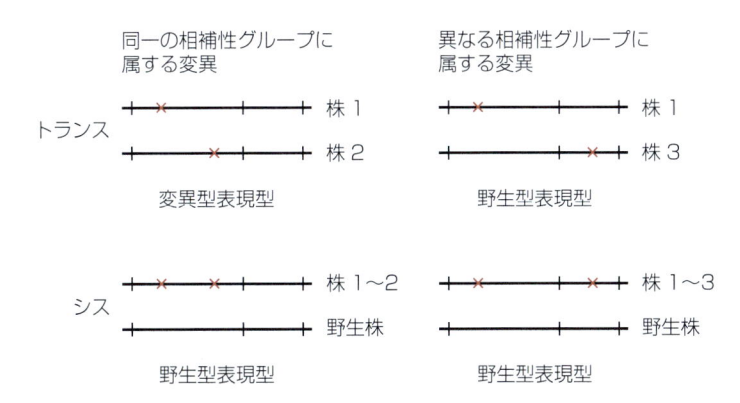

図6.10 相補性試験の概略
シス-トランス試験とも呼ばれる．相補性試験は，大腸菌やファージだけでなく，二倍体生物でも同じ原理で行われる．×は変異遺伝子座を示す．

S. ベンザー
（1921〜2007）

6章　細菌・ウイルス遺伝学の発展と分子遺伝学の誕生

相補性検定の原理を利用した条件致死変異ファージのスポット試験を見てみよう．Su^-菌（制限宿主）とある sus 変異をもつファージ A を寒天培地に混ぜてプレートする．寒天が固化したら，別の sus 変異をもつファージ B をプレート上にスポットする．その場で，一部の菌は二つの sus 変異体の同時感染を受けて二倍体状況が生まれる．二倍体状況下で，両親型の子ファージが生じて周囲の Su^- 菌に次々と感染が起こりプラークが形成されれば，二つの変異ファージは別々の相補性グループに属すると判定する（図 6.11）[*14].

*14　このとき，まれに非相補的なファージ同士で子ファージが生じることがある．これは組換えによる野生型ファージの出現によるもので，その出現頻度は十分低いから相補性によるものとは明確に区別できる．

一方，ファージの組換えは，次の方法で検出される．二つの起源の異なる変異ファージ（遺伝子型はそれぞれ A^-B^+，A^+B^-）を許容条件下で同時感染させる．一部は許容条件下でプレートに展開して，全子ファージ数（すべての遺伝子型，A^-B^+，A^+B^-，A^+B^+，A^-B^- を含む）を決める．続いて，一部を制限条件下でプレートし，組換えの結果生じた野生型（A^+B^+）ファージの数を決める．このとき遺伝子型 A^-B^- は得られないが，その数は A^+B^+ の数と同じであると期待できる．連鎖地図上の距離は「1 地図単位 = (1 野生型組換え体 × 2)/(1 × 10^4 子ファージ)」と定義される．

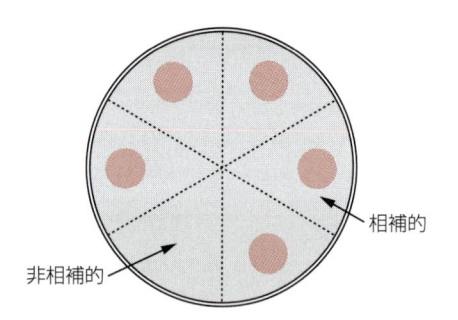

図 6.11　sus 変異ファージと Su^- 菌を用いたファージ変異の相補性試験
ファージ変異の相補性試験はスポットテストで簡単に実施できる．

6.5.3　λファージの生活史

λ（ラムダ）**ファージ**（λ phage）の生活史には，宿主細菌に寄生して子ファージを生じる**溶菌サイクル**（lytic cycle）と，宿主細菌の染色体中にファージ DNA が入り込み宿主染色体の複製と同時に自己も複製する，すなわち潜伏状態にあるような**溶原サイクル**（lysogenic cycle）の二つがある．常に子ファージを生む溶菌性の高いファージを**病原性ファージ**（virulent phage），溶原サイクルをもつファージを**穏和ファージ**（temperate phage）と呼ぶ．溶原状態にあるファージを**プロファージ**（prophage）といい，これをもつ菌を**溶原菌**（lysogen）と呼ぶ．溶原菌は，内蔵するプロファージと同じ遺伝子型のファージに対して抵抗性を示すが，これを**ファージの免疫**（phage immunity）と呼ぶ．

　代表的な穏和ファージであるλファージの生活史を図6.12に示す．λファージは25個の遺伝子をもち，そのうち7個が頭部，11個が尾部，2個が溶菌，2個がDNA複製，3個が調節機能に関与する．λファージのDNAは48.5 kbpであり，ファージ粒子の頭部にあるときは線状構造をとる．線状DNAの両末端には，付着末端（cos, cohesive end）と呼ばれる相補的な短い一本鎖部分が存在する．ファージ粒子が細菌細胞に感染すると，DNAが細菌細胞に注入された後，付着末端部で水素結合が生じ，ニックが閉じた環状構造をとる．環状となったファージDNAは，溶菌サイクルか溶原サイクルか，どちらかを選択する．このときどちらをとるかは，ただ一つの遺伝子cIの働きによって決まる．cI遺伝子は抑制（リプレッサー）遺伝子であり，溶菌サイクルに必要な初期タンパク質群をコードする初期遺伝子群の転写を抑

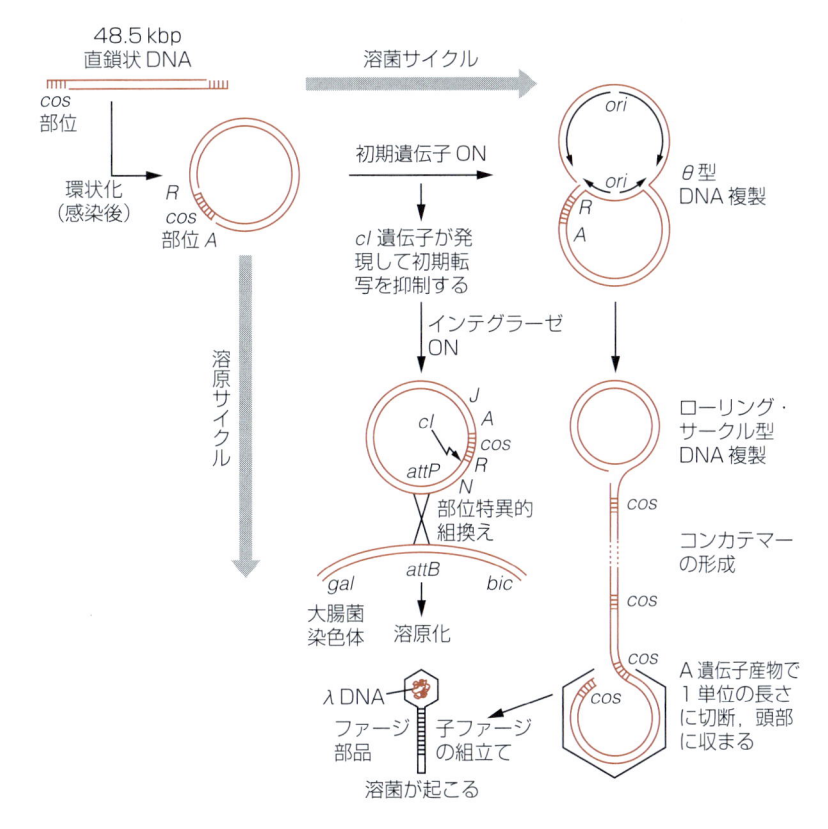

図6.12　λファージの生活史
λファージの生活史には溶菌サイクルと溶原サイクルの二つがある．溶菌サイクルでは，ファージDNAが複製して子ファージ粒子ができ，子ファージが次々に新しい細菌細胞に感染して溶菌し，プラークが生じる．溶原サイクルでは，ファージDNAが宿主細菌の染色体に入り込み，宿主細胞の分裂とともに娘細胞に引き継がれる．溶原サイクルで働く遺伝子はcIとintのみであり，他のファージ遺伝子はすべて転写がストップした状態にある．

*15 1950年にパスツール研究所のルウォッフ(A. M. Lwoff)が発見した現象で，これを契機に，同じ研究所のジャコブ(F. L. Jacob)とモノー(J. L. Monod)によるオペロン説を導く実験が行われた．すなわち，溶原菌におけるファージの産生誘導とラクトースオペロンの誘導は，構造遺伝子と制御遺伝子による共通の機構で制御されることが明らかとなった(p.116のコラム参照)．

制する(9章参照)．宿主細菌の増殖にとって不都合な環境下では cI 遺伝子が働き，初期遺伝子群の発現が停止し，かわって宿主染色体への移行に必要な酵素**インテグラーゼ**(integrase)をコードする int 遺伝子が働く．インテグラーゼは，ファージDNAと相同な宿主染色体部分への組換えを触媒する酵素である．なお，溶原サイクルにあるファージは，紫外線の照射など宿主細菌の増殖にとって好ましくない条件下で再び溶菌サイクルを開始できる．この現象を**プロファージ誘導**(prophage induction)[15]という．プロファージ誘導では組込みとは逆反応が起こり，これを触媒する**切り出し酵素**(excisionase)がインテグラーゼとともに働く．

cI 遺伝子が働かないときには，初期遺伝子群が発現して溶菌サイクルが始まり，ファージDNAの複製に関与するタンパク質群である初期タンパク質群が合成される．開始点から二方向にDNA複製が始まるが，この複製様式を θ(シータ)**型複製**(θ type replication)と呼ぶ．続いてローリング・サークル型複製が起こり，ファージDNAが連続して直鎖上に並んだ**コンカテマー**(concatemer)と呼ばれる中間体ができる．初期転写に続いて，ファージ粒子を構成するタンパク質部品をつくる後期遺伝子群が働き，後期タンパク質群が合成される．最後に，これらの部品は自動的に集合して子ファージ粒子をつくり，このとき1ファージ粒子に1分子ずつのファージDNAがコンカテマーから切り出されて頭部に入る．ファージDNAを含む完全な子ファージの組立て過程を**ファージ集合**(phage assembly)という．

6.5.4 形質導入ファージ

λ ファージは，宿主大腸菌がもつ染色体上の gal 遺伝子座と bio 遺伝子座の間に組み込まれてプロファージになる．プロファージが宿主染色体を離れるときには，切り出しの誤りによって一方の端の配列を失い，かわりにファージDNAの隣接部分にあった宿主染色体部分をもつことがある．こうして生じた**形質導入ファージ**(transducing phage)は，さらに別の宿主細胞に感染し，導入された染色体部分が別の宿主染色体の相同部分と交叉を起こして，これらの遺伝子を導入する．λ ファージは，形質導入できる遺伝子が特定の挿入部位の隣接領域に限られていることから，**特殊形質導入ファージ**(specialized transducing phage)と呼ばれる．形質導入ファージは，それ自身では増殖できないが，正常なファージと共存すれば，欠損部分が補われて増殖できる．一方，宿主染色体のどの部分も同じように導入できるようなファージは**一般形質導入ファージ**(general transducing phage)と呼ばれる．

一般形質導入ファージを用いた遺伝子マッピング法は，1952年，レーダーバーグとジンダー(N. Zinder)による発見から開発された．彼らは，ネズミのチフス菌(*Salmonella typhimurium*)を用いて，図6.13に示す実験を行った．

6.5 ウイルスのゲノム

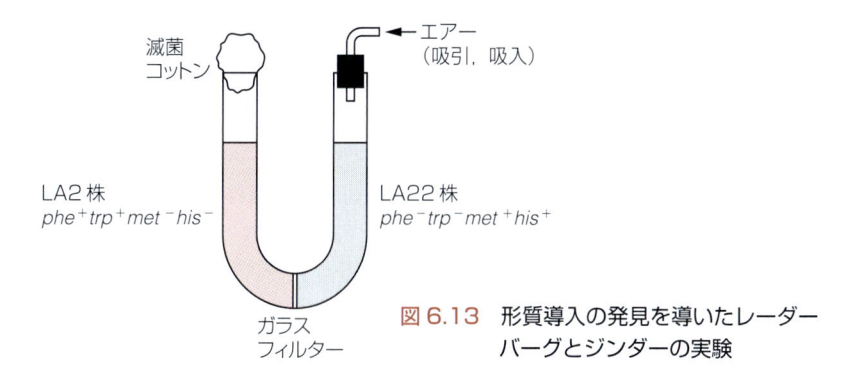

図 6.13 形質導入の発見を導いたレーダーバーグとジンダーの実験

遺伝子型 $phe^+\,trp^+\,met^-\,his^-$ の LA2 株と $phe^-\,trp^-\,met^+\,his^+$ の LA22 株を，細菌を通さないフィルターで中央部分を隔てた U 字型ガラス管に入れて，最少培地で育てた．すると時折，LA2 株から原栄養体が出現した．培養開始から時間を追って原栄養体の出現を調べると，その頻度は約 10 万個に一つの割合で，突然変異による復帰突然変異体の出現頻度に比べてずっと大き

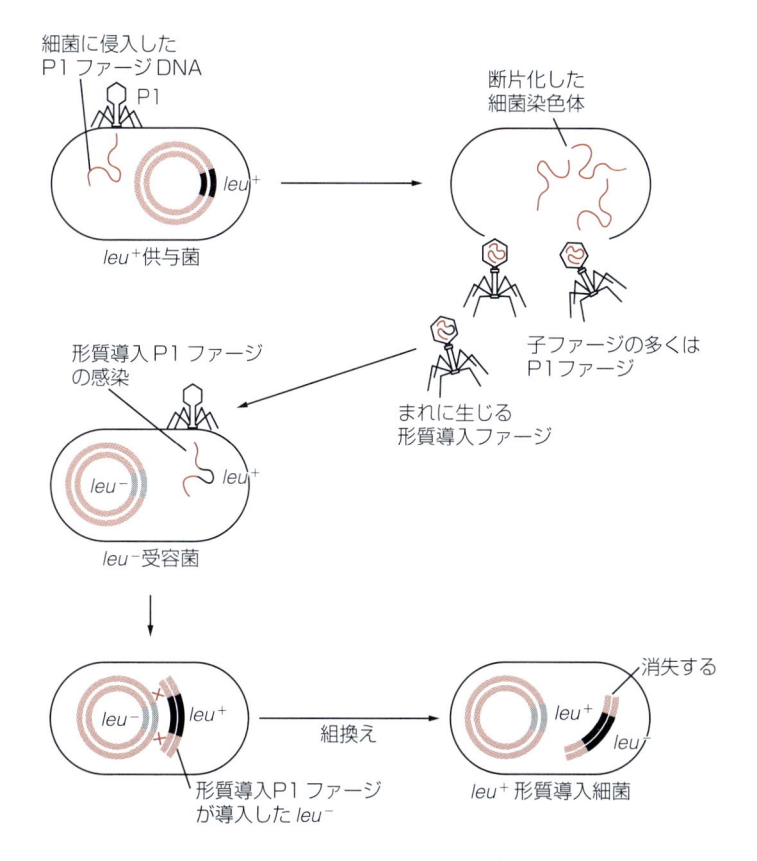

図 6.14 形質導入 P1 ファージによる leu^+ 遺伝子の形質導入

かった．LA22 株は，p22 というプロファージをもっていた．そこで彼らは，実験結果を次のように説明した．すなわち，溶原菌である LA22 が溶菌サイクルに入るときに，LA22 株のもつ met^+, his^+ 遺伝子がこれらを欠いた LA2 株に導入された．

　一般形質導入 P1 ファージが感染した大腸菌の溶菌過程では，大腸菌染色体の一部を取り込んだ形質導入 P1 ファージが $10^{-5} \sim 10^{-7}$ の頻度で生じる．十分に大きな P1 ファージ集団を扱えば，供与菌の全 DNA を網羅した形質導入ファージ群を得て，地図作成に用いることができる[16]．図 6.14 には，P1 を用いた leu^+ 遺伝子の形質導入過程を示す．

[16] P1 ファージに含まれる細菌 DNA 断片上にある複数の遺伝子は，それらの間の物理的距離が短ければ短いほど，同時形質導入（cotransduction）の確率が高くなる．これを利用して，細菌 DNA の連鎖地図を作成できる．

練習問題

1. ルリアが行った彷徨試験は何が目的であったか．このためにルリアはどのような実験を行ったか．実験の意義とともに説明しなさい．
2. ファージグループは遺伝学の発展に大きく貢献した．それはどのような点で，なぜそれが可能であったか．
3. レプリカプレートは何を目的として開発されたか．それはどのような方法か．
4. F^+ 細胞と F^- 細胞の違いは何か．Hfr 細胞はどのような細胞か．F' 因子とは何か．それぞれ説明しなさい．
5. ジャコブとウォルマンが行った接合中断法を説明しなさい．
6. 問題 5 の接合中断実験では，遺伝子が導入されて生じる安定な組換え体の数は時間とともに増加する．これは何を意味するか．
7. 安定な組換え体を得るには，侵入する F 因子と宿主染色体間で偶数回の交叉が起こる必要がある．これはなぜか．
8. ファージの一段増殖法は何を目的に開発されたか．
9. 相補性試験とは何を目的とした試験か．相補性試験によって定義される染色体領域を何と呼ぶか．
10. sus 変異ファージと Su^- 菌を用いたファージ変異の相補性試験で，非相補的な組合せであるにもかかわらず，子ファージが生じることがある．これはなぜか．
11. λ ファージの生活史を説明しなさい．
12. 遺伝子型 $a^+ b^-$ と $a^- b^+$ を共存培養して野生型の $a^+ b^+$ を得た．野生型の出現が形質転換によるか，形質導入によるか，あるいは接合による組換えであるかを決めるにはどうしたらよいか．
13. 一般形質導入と特殊形質導入の違いは何か．
14. 遺伝子型 $a^- b^+ c^+$ の大腸菌に遺伝子型 $a^+ b^- c^-$ の大腸菌で増殖させた P1 ファージを接種して a^+ を選抜し，それらがもつ非選抜マーカー（b と c）を調べて次の結果を得た．最も妥当な遺伝子の並びを決めなさい（数字はコロニー数を表す）．
$b^+ c^+$ 123, $b^- c^+$ 21, $b^+ c^-$ 175, $b^- c^-$ 3

7章 DNAの複製,組換え,修復

DNAがもつ三つの重要な働きは**複製**(replication),**組換え**(recombination),**修復**(repair)であり,これらは英語の頭文字をとって「DNAの3R」と呼ばれる.本章では,このDNAの3Rについて学ぶ.

7.1 DNAの複製モデル

ワトソンとクリックが明らかにしたDNAの二重らせんモデル(1.3節参照)は,すぐさまDNAの複製様式を暗示した[*1].すなわち,互いに相補的であるDNAの二本鎖は,一方を鋳型にすれば他方を複製できるから,複製後の二本鎖は一方が親と同じ古い鎖で,他方がそれと相補的な新生鎖であると予想できた.このDNA複製様式を**半保存的複製**(semiconservative replication)と

[*1] このことについて,DNAの二重らせんモデルが発表されたNature, 171, 737(1953)には,次のように述べられている.「私たちは,私たちが仮定した特異的な塩基対の形成がただちに遺伝物質の複製機構を示唆することに気づきました」

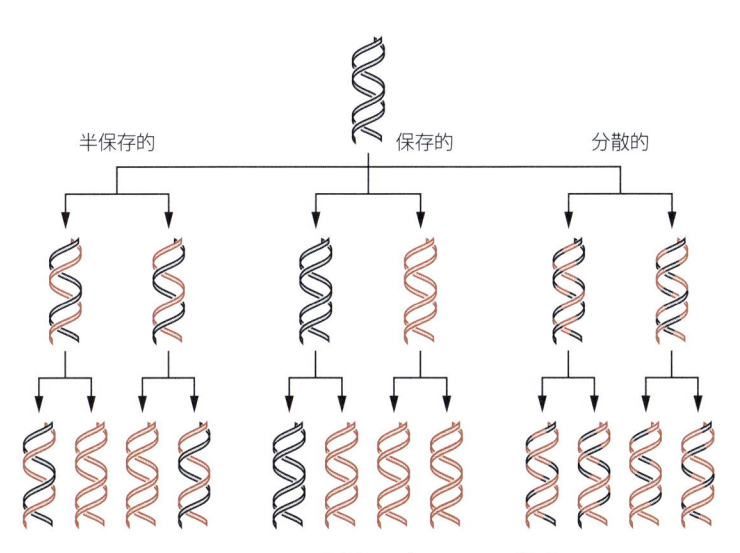

図7.1 DNA複製の予想された3様式
新生鎖を赤色で示す.

いう(図7.1左).しかしながら,別に2通りの可能性が考えられた.すなわち,保存的(conservative)および分散的(dispersive)な複製様式である(図7.1中央,右).保存的な複製様式では,親となる二本鎖は複製後もそのまま残り,その他の二本鎖は2本とも新しくつくられたものである.分散的な複製様式では,親鎖も複製後の鎖も同様に新旧の部分が入り交じっている.

ワトソンは,複製様式を暗示したDNAモデルを発表した後も,その正しさに確信がもてずにいた.それは,らせんをなす二本鎖は巻きもどさないかぎり分離できないという立体構造上の問題であった.DNAが複製する際には,二本鎖が一本鎖に分かれなければならない.ところで,DNAは1ピッチ10塩基で右巻きに1回転しているから,4.6 M (mega, 10^6) の塩基からなる大腸菌の染色体DNAは 4.6×10^5 回転している.大腸菌染色体DNAの複製には20分かかるから,これを巻きもどすには少なくとも1か所に切れ目が入った後,1分あたり23,000回転する必要がある[*2].デルブリュックは,DNAが複製するときは二本鎖に多くの切れ目が生じてらせんが解けるはずだと考えて,分散的複製が正しいと予想した.

こうした状況で,半保存的DNA複製モデルを検証したのはメセルソン(M. S. Meselson)とスタール(F. W. Stahl)であった.彼らは,非放射性の同位元素 ^{15}N ($^{15}NH_4Cl$) を含む培地で大腸菌を培養し,DNAを ^{15}N で標識した. ^{15}N

*2 大腸菌の細胞中で,染色体DNAがこれほどの高速で回転する様子を想像するのは,およそナンセンスに思える.

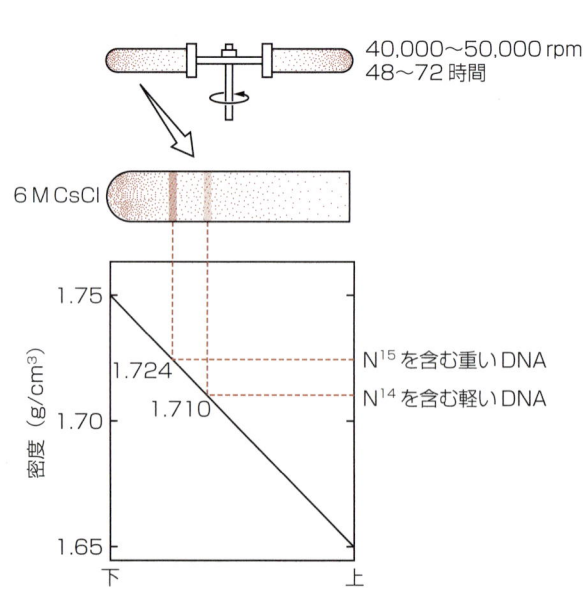

図7.2 塩化セシウムによる平衡密度勾配遠心分離法

6 Mの塩化セシウムの密度は1.7 g/mlである.この濃度の塩化セシウムを長時間にわたって40,000〜50,000回転という高速で遠心分離を行うと,塩化セシウムの沈降速度と拡散速度が平衡状態に達して直線的な密度勾配ができる.このときDNAを加えておくと,DNAは自身の密度と等しい密度をもつ部位でバンドを形成するから,密度の異なるDNA分子を分離できる.

からなる重い DNA は，塩化セシウム（CsCl）を含む**平衡密度勾配遠心分離**（equilibrium density-gradient centrifugation）（図 7.2）により，^{14}N からなる軽い DNA と区別できる（図 7.3）．続いて，^{15}N-DNA をもつ大腸菌を ^{14}NH$_4$Cl を含む培地へ移し，細胞分裂の回を追って DNA を解析した．^{14}N 培地へ移して 1 回の分裂を経た DNA は，ちょうど中間の密度をもち，^{15}N と ^{14}N の雑種鎖からなると考えられた．保存的複製モデルが正しければ，重い DNA 鎖と軽い DNA 鎖の両方が生じるはずだから，このモデルがまず捨てられた．2 回めの分裂後は，雑種鎖からなると思われる中間の DNA と新生鎖のみからなると思われる軽い鎖が 1：1 の割合で生じた．もし分散的複製モデルが

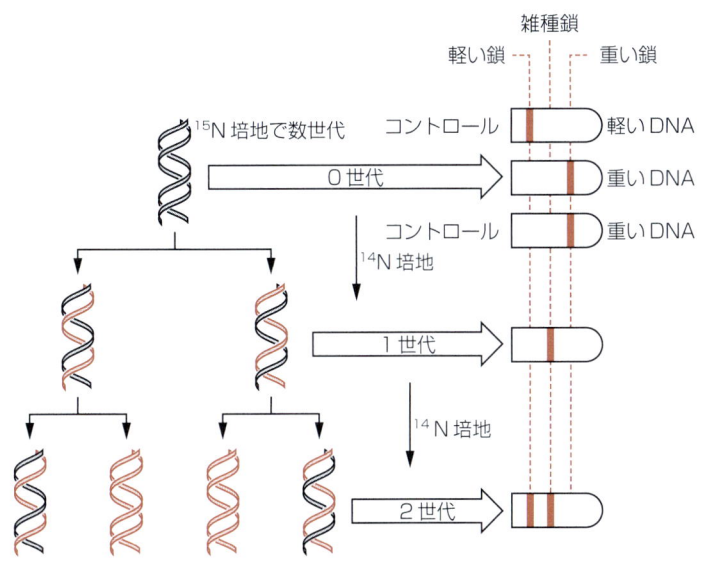

図 7.3　メセルソンとスタールの実験
左は DNA の複製の様子．新生鎖を赤色で表す．右は複製・分裂の回を追って得た塩化セシウム密度勾配中の DNA バンド．

Column

夏休みの大仕事

メセルソンとスタールは，1958 年にカリフォルニア工科大学で Ph.D. をとったばかりだったが，夏休みの間に二人で DNA 複製様式の決定という大仕事をしようと思いついた．この証明に必要な条件は，古い鎖と新しい鎖の識別だった．彼らは，古い鎖と新しい鎖を重さの異なる非放射性の同位元素で標識し，標識された鎖を当時開発されていた平衡密度勾配遠心分離で分ければよいと考えた．実際，1 世代めに得た中間の重さを示す DNA を熱変性すると，重い親 DNA の鎖からなる部分と新しく合成された軽い娘鎖からなる部分が同量ずつ得られた．彼らが行った歴史的な実験は，きわめてエレガントなものだった．

正しければ，2回め以降の分裂後には，すべての新生鎖が前回のピークと軽い鎖の中間に現れ，世代ごとに軽い鎖の位置に近づくはずだから，ここで分散的複製モデルも捨てられた．さらに複製を続けると，雑種鎖からなると思われるDNA鎖の割合が半減し，同時に軽い鎖のみからなると考えられる鎖が同量だけ増加した．これらの事実は，二重らせんからなる大腸菌DNAの複製が半保存的であることを見事に証明している．

大腸菌での半保存的複製は，1963年，ケアンズ(J. Cairns)によって**オートラジオグラフィー**(autoradiography)[*3]を用いて具体的に証明された．彼は，トリチウム(^{3}H)で標識したチミジンを含む培地で育てた大腸菌染色体DNAの複製過程をオートラジオグラフィーで観察して，それがθ型の複製中間体を経て半保存的に複製されることを確認した(図7.4)．

*3 放射性物質から放出されるβ線などを利用して写真乾板に画像(オートラジオグラム)を得る方法．

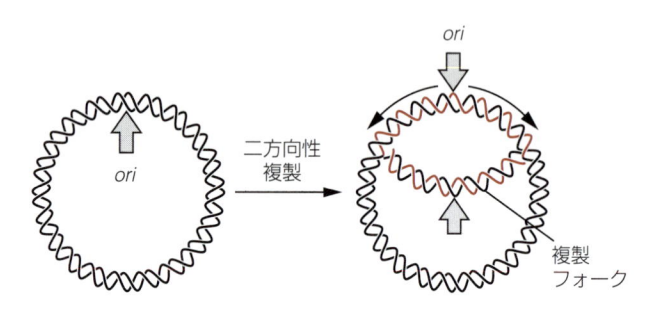

図7.4 ケアンズがオートラジオグラフィーによって明らかにした大腸菌染色体のθ型複製様式
複製中の新生鎖を赤色で示す．*ori*は複製起点．

実は，メセルソンらの報告の1年前，染色体レベルでの複製が半保存的であることがすでに証明されていた．テイラー(J. H. Taylor)らは，ソラマメの種子を^{3}Hチミジンを含む培養液で発芽させ，染色体DNAを標識した．続いて発芽種子を非放射性(^{1}H)チミジンを含む培養液に移し，分裂組織を含む根端の染色体像を継時的にオートラジオグラフィーで観察した．1回めの複製の後では，2本の姉妹染色分体の両方に標識が見られたが，2回めの複製後は1本のみに観察された(図7.5)．1回めの複製後の像は，各姉妹染色分体を構成する二本鎖DNAのうち1本のみが標識された状態であることを示している．一方，2回めの複製後の像は，標識された姉妹染色分体では1本が古くもう1本が新しい鎖であること，無標識の染色分体では2本とも新しいDNA鎖であることを意味している．2本の姉妹染色分体では，それを構成する鎖の新旧から，一方が他方より「お姉さん」であることになる．この実験の際，テイラーは，1本の染色分体の一部が標識されているが他の部分は標識されていない像を観察し，これが**姉妹染色分体間の交換**(sister

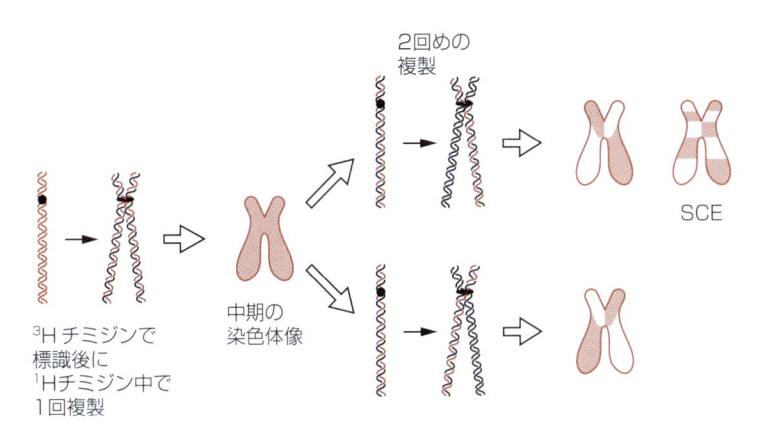

図 7.5 テーラーがソラマメの根端細胞を用いたオートラジオグラフィーで明らかにした染色体の複製様式
赤色の部分がトリチウム(^{3}H)を含む染色分体を表す．1回めの分裂像から保存的複製モデルが否定され，2回めの分裂像から半保存的複製モデルが示唆される．SCEが観察されることに注意．

chromatid exchange: SCE)によると考えた．動物細胞でまったく同様の結果が，チミンのアナログ(analog, 類似体)である 5-ブロモデオキシウリジン(5-BUdR)を用いて得られた．新生鎖のみに 5-BUdR が取り込まれた染色分体は，蛍光色素(Hoechst33258 など)で染めると明るく輝くのに対し，両方の鎖に 5-BUdR が取り込まれた染色分体は，あまり光らない．遺伝的構成が同一である姉妹染色分体間で起こる交叉(組換え)は，体細胞でも頻繁に起こっており，突然変異源となる薬剤などで処理すると，その頻度が増加することが知られている．この事実は，交叉現象が絶え間ない DNA 損傷に対する修復機構の一つである仮説に根拠を与えている．

7.2 DNAの複製酵素

　スタンフォード大学のコーンバーグ(A. Kornberg)らは，DNA合成を触媒する酵素**DNAポリメラーゼⅠ**(DNA polymeraseⅠ, polⅠあるいは「コーンバーグの酵素」とも呼ばれる)を，初めて大腸菌から精製した．DNAの合成酵素は，伸長鎖の 3′-OH に新しいデオキシヌクレオシド-5′-3 リン酸を結合することで，鎖を1ヌクレオチド単位ずつ伸長させる反応を触媒する．

　polⅠは次の活性をもち，鋳型 DNA 鎖を用いて DNA 合成を触媒する．すなわち，5′→3′方向のポリメラーゼ活性，5′→3′方向のエキソヌクレアーゼ[*4]活性，3′→5′方向のエキソヌクレアーゼ活性である(図 7.6)．3′→5′方向のエキソヌクレアーゼ活性は**校正活性**(proof-reading activity)と呼ばれる．DNA複製の正確さを保証する機能は，polⅠのもつ校正活性にある．さらに DNA 複製には 3′-OH が必要だから，短いヌクレオチドの配列からなる**プライマー**(primer)[*5]が要求される．DNA 複製で実際に利用されるプライマーは，短

A. コーンバーグ
(1918～2007)

*4 exonuclease．核酸分解酵素(ヌクレアーゼ)の一種であり，末端のホスホジエステル結合を切る．内部のホスホジエステル結合を切る酵素はエンドヌクレアーゼ(endo-nuclease)という．

*5 DNAポリメラーゼがDNA合成を行う際に起点となる 3′-OH を提供する一本鎖のRNAまたは DNA 断片．

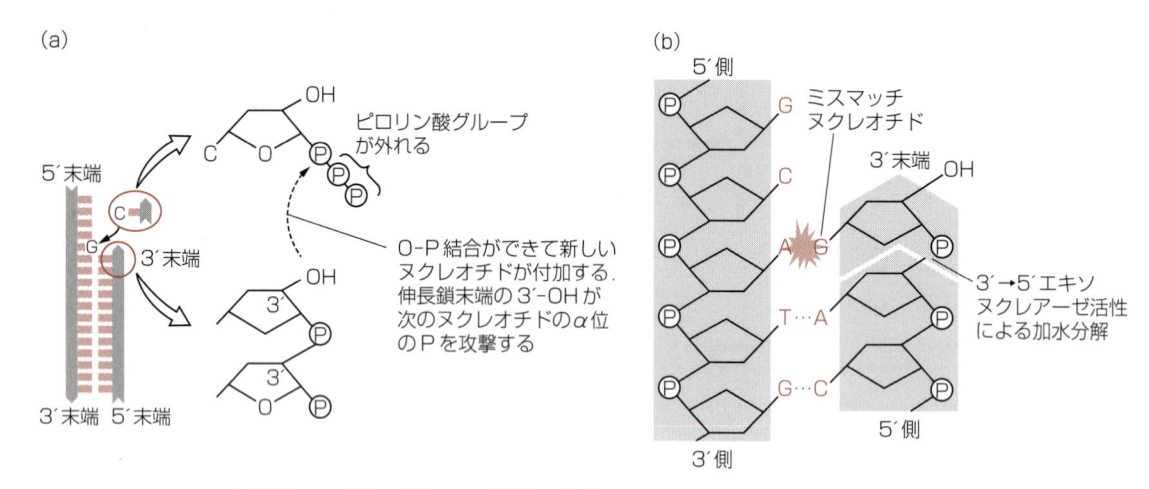

図 7.6　pol I による DNA 複製と校正
(a) 5′→3′方向のポリメラーゼ活性による DNA 複製．左が鋳型鎖，右が複製中の鎖．
(b) 3′→5′方向のエキソヌクレアーゼ活性による校正．

い RNA 分子である．pol I は DNA 複製の際の RNA プライマーの除去にもかかわる．しかし，pol I が DNA 合成の主役ではなく，むしろ DNA 損傷の修復酵素であることが，次の事実から予想された．大腸菌で，pol I をコードする *polA* 遺伝子の変異体が見つかったのである．この変異体は正常な DNA 合成活性をもつが，紫外線照射などによる DNA の損傷を修復する能力がなかった．この発見をきっかけに，DNA ポリメラーゼⅡとⅢが大腸菌と枯草菌で相次いで見つかり，DNA 複製の主役は DNA ポリメラーゼⅢであることが明らかになった．DNA ポリメラーゼⅢは，*dnaE, dnaN, danZ, danX* など七つの遺伝子でコードされる七つのサブユニットからなる複雑な構造のタンパク質であり，いずれを欠いても DNA 合成は完全にストップする．

Column

コーンバーグの確信

コーンバーグらは，放射性同位元素 ^{14}C で標識したモノヌクレオシド三リン酸を基質として大腸菌の抽出物に加え，酸不溶性の画分に入る ^{14}C を測定し，0.005% の取り込みを確認した．普通の研究者ならば，これほどわずかな取り込み量は誤差であると判断して実験をあきらめるところだが，彼らは確信をもって実験を進め，1957 年には pol I を初めて精製した．

7.3 複製フォークのパラドックスと岡崎フラグメント

　DNAの二本鎖は逆向きの極性をもっているにもかかわらず，DNAポリメラーゼはすべてプライマーの3′-OHを必要とする．そのため，伸長する鎖のうち1本は連続的に合成されうるが，もう1本は非連続的に合成されざるをえない．しかし放射能標識による観察では，DNA鎖は両方とも連続的に，しかも同一方向に合成されているように見える．この観察からすると，DNA鎖の一方は5′から3′の方向に，他方は3′から5′の方向に合成されることになる．DNA鎖の逆向き相補性からくるこの矛盾は，**複製フォークのパラドックス**(paradox of replication fork)と呼ばれた．

　連続合成される鎖を**リーディング鎖**(leading strand)，非連続的に合成される鎖を**ラギング鎖**(lagging strand)と呼ぶ〔図7.7(a)〕．一方の鎖の合成が不連続的であることは，コーンバーグの研究室から名古屋大学へもどった岡崎令治[*6]らによって，1966年に初めて実験的に証明された．彼らは，大腸菌を^{3}Hチミジンを含む培地で同調培養し，平衡密度勾配遠心分離機を利用した次のような実験で，染色体が複製される過程を追った．短時間(約15秒間)，^{3}HチミジンでDNAを標識した後(**パルス実験**, pulse experiment)，DNAを取り出してショ糖の平衡密度勾配遠心分離にかけると，標識DNA分子の多くは1000～2000ヌクレオチド対からなる短い断片であった．その後，通常の培地に移してさらに数分間培養を続け(**チェイス実験**, chase experiment)，DNAを解析すると，今度は大きな断片に放射活性が見いだされ，時間とともに小さな断片の放射活性が減少して，大きな断片の放射活性が増加した〔図7.7(b)〕．この事実は，DNA分子の鎖の一方が連続的に合成されること，他方は短い分子として不連続的に合成された後に，互いに連結して長い分子になることを示している．短時間のパルスで見られた短いDNA断片は**岡崎フラグメント**(Okazaki fragment)と呼ばれる．なお真核細

[*6] 1968年のコールドスプリングハーバー量的生物学シンポジウムで，「微生物におけるDNA複製」と題してDNA複製フォークの生成機構について発表した．1975年に広島原爆の被爆が原因と考えられる慢性骨髄性白血病により44歳で亡くなった．

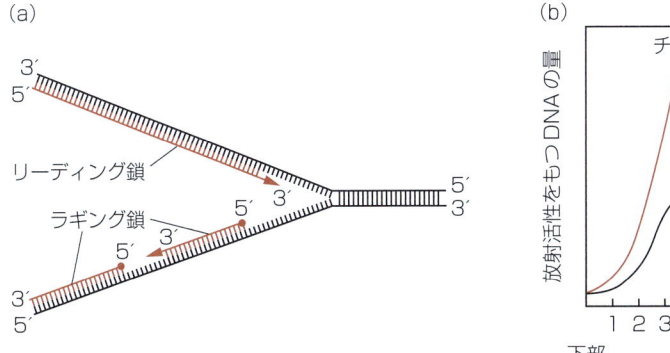

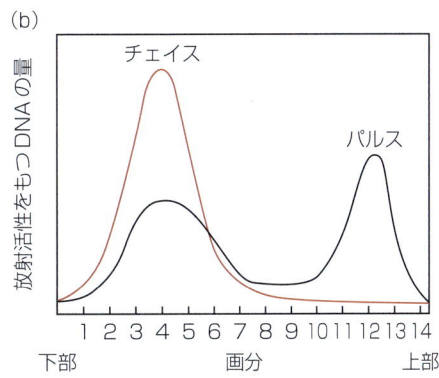

図7.7 (a)リーディング鎖とラギング鎖，(b)ラギング鎖の合成を証明した岡崎によるパルスチェイス実験
(a)新しく合成される鎖を赤色で示す．矢印は伸長方向を示す．(b)チェイス後の放射活性を赤色で示す．

7章　DNAの複製，組換え，修復

胞では，岡崎フラグメントの長さはずっと短く，100〜200塩基である．

二重らせん構造とヌクレオチドの相補性からなるDNA分子の美しい単純性は，一見するとDNA複製を支配する分子機構も単純であるように思わせる．しかし実際には，細胞から細胞への正確無比な情報伝達を可能にするため，DNAの複製機構はたいへん複雑である．現在最も解析が進んでいる原核生物やファージでは，次のような経路でDNAの複製が起こると考えられている．二本鎖DNAは，**ヘリカーゼ**(helicase)と呼ばれる酵素によって解きほぐされ，一本鎖となる．これに**一本鎖DNA結合タンパク質**(single-strand DNA-binding protein: SSB)が結合し，二本鎖にもどるのを防ぐ．さらに，解きほぐし(巻きもどし)によって生じる応力を**ジャイレース**(gyrase)が和らげる．DNA合成の開始には，短いRNA断片からなるプライマーが要求される(図7.8)．3′-OHをもつRNAプライマーの合成は**プライマーゼ**(primase)によって触媒される．プライマーゼはRNAプライマーを合成する際に，**プライモソーム複合体**(primosome complex)を形成する．原核生物のプライマーの長さは10〜60ヌクレオチドであるが，真核生物では短く約10ヌクレオチドである．RNAプライマーは，DNAポリメラーゼIIIによってDNA合成が行われた後に，pol Iの5′→3′エキソヌクレアーゼ活性によって分解される．プライマーが除かれた領域は，pol IによってDNAが合成され，**リガーゼ**(ligase)によってニック[*7]が結合される(図7.8)．原核生物の大腸菌でさえ，DNAの複製過程は非常に複雑な過程である．DNA複製は**レ**

*7　隣り合うヌクレオチド間のホスホジエステル結合が切れているところ．

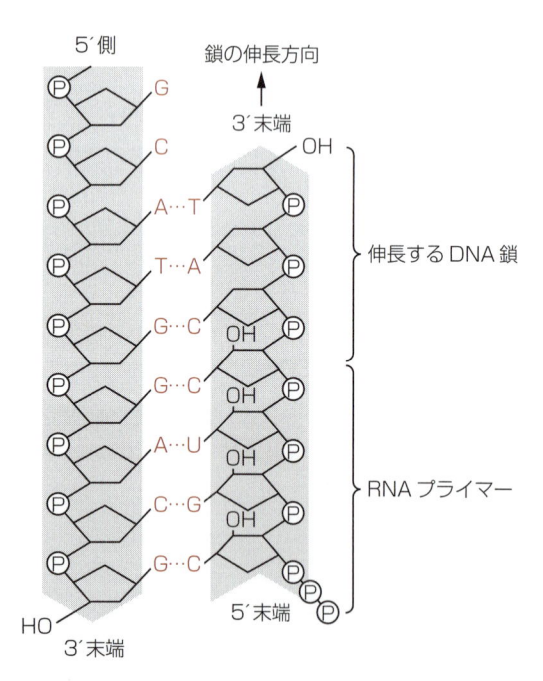

図7.8　RNAプライマーを用いたDNA合成
短いRNAが合成され，pol IIIに3′-OHを提供する．RNAプライマーはpol Iの5′→3′方向のエキソヌクレアーゼ活性で取り除かれ，続く5′→3′方向のポリメラーゼ活性で埋められる．最後にリガーゼがニックを閉じる．

7.3 複製フォークのパラドックスと岡崎フラグメント

プリソーム（replisome）と呼ばれる酵素複合体で行われ，これには数多くの酵素タンパク質が関与している．

真核生物のDNAポリメラーゼも，原核生物のそれとほぼ同様の性質をもっている．ただし，原核生物ではDNAの複製起点（ori）が1分子（1染色体）あたり1個であるのに対して，真核生物では1染色体あたり多数存在する[*8]．真核生物の染色体に多くの複製起点が存在することは，次の実験で明らかになった．真核生物の細胞を^{3}Hチミジンを含む培地で培養し，染色体DNAをパルス標識した後にオートラジオグラフィーにかけると，放射活性をもつ非連続的な配列が観察される（図7.9）．さらに細胞を通常の培地で培養し続けると，各配列の両端の放射活性が徐々に長くなると同時に弱くなっていくのが観察される．これらの実験結果は，真核生物のDNA複製は原核生物のそれと同様に二方向性であること，染色体上に多くの複製起点があることを示している．酵母や動植物などでは，少なくとも5種類のDNAポリメラーゼが発見されており，このうちの一つγ（ガンマ）は細胞内小器官のミトコンドリアで働くことがわかっている．植物ではさらに，葉緑体のDNA複製にかかわるDNAポリメラーゼも同定されている．真核生物のDNA複製は，明らかに原核生物よりも複雑であると考えられるが，その実体はいまだ未解明の部分が多い．

[*8] 真核生物のDNA複製の速度は原核生物に比べて遅く，岡崎フラグメントの長さも原核生物の1000〜2000ヌクレオチドに対して100〜200ヌクレオチドと短い．なお，多くの起点は複製時に使われることがないこと，どの起点が使われるかはクロマチンの構造によるらしいことがわかっている．

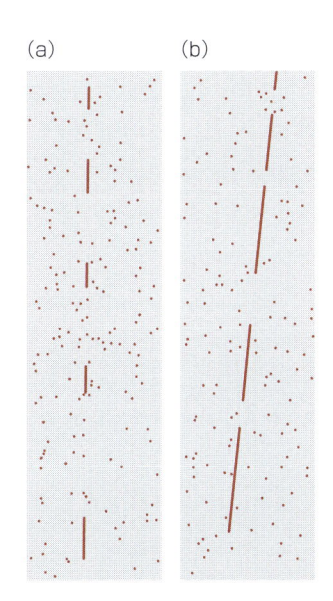

図7.9 オートラジオグラフィーによる真核生物の染色体DNAの複製様式の解析
(a)パルス標識した後のオートラジオグラフィー像．5か所の複製開始点から両方向にDNA複製が進行するのがわかる．(b)チェイス後のオートラジオグラフィー像．二つの複製フォークが両方向へ伸長していくのがわかる．すべての複製開始点が必ずしも同時に複製を始めるわけではないが，いずれもS期の間にただ1回複製を始める必要がある．

7.4 DNAの突然変異と修復

モルガンの研究室で遺伝学研究に従事していたマラーは，1927年に，X線照射がキイロショウジョウバエの**伴性潜性突然変異**（sex-linked recessive mutation）を高頻度に誘導することを見いだした（3.1節参照）．可視光線（約360〜830 nm）よりも波長が短く，高エネルギーの電磁波には，X線やγ線のような電離放射線と，紫外線（約10〜360 nm）のような非電離放射線がある．X線（＜0.1〜10 nm）はエネルギーが高く，原子と衝突して電子を放出させ，正に帯電したフリーラジカルやイオンを生じる．イオンは他の原子と衝突して，さらにイオン化する．紫外線はエネルギーが電離放射線に比べれば低く，原子に衝突して電子をよりエネルギーレベルの高い状態に励起する．イオン化あるいは励起した原子を含む分子は化学的に反応性が高く，これが遺伝子DNAに突然変異を引き起こす原因となる．

DNA複製の正確さは，複数のDNAポリメラーゼの修復能によって維持されているが，生物はこれ以外にも損傷を修復する仕組みを備えている[*9]．DNA修復の仕組みのうち最もよく知られているのが，紫外線の照射によって起こる傷害の修復である．DNAによる紫外線吸収の最大波長は254 nmで，紫外線による突然変異誘発頻度の最大値も254 nmにある．塩基のうちとくにチミンは254 nmの紫外線を吸収し，化学反応性を増して隣接した二つのピリミジン塩基の間で二量体の**チミンダイマー**（thymine dimer）を生じる（図7.10）．チミンダイマーはDNAの二重らせん構造を不安定にし，複製あるいは修復過程に誤りを生じさせ，突然変異を誘発する．細菌や真核生物にはチミンダイマーをモノマーに変える**光回復酵素**（photolyase）が存在し，可視光のもとでダイマーと複合体を形成して，吸収した光エネルギーのうちとくに青色光のエネルギーを用いて二本鎖を破壊することなくチミン–チミン間のシクロブチル結合を切る（図7.1）．

大腸菌にはこの他に，**切り出し修復機構**（excision repair mechanism）と**複製後組換え修復機構**（postreplication recombination repair mechanism）と呼ばれる，少なくとも二つのDNA修復機構が存在する．切り出し修復機構は，次の四つのステップを経て光を要求せずにチミンダイマーを修復する（図

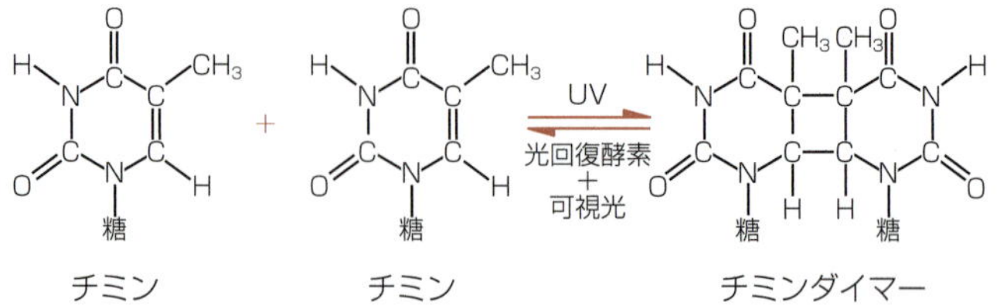

[*9] 大腸菌のDNA分子が複製する際に，1個の誤ったヌクレオチドが挿入される確率は10^{-9}〜10^{-10}にすぎないと推定されている．

図7.10 チミンダイマーの形成

7.11）．

① エンドヌクレアーゼがチミンダイマーを認識して，隣接したポリヌクレオチド鎖の糖リン酸結合を切る．切断部位は，ダイマーから8ヌクレオチド上流と4ないし5ヌクレオチド下流で，ダイマーを含むDNA鎖が切断される．
② エキソヌクレアーゼが，ダイマーとその隣接部のヌクレオチドを分解する．
③ 分解された領域が，反対鎖を鋳型に3′-OH末端からDNAポリメラーゼⅠによって再合成される．
④ リガーゼがニックを閉じる．

大腸菌の切り出し修復機構では，*uvrA*, *uvrB*, *uvrC* によってコードされる修復酵素がDNA修復に必要であり，**uvrABC切り出しエンドヌクレアーゼ**（uvrABC excision endonuclease）と呼ばれる複合体をつくる．複製後組換え修復では，チミンダイマーを含むDNAが複製されるとき，ダイマーの存在する鎖と相補的な新生鎖の対応する位置にギャップが生じる．姉妹DNA鎖間の組換えの結果，ダイマーを含まない野生型の二本鎖ができる．

プリンやピリミジン塩基とデオキシリボースとのグルコシド結合を外す脱プリン化や脱ピリミジン化は，頻繁に起こる損傷である．これを修復する複数の**APエンドヌクレアーゼ**（apurine/apyrimidine endonuclease）の存在が，

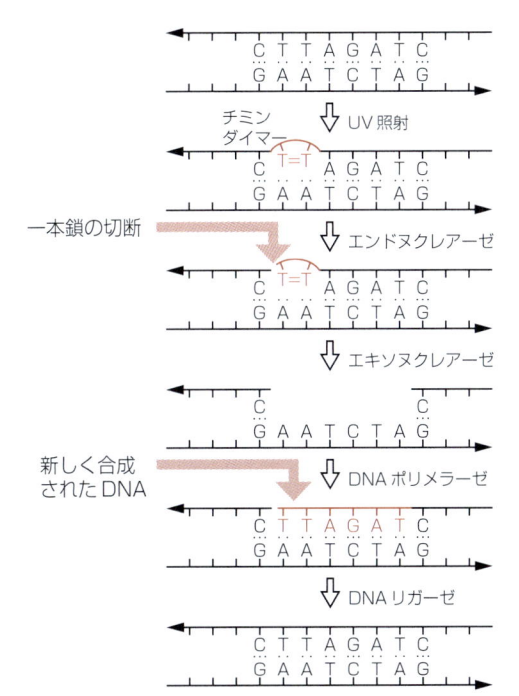

図7.11 チミンダイマーの切り出し修復機構

原核生物と真核生物で知られている．APエンドヌクレアーゼは，脱プリン化や脱ピリミジン化が起こった部位の3′あるいは5′側を切断し，生じたニックがpol Iとリガーゼによって修復される．もし，DNAの両方の鎖から数ヌクレオチドが同時に失われた場合には，鋳型となる鎖が存在しなくなるから，修復はできない．しかし，細胞はこうした緊急事態にも対応できるSOS修復機構を備えており，この場合には，とにかくどんなヌクレオチドでもいいから利用して修復を行う．こうすることで，少なくとも生き延びるチャンスが生まれる．

突然変異は，さまざまな化学物質によっても誘発される．突然変異誘発能をもつ化学物質には，アルキル化剤[*10]や亜硝酸(HNO_2)のような，複製中あるいは非複製中のDNAにかかわらず突然変異を誘発するものと，アクリジン系色素や塩基の類似体のように，複製中のDNAにのみ突然変異を誘発するものがある．5-ブロモウラシル(5-BU)は，チミンの5位にメチル基($-CH_3$)のかわりに臭素(Br)がついたチミンの類似体であり，ケト型とエノール型[*11]が存在する．5-BUは，ケト型とエノール型間の変換，すなわち**互変異性変換**(tautomeric shift)を起こしやすい（図7.12）．より安定なケト型はアデニンと，不安定なエノール型はグアニンと対合する．エノール型の5-BUがグアニンと対合し，続いてケト型がアデニンと対合すればGC対からAT対への変換が起こる〔図7.12(b)〕．このような一つの塩基の置換

[*10] alkylating agent. 鎖式飽和水素であるアルカンの末端から水素を一つ取り除いた官能基であるアルキル基（一般式C_nH_{2n+1}で表される）をDNAに付加する薬剤．マスタードガス(mustard gas)やEMS(ethylmethane sulfonate)が代表例である．

[*11] ケト型　エノール型

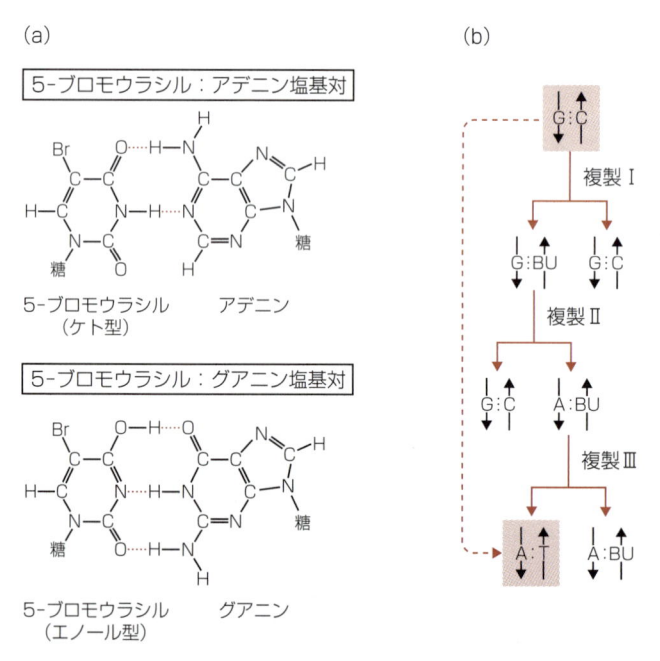

図7.12　(a)5-ブロモウラシルの互変異性変換，(b)GC対からAT対への変換

を**点突然変異**（point mutation）と呼び，ピリミジンから他のピリミジン，またはプリンから他のプリンへの突然変異を**転位**（トランジション，transition），ピリミジンとプリンが入れかわる突然変異を**転換**（トランスバージョン，transversion）という．

亜硝酸はアデニン，グアニン，シトシンのアミノ基をケト基に変える．アデニンが脱アミノ反応によりヒポキサンチンに変わると，AT 対から GC 対への変換が起こり，シトシンが脱アミノ反応によりウラシルに変わると，GC 対から AT 対への変換が起こる（図 7.13）．一方，グアニンをキサンチンに変える脱アミノ反応は突然変異効果をもたない．

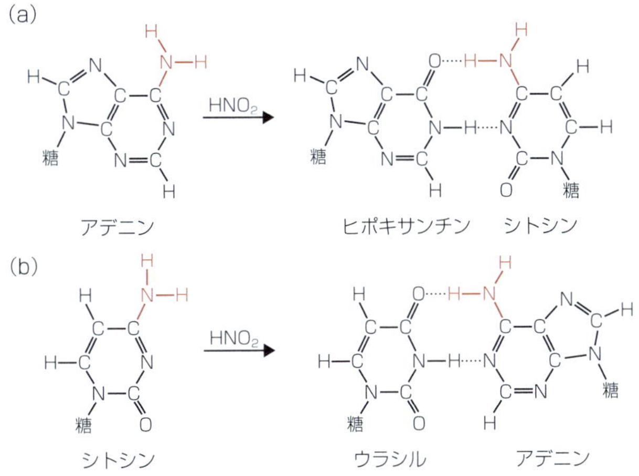

図 7.13　亜硝酸の変異原性
酸化的脱アミノ反応で AT–GC 変換が起こる．アデニン，シトシンのアミノ基は赤色で示す．

プロフラビンやアクリジンオレンジのようなアクリジン系色素は，1 個ないし数個の塩基の**添加**または**挿入**（insertion）あるいは**欠失**（deletion）をもたらし，読み枠のずれ（**フレームシフト**，frameshift）を引き起こす．フレームシフトは，それが生じた部位の下流（C 末端側，カルボキシル末端側）のアミノ酸配列をまったく変えてしまうから，アクリジン系色素は強力な突然変異誘発物質である（8.1 節参照）．

ここで突然変異誘発能の検定試験を説明する．突然変異には，野生型から突然変異型への変化である**前進突然変異**（forward mutation）と，突然変異型から野生型への変化である**復帰突然変異**（back/reverse mutation）がある．一般に，突然変異率を測定するには，前進突然変異よりも復帰突然変異のほうが便利でかつ信頼度が高い．今，ある遺伝子座の突然変異率を測定しようと思う．このとき，前進突然変異で得た同一の表現型を示す突然変異体は，

必ずしも同一遺伝子座に起こった突然変異によるとは限らない。したがってこの場合は，多数の突然変異体を相補性試験で調査する必要が生じる。一方，復帰突然変異は，別の遺伝子座に生じた例外的なサプレッサー突然変異(6.5.1項参照)による場合は別にして，同一遺伝子座内の同一塩基か別の塩基に起こったものに限られる。

エイムス(B. N. Ames)は，次のような突然変異誘発能の検定試験法を開発した(図7.14)。サルモネラ菌(*Salmonella typhimurium*)[*12]の栄養素要求性突然変異体を用いて，野生型への**復帰体**(revertant)が生じる頻度により突然変異誘発能を評価する。すなわち，既知数の栄養素要求性突然変異細胞を，コロニーが生じない程度の細胞分裂をもたらす量の栄養(栄養素要求性突然変異が要求する栄養)を含んだ培地に植えて，一定時間後に野生型復帰体のコロニー数を数える。さまざまな既知の栄養素要求性突然変異体を用いることで，野生型復帰の誘発頻度を調べることができる。この方法を**エイムス試験**(Ames test)と呼ぶ。なお，ネズミの肝臓由来ミクロソーム画分を加えることで，それ自身は突然変異誘発能をもたないが，ミクロソームによる代謝産物が突然変異誘発能をもつ可能性も検定できる。この検定法を用いて，多くの発がん物質が突然変異誘発性であることがわかってきた。

*12 グラム陰性の腸内細菌の一種(ネズミ腸チフス菌)で，ヒトにサルモネラ食中毒を引き起こす。感染すると嘔吐，下痢，発熱が起こり，内毒素によるショックで死亡することもある。

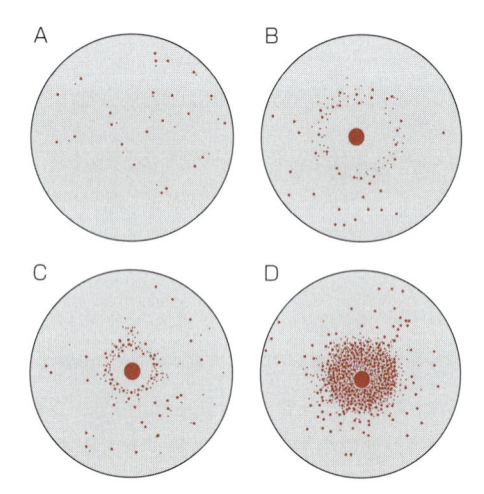

図7.14 エイムス試験
プレートAはテスト物質を含まないコントロールで，ここに生じた野生型の復帰突然変異コロニーは自然突然変異によると推定される。プレートBとCは，大きな赤丸で示した濾紙にある化学物質を含む。ここでは復帰突然変異コロニーの数が増加しているのがわかる。プレートDには肝臓由来のミクロソーム画分で処理したある物質が含まれている。このプレートでは復帰突然変異コロニーの数がさらに増加している。

7.5 DNAの組換え

DNA分子の**組換え**(recombination)は,「同一DNA分子の異なる2領域間あるいは異なるDNA分子の2領域間で,新しいヌクレオチド間の共有結合ができること」と定義される.組換えには,一般あるいは相同組換え,部位特異的組換え,無差別な非相同組換えの三つのタイプがある.

相同組換え(homologous recombination)は最も一般的であり,相同なDNA分子間の**交叉**(crossing-over)により生じる.交叉の過程では二つの相同なDNA鎖に切断が生じ,一方の末端と他方の末端との間に新しい結合がつくられる.**切断**(cut)と**融合**(fusion)が起こる場所は二つのDNA鎖中で必ずしも同一ではないが,一般にごく近傍に位置する.一方,相同であっても対立的ではない場所で起こる切断と再融合は,**不等交叉**(unequal crossing-over)と呼ばれる[*13].同一染色体上の異なる部位間で交叉が生じると,図7.15に示すように**欠失**(deletion)や**逆位**(inversion)が生じる.すなわち,ある領域をはさんで逆方向の反復配列が存在すると,反復配列間で組換えが起こり,反復配列にはさまれた領域が逆方向に配置された逆位が生じる.一方,ある領域をはさんで同方向の反復配列が存在すると,反復配列間の組換えで,間にはさまれた領域が環状分子として切り出されて欠失が生じる.欠失や逆位は染色体に生じる大規模な構造変化である(5.2節参照).

切断と再融合による組換えが特定部位のごく近傍で起こるとき,これを**部位特異的組換え**(site-specific recombination)と呼ぶ.短いヌクレオチド配列が一方にのみ存在し,他方は任意配列である場合と,特異的配列が両方に

*13 キイロショウジョウバエの棒眼はX染色体の16A領域の(3.1節および5.2節参照).ヒトの赤緑色盲はX染色体上の隣接した赤・緑オプシン遺伝子領域の不等交叉により生じる.

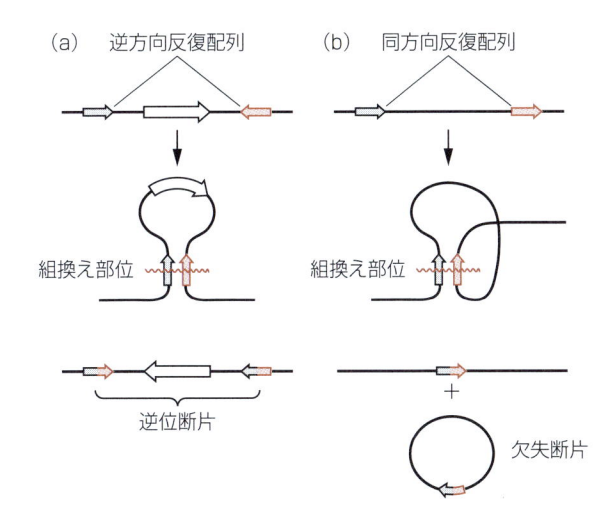

図7.15 相同な反復配列間の組換えによる逆位と欠失
(a) 逆方向の相同な反復配列間の組換えによる逆位の形成.
(b) 同方向の相同な反復配列間の組換えによる欠失の形成.

必要な場合がある．トランスポゾンの**挿入**(insertion)(12章参照)は前者の，λファージDNAの大腸菌染色体への**組込み**(integration)(6.5.3項参照)は後者の代表例である．部位特異的組換えを触媒する酵素を**部位特異的リコンビナーゼ**(site-specific recombinase)という．部位特異的リコンビナーゼはプラスミド間の組換えやファージと細菌染色体間の組換えを触媒する．大腸菌のP1ファージがもつ *Cre* 遺伝子によってコードされるCreリコンビナーゼは，*loxP* と呼ばれる34 bpのDNA配列を認識して部位特異的組換えを触媒する(図7.16)．*loxP* の両末端には，リコンビナーゼに特徴的な13 bpの完全な逆方向反復配列がある．二つの *loxP* 配列間の組換えでは *loxP* 配列は保存されるから，組換えは可逆的である．λファージDNAでは，宿主大腸菌の染色体上の *gal* 遺伝子座と *bio* 遺伝子座にはさまれた特定部位(attB)とファージ染色体上の特定部位(attP)の間で起こる部位特異的組換えにより，大腸菌染色体中への挿入が起こり溶原ファージとなる．組換えに関与する特異部位を認識し，4本のDNA鎖を切断する酵素であるλインテグラーゼは，ファージのλ *int* 遺伝子によってコードされる．

　ある種の組換えは非相互的であり，組換えに関与する一方は変化せず，他方のみが変化する．この**非相互的組換え**(nonreciprocal recombination)の現象は，組換えの際の**ミスマッチ修復**(mismatch repair)が原因であると一般

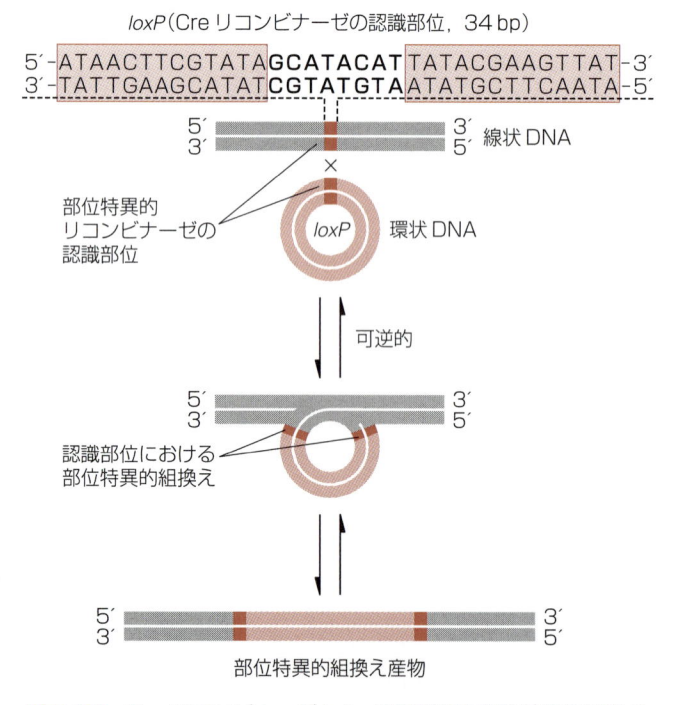

図7.16　Creリコンビナーゼと *loxP* 配列間の部位特異的組換え
一番上の □ の部分は13 bpの逆方向反復配列，太字は非対称部分．

に考えられ，**遺伝子変換**(gene conversion)と呼ばれる．ここでは，木谷義明によって1962年に発見された子嚢菌のソルダリア(カノコカビ，*Sordaria fimicola*)を用いた次の実験を解説する[*14]．灰色の突然変異型子嚢胞子と黒色の野生型子嚢胞子の交配で，期待される分離様式以外の異常分離様式が観察された．すなわち正常分離では，子嚢胞子の並び方にかかわらず，野生型と突然変異型が4:4になるはずである．しかし実際は，6:2や5:3などの異常分離が観察された(図7.17)．これらの異常分離を示す子嚢胞子の出現頻度は，突然変異率から期待される頻度より有意に高かった．突然変異によらない遺伝子変換は，同じ遺伝子の隣接部位で交叉が起こるとき，ある対立遺伝子が別の対立遺伝子に変換する現象であることが明らかとなった．これは交叉で生じたヘテロ二本鎖(**デュプレックス**，duplex)で不適切な対合の修復(ミスマッチ修復)が行われることが原因と考えられている．

[*14] 木谷はコロンビア大学，ついでノースカロライナ大学でソルダリア(カノコカビ)を用いた遺伝解析を行い，遺伝子変換現象を見いだした．この現象は，イースト菌を用いるその後の研究の引き金となった．

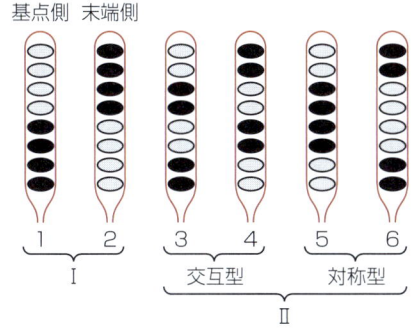

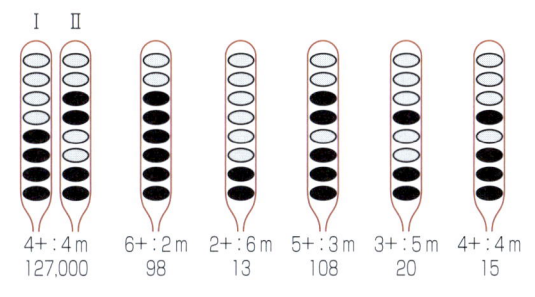

図7.17 木谷によるソルダリアを用いた遺伝子変換の実験結果
●は黒色の野生型，○は灰色の変異型子嚢胞子を示す．基点側(proximal)は●が子嚢の基点側にあること，末端側(distal)はその反対側にあることを示す．分離比を示す数字の+は野生型を，mは変異型を示し，その下の数は観察した子嚢の数である．(b)では基点側配列と末端側配列を区別していない．I，II以外の五つの配列は異常分離を示す．

7章 DNAの複製，組換え，修復

練習問題

1. ワトソンとクリックのDNA二重らせんモデルから，DNA複製は半保存的であることが予想される．それはなぜか．
2. メセルソンとスタールは，DNAの半保存的複製を証明するには，どのような実験をすればいいと考えたか．その理由は何か．
3. テイラーのソラマメを用いた染色体の複製実験で，1回めの複製後にはクロマチドが2本ともトリチウムで標識されていたのはなぜか．2回めの複製後には，染色体が標識されたクロマチドと標識されないクロマチドで構成されていたのはなぜか．
4. pol I がもつ活性のうちで，$3' \rightarrow 5'$方向のエキソヌクレアーゼ活性はどのような役割を果たしているか．
5. 岡崎によるパルスチェイス実験の目的，内容および結果を説明しなさい．
6. 真核生物の染色体DNAには多くの複製起点がある．これらはS期にどのようなルールに従っているか．その理由は何か．
7. DNAの修復機構には大別して3通りある．チミンダイマーの修復を例にとって，それぞれを説明しなさい．
8. 同一DNA分子上で適当な距離をおいて二つの反復配列があるとする．同方向の場合と反対方向の場合が考えられるが，そこで組換えが起こると，どのような結果がもたらされるか．
9. 連鎖した三つの遺伝子座のうち，中央の遺伝子座で高頻度の遺伝子変換が起こると，この領域に負の干渉が観察される．それはなぜか．
10. 5-BUによる突然変異の誘発機構を説明しなさい．
11. 突然変異率を測定する際に，復帰突然変異が前進突然変異より優れている理由は何か．

8章 遺伝暗号の解読

遺伝子がmRNAを経てタンパク質の一次構造（アミノ酸配列）を決定することがわかって以来（1.5節参照），どのように4種類の塩基の並びが20種類のアミノ酸の並びを決定するか，すなわち遺伝暗号の解読問題がクローズアップされた．この章では，遺伝暗号の解読に至る重要な研究について学ぶ．

8.1 トリプレット暗号

もし遺伝暗号[*1]が重なり合った塩基の配列を含まないとすれば，20種類のアミノ酸をコードするためには，少なくとも20通りの暗号がなければならず，最低三つの塩基の組合せが必要となる（$4^2 = 16$, $4^3 = 64$）．1961年，クリック，ブレンナー（S. Brenner）と共同研究者たちは，当時，最も詳細に研究されていたT4ファージのrII遺伝子座の［突然］変異を対象にした遺伝解析から，遺伝暗号が3塩基の組合せからなることを実験的に証明した．

クリックらの仕事を見る前に，復帰突然変異とサプレッサー突然変異について説明する．致死突然変異や生存力，生殖力に影響を与える突然変異を別にして，野生型と突然変異型の区別は一般に相対的であり，集団中で多くを占める形質を野生型といっているにすぎない場合が多い．また，欠失突然変異を除けば，野生型と突然変異型は互いに可逆的である．すなわち，ある突然変異は，もう一つの突然変異により野生型にもどることがある．これには2通りの場合がある．一つは，元の突然変異が起こった場所（塩基）と同じ場所で突然変異が起こり，野生型にもどる場合で，真の**復帰突然変異**（reverse mutation）と呼ばれる．もう一つは，初めの突然変異とは別の場所で起こった突然変異により野生型にもどる場合で，元の突然変異の効果を抑制するという意味から**サプレッサー突然変異**または**抑圧突然変異**（suppressor mutation）と呼ばれる（6.5.1項参照）．サプレッサー突然変異は，同じ遺伝子座の別の場所で起こる場合もあれば，別の遺伝子座あるいは別の染色体上で

[*1] genetic code. タンパク質を構成する20種類のアミノ酸および翻訳の開始と停止を指令する暗号で，連続した3塩基〔トリプレット（triplet）あるいはコドン（codon）〕からなる．

S. ブレンナー
（1927～2019）

8章　遺伝暗号の解読

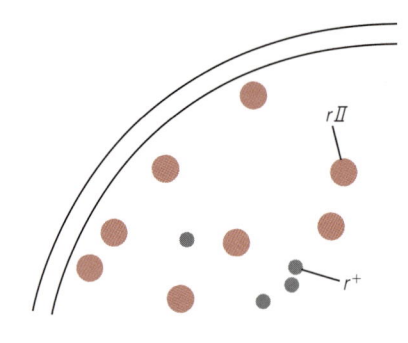

図8.1　rⅡ遺伝子座の[突然]変異
B株上でのプラークの大きさ．r^+：野生型，rⅡ：[突然]変異型．rⅡ[突然]変異体は大きなプラークを生じる．

起こる場合もある．

　T4ファージには，溶菌能力が高く大きなプラークをつくる（**早期溶菌**，rapid lysis）突然変異がある．これは，ベンザーが精密な遺伝地図を作製したrⅡ遺伝子座の変異である（図8.1）．野生型のr^+は，大腸菌のB株（野生型株）でもλファージの溶原株であるK12(λ)株でも，小さな（正常な）プラークをつくる．一方，突然変異体rⅡは，B株では大きなプラークをつくるが，K12(λ)株は制限宿主だからプラークができない（致死である）．クリックらは，この条件致死システムを用いればK12(λ)株でプラークを形成する**復帰突然変異体**（revertant）を容易に選抜できると考えた．解析には，アクリジ

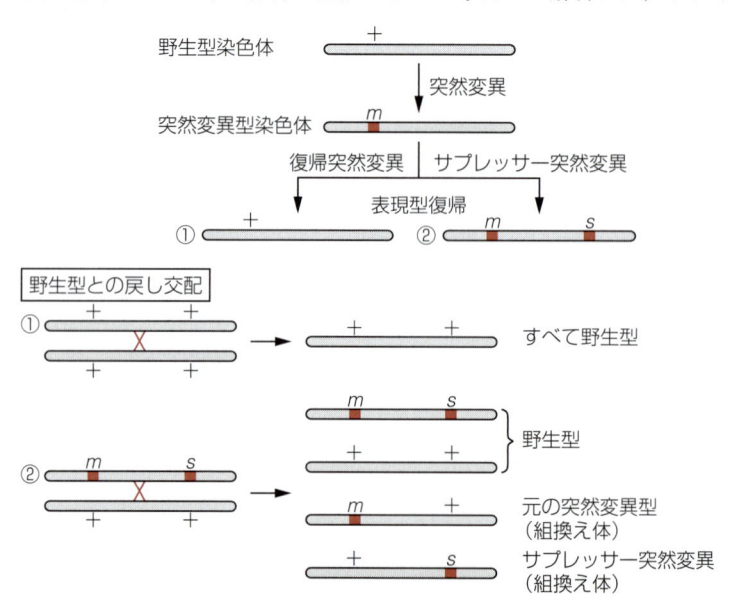

図8.2　真の復帰突然変異とサプレッサー突然変異
真の復帰突然変異であれば，戻し交配世代はすべて野生型となる．サプレッサー突然変異であれば，戻し交配世代で，野生型とともに，元の突然変異型と同じ表現型を示す復帰体が生じる．元の突然変異型と同じ表現型を示す復帰体の出現頻度は，元の突然変異（m）とサプレッサー突然変異（s）との距離に依存する．図には，原核生物の場合に従って染色体を1本しか示していないが，二倍体生物であれば相同染色体がもう1本存在する．

ン色素である**プロフラビン**（proflavin）が有効に利用された．プロフラビンは単一塩基の**欠失**（deletion）や**挿入**（insertion）を頻繁に引き起こす．彼らは，プロフラビンによる突然変異体を多数誘導し，さらに復帰突然変異体を選抜した．*rⅡ*遺伝子座に起こる真の復帰突然変異とサプレッサー突然変異は，復帰変異体と野生型との戻し交配世代の表現型を調べることで区別できる（図 8.2）．すなわち，サプレッサー突然変異であれば野生型との戻し交配世代の組換え体のなかに，元の変異型と同じ表現型を示す個体が現れ，真の復帰突然変異ならば野生型との戻し交配では野生型しか生じない．

復帰突然変異体の多くは，実際にサプレッサー突然変異体だった．クリックらは次のように推論した．もし，元の突然変異が単一塩基の挿入か欠失によるとすれば，サプレッサー突然変異は，元の変異の近傍で起こったそれぞれ単一塩基の欠失か挿入によるに違いない．元の突然変異部位とサプレッサー変異の起こる部位の間では，読み枠のずれ（**フレームシフト**，frame

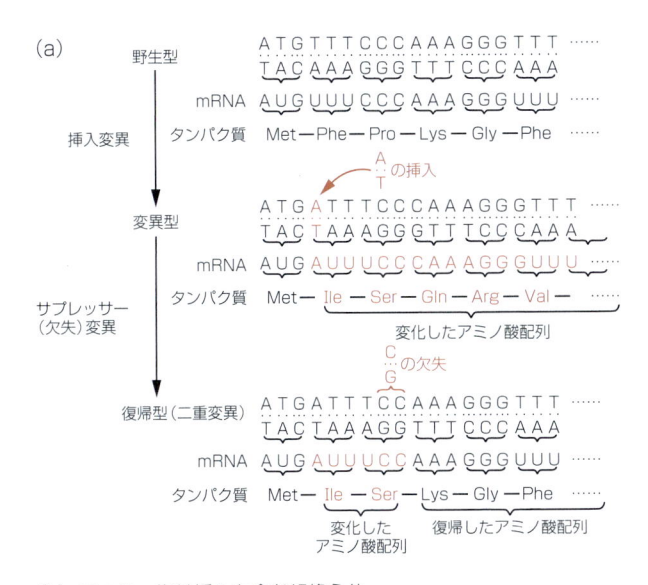

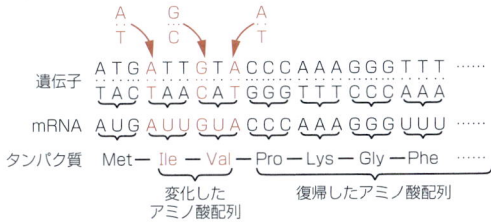

図 8.3 フレームシフト突然変異とサプレッサー突然変異
(a) 野生型に起こった A/T の挿入が，続いて起こる C/G の欠失からなるサプレッサー突然変異によって野生型に戻る仕組み．(b) 三つの塩基の挿入によって起こる野生型への復帰．3 番めの塩基挿入の後では，元のアミノ酸配列が回復している．

shift）によってアミノ酸配列に変化が起こり，その後の読み枠は野生型に復帰する（図8.3）．しかし，生じた部分的なアミノ酸変異がタンパク質の活性を大きく変えなければ，サプレッサー突然変異により野生型への復帰が起こりうる．彼らは，サプレッサー突然変異体を戻し交配世代を用いた選抜法で選び，それらがすべて読み枠突然変異から期待される通り，元と同じ突然変異形質を示すことを見いだした．さらに，戻し交配で生じた単一の突然変異体であるサプレッサー突然変異体を再度プロフラビンで処理して，復帰型を示すサプレッサー突然変異体を選抜した．このような選抜を繰り返すことで，すべてのサプレッサー突然変異体を，互いに突然変異を抑圧するかしないかに基づき，プラスおよびマイナスの2グループに分けた．たとえばプラスグループは，マイナスグループを抑圧するが，同じプラスグループは抑圧できない[*2]．続いて彼らは，プラスグループとマイナスグループをさまざまな組合せでもつ組換え体を作成し，それらの表現型を調べた（表8.1）．二つのプラス突然変異あるいは二つのマイナス突然変異を同時にもつ組換え体は変異形質を示した．しかし，三つのプラス突然変異や三つのマイナス突然変異を同時にもつ組換え体は，しばしば野生型となった．すなわち，3塩基の挿入あるいは3塩基の欠失により野生型の読み枠が復元したと考えられた．これらの実験事実にもとづき，1961年に，クリックらは遺伝暗号が連続した3文字からできているとする**トリプレット説**（triplet hypothesis）を提唱した．

さらに，DNA塩基配列（遺伝暗号）とタンパク質中のアミノ酸との間にある一対一の対応関係（**共直線性**, colinearity）が，1963年にスタンフォード大学のヤノフスキー（C. Yanofsky）ら[*3]により証明された．彼らは，大腸菌のトリプトファンオペロンにある構造遺伝子座の一つである *trpA* に着目して，突然変異体を選抜し，連鎖地図上にマップした．同時に生化学的に解析し，突然変異体のアミノ酸変異を位置づけて変異座位との関連を調べ，変異部位

[*2] クリックらは，プラスグループが単一塩基の挿入によること，マイナスグループが単一塩基の欠失によることを知らなかったが，プラスかマイナスのどちらか一方がマイナスかプラスのどちらかを抑圧すると予想した．

[*3] 彼らは，大腸菌のトリプトファンオペロンの転写制御機構を詳細に解析し，最終合成産物であるトリプトファンの細胞内濃度が制御に関与していることを明らかにした（9.4節参照）．

表8.1　トリプレット説に根拠を与えたフレームシフト突然変異体の解析

ファージ型	挿入・欠失	暗号の読みとり
野生型		あなた／わたし／きみと／ぼくと／はるの／やまに／のぼる／
＋1挿入	(+)	あなた／わたし／**し**きみ／とぼく／とはる／のやま／にのほ／る
復帰1	(−)1(+)	あなた／わ*しし／きみと／ぼくと／はるの／やまに／のぼる／
復帰2	(+)(−)2	あなた／わたし／**し**きみ／とぼく／とはる／の*まに／のぼる／
復帰3	(+)(−)3	あなた／わたし／**し**きみ／と*くと／はるの／やまに／のぼる／
欠失1	(−)1	あなた／わ*しき／みとほ／くとは／るのや／まにの／ぼる
欠失2	(−)2	あなた／わたし／きみと／ぼくと／はるの／*まにの／ぼる
欠失3	(−)3	あなた／わたし／きみと／*くとは／るのや／まにの／ぼる
二重変異	(−)1(−)2	あなた／わ*しき／みとほ／くとは／るの*ま／にのほ／る
三重変異	(−)1(−)2(−)3	あなた／わ*しき／みと*く／とはる／の*まに／のぼる

太字は挿入，＊は欠失，下線はフレームシフトを示す．

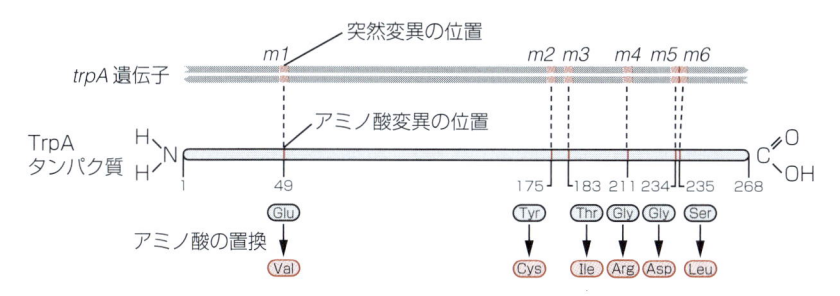

図 8.4 DNA塩基配列とタンパク質中のアミノ酸との対応関係
ヤノフスキーらは, trpA遺伝子座にマップした突然変異部位とアミノ酸変異部位の解析から, ヌクレオチド配列とアミノ酸配列間の共直線性を証明した.

がみなアミノ酸置換の起こった部位と一致することを見いだした(図8.4).

8.2　遺伝暗号の解読

1955年にアメリカ・ニューヨーク大学のオチョア(S. Ochoa)は, RNA(n)＋リボヌクレオシド–P～P ⟶ RNA(n＋1)＋Pの反応[*4]を触媒するポリヌクレオチドリン酸化酵素(polynucleotide phosphorylase)を用いて, in vitro [*5] でRNAが合成されることを発見した. このRNA合成には鋳型が不必要で, 生じるRNAは反応液中のリボヌクレオシド–P～Pの種類と割合のみに依存する.

1961年にはアメリカ国立衛生研究所のニーレンバーグ(M. W. Nirenberg)がメセルソン, オチョアらとともに, 合成mRNAを用いた in vitro の**無細胞タンパク質合成系**(cell-free protein synthesis system)を開発した. 無細胞タンパク質合成系は, リボソーム, アミノアシルtRNAのほか, 翻訳に

[*4] RNA(n)はn個のヌクレオチドからなるRNAを, P～Pはピロリン酸を, RNA(n+1)はヌクレオチドが新たに1個付加されたRNAを表す.

[*5] 「試験管内で」を意味するラテン語.「生体内で」は in vivo,「その場で」は in situ と表す.

Column

最もエキサイティングな6年間

遺伝暗号がトリプレットであること, および遺伝暗号の並びとアミノ酸の並びに共直線性があることがわかっても, どのトリプレットがどのアミノ酸に対応するかはわからない. 遺伝暗号の解読とは, 次の疑問に答えることであった.

① どのコドンが, どのアミノ酸に対応するか.
② 64通りのうち, どれだけが実際にコドンとして使用されるか.
③ 翻訳の開始暗号と停止暗号は何か.
④ 遺伝暗号は種を通じて共通か.

こうした問題の解明が行われたのは, 1960年から1966年までの間であった. この6年間は, 世界の一流の遺伝学者, 生化学者, 有機化学者たちがこの問題に取り組み, 20世紀の科学史で最もエキサイティングな研究競争が展開された時代の一つであった. 1966年にはすべての遺伝暗号が解読され, 遺伝暗号表が完成した. これは, メンデルの論文が発表された1866年から数えてちょうど100年めの出来事であった.

必要なタンパク質をすべて含むタンパク質合成系である．この系ではタンパク質合成が，アミノ酸の酸不溶性画分への取り込み量で測定される．まず，系に残存するmRNAを鋳型にしたタンパク質合成が起こり，この合成が終了した時点で（取り込みが終了した時点で）既知配列のmRNAをシステムに導入すれば，そこで合成されるタンパク質は系に導入したmRNAの情報に由来すると結論できる（図8.5）．ニーレンバーグらは，無細胞タンパク質合成系に合成ポリヌクレオチドのポリウリジル酸（poly U）を入れてみた．すると，ポリフェニルアラニンの合成が観察された．暗号がトリプレットであることは認められていたから，UUUがフェニルアラニンのコドンであることがわかった[6]．これに力を得た彼らは実験を続け，ポリシチジル酸ではポリプロリンが，ポリアデニル酸ではポリリシンが合成されることを見いだした．ポリグアニル酸はポリグリシンをコードするはずであったが，これは決められなかった．

[6] ニーレンバーグらの成功は，現在の知識からすれば，まったくの僥倖であった．当時，タンパク質の翻訳開始にAUGコドンが必要なことは誰も知らなかった．だが幸運なことに，彼らが用いた無細胞タンパク質合成系には高濃度のマグネシウムが含まれており，この条件下で非特異的なタンパク質合成が開始したのだった．

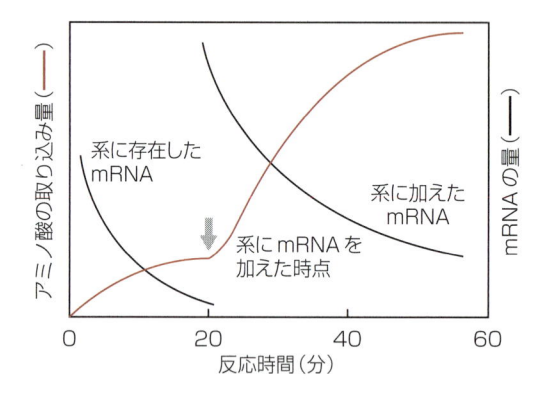

図 8.5　ニーレンバーグらが開発した無細胞タンパク質合成系
縦軸に標識したアミノ酸の酸不溶性画分への取り込み量を，横軸に反応時間を示す．初めに増加したアミノ酸の取り込み量が，ある閾値に達する時点は，系に存在する内在性のmRNAが分解で失われたことを意味する．これを確認した後，既知のmRNAを系に添加すると，合成されたタンパク質が酸不溶性画分に取り込まれる．

S. オチョア
（1905〜1993）

続いてオチョアのグループが，ポリヌクレオチドリン酸化酵素を用いて，既知の塩基組成をもつ**混合コポリマー**（mixed copolymer）からなるmRNA（任意配列）を合成し，同様の実験により多くのコドンを決定した．C：A＝5：1の割合からなるコポリマーを用いたときに期待されるコドンの割合と，実際に取り込まれたアミノ酸の割合に関する実験結果を表8.2に示す．

1963年には，アメリカ・ウィスコンシン大学のコラーナ（H. G. Khorana）が64通りすべてのトリプレットの有機合成に成功した．翌年には，ニーレンバーグとレーダー（P. Leder）が，合成トリプレットとそれに対応するアミノアシルtRNAの結合がリボソーム上で起こることを利用した効率的な**トリプレッ**

8.2 遺伝暗号の解読

表8.2 C：A＝5：1の割合からなるコポリマーを用いたときに期待される
コドンの割合と，実際に取り込まれたアミノ酸の割合

可能なトリプレットの種類	確率*	
CCC	$(5/6)^3 = 57.9\%$	
CCA, CAC, ACC	$(1/6)(5/6)^2 \times 3 = 34.8\%$	
CAA, ACA, AAC	$(1/6)^2(5/6) \times 3 = 6.9\%$	
AAA	$(1/6)^3 = 0.4\%$	
無細胞系の結果 合成されたアミノ酸	ポリペプチド中の割合	推定されるコドン
プロリン	69%	CCC と CCA, CAC, ACC のどれか一つ
スレオニン	14%	CCA, CAC, ACC のどれか一つと CAA, ACA, AAC のどれか一つ
ヒスチジン	12%	CCA, CAC, ACC のどれか一つ
アスパラギン	2%	CAA, ACA, AAC のどれか一つ
グルタミン	2%	CAA, ACA, AAC のどれか一つ
リシン	1%	AAA

＊トリプレットに含まれる割合は C が 5/6 で，A が 1/6．

ト結合法 (triplet-binding assay) を開発した (図 8.6)．この方法では，20 種類のアミノ酸が結合したアミノアシル tRNA をすべて用意し，1 種類の既知のアミノ酸だけを放射性同位体で標識しておく．これらのアミノアシル tRNA と 64 通りの合成トリプレットを，それぞれリボソームと混合した後でフィルターに通す．標識アミノ酸が結合したアミノアシル tRNA が対応するトリプレットのみが，リボソームで捕捉されてフィルター上に残るから，対応するコドンを決定できる．こうして解読された遺伝暗号とアミノ酸の対応表

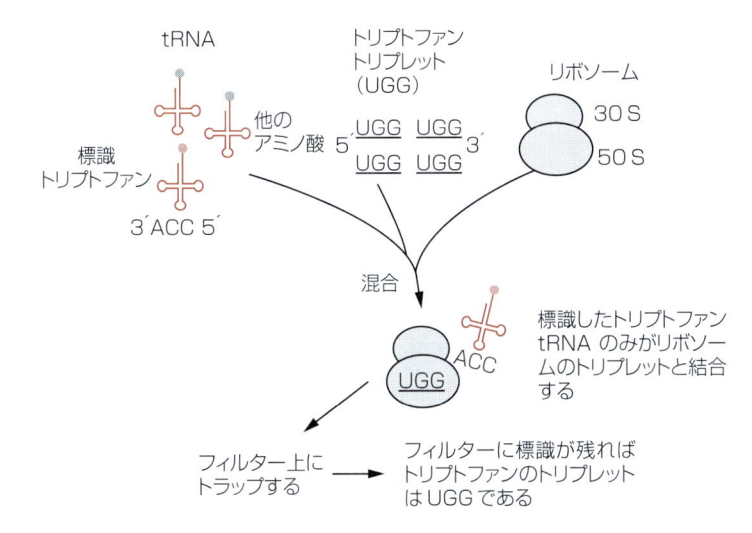

図 8.6 ニーレンバーグらが開発したトリプレット結合法

表8.3 遺伝暗号表

第一位 (5′末端)	第二位				第三位 (3′末端)
	U	C	A	G	
U	UUU Phe ⎱ F UUC Phe ⎰ UUA Leu ⎱ L UUG Leu ⎰	UCU Ser ⎱ UCC Ser ⎬ S UCA Ser ⎪ UCG Ser ⎰	UAU Tyr ⎱ Y UAC Tyr ⎰ UAA オーカー UAG アンバー	UGU Cys ⎱ C UGC Cys ⎰ UGA オパール UGG Trp W	U C A G
C	CUU Leu ⎱ CUC Leu ⎬ L CUA Leu ⎪ CUG Leu ⎰	CCU Pro ⎱ CCC Pro ⎬ P CCA Pro ⎪ CCG Pro ⎰	CAU His ⎱ H CAC His ⎰ CAA Gln ⎱ Q CAG Gln ⎰	CGU Arg ⎱ CGC Arg ⎬ R CGA Arg ⎪ CGG Arg ⎰	U C A G
A	AUU Ile ⎱ AUC Ile ⎬ I AUA Ile ⎰ AUG Met M	ACU Thr ⎱ ACC Thr ⎬ T ACA Thr ⎪ ACG Thr ⎰	AAU Asn ⎱ N AAC Asn ⎰ AAA Lys ⎱ K AAG Lys ⎰	AGU Ser ⎱ S AGC Ser ⎰ AGA Arg ⎱ R AGG Arg ⎰	U C A G
G	GUU Val ⎱ GUC Val ⎬ V GUA Val ⎪ GUG Val ⎰	GCU Ala ⎱ GCC Ala ⎬ A GCA Ala ⎪ GCG Ala ⎰	GAU Asp ⎱ D GAC Asp ⎰ GAA Glu ⎱ E GAG Glu ⎰	GGU Gly ⎱ GGC Gly ⎬ G GGA Gly ⎪ GGG Gly ⎰	U C A G

AUGは開始コドン(initiation codon), UAA, UAG, UGAは停止コドン(stop codon).

(**遺伝暗号表**, genetic code table)を表8.3に示す．トリプレットコドンはmRNA配列と対応するように表してあり，コドンとアミノ酸の対応関係を直接的に理解できる．

遺伝暗号の解読後に，次の二つの疑問が残された．

① *in vitro* 実験で決めたコドンは，*in vivo* で機能するコドンと同じか．
② コドンは普遍的であるか．

これらの疑問が解決したのは，多くの種で，さまざまなタンパク質のアミノ酸配列と，それらのタンパク質をコードする遺伝子の塩基配列が決定され，コドン表に矛盾がないことが証明されてからであった．唯一の例外は，ミトコンドリアで見いだされた．ヒトや酵母のミトコンドリアでは，停止コドンのUGAがトリプトファンをコードし，酵母のミトコンドリアではCUAがロイシンのかわりにスレオニンを，ヒトのミトコンドリアではAUAがイソロイシンのかわりにメチオニンをコードしている．

8.3 遺伝暗号の縮退とゆらぎ

遺伝暗号表によれば，メチオニン(AUG)とトリプトファン(UGG)以外のアミノ酸は，みな二つ以上のコドンと対応する．ロイシン，セリン，アルギニンは各6種類のコドンと対応する．一つのアミノ酸に複数のコドンが対応

8.3 遺伝暗号の縮退とゆらぎ

することを遺伝暗号の**縮退**(degeneration)*7 と呼ぶ．縮退は多くの場合 3′ 側の塩基で起こるが，プリンからプリン，ピリミジンからピリミジンへの**転位**(transition)ではアミノ酸をほとんど変えず，プリンからピリミジン，ピリミジンからプリンへの**転換**(transversion)ではアミノ酸を変える場合が多い．

遺伝暗号が縮退していることから，次のことが予想できる．

① 一つのアミノ酸に対応する複数のコドンを識別する複数の tRNA 分子種が存在する．
② 一つの tRNA のアンチコドンが複数のコドンと塩基対を形成できる．

実際，両方の場合があることがわかっており，後者の現象はクリックにより**ゆらぎ**(wobble)と名づけられた．ゆらぎは，3′側の塩基が関与する塩基対の形成に余裕があることによる．ゆらぎ法則(表 8.4)に従えば，完全な縮退を示すコドンには，少なくとも二つ以上の異なる tRNA が対応している．

表 8.4 遺伝暗号のゆらぎ

アンチコドンの 5′ 末端塩基	コドンの 3′ 末端塩基
G	U あるいは C
C	G
A	U
U	A あるいは G
I	A, U あるいは C

I はイノシンを表す．

UAA(オーカー)，UAG(アンバー)と UGA(オパール)の 3 通りからなる停止コドンは，tRNA ではなく**解離因子**(release factor: RF)と呼ばれるタンパク質によって認識される．真核生物は 3 通りの停止コドンすべてを認識する 1 種類の RF をもつが，原核生物(大腸菌)では，RF-1 は UAA と UAG を，RF-2 は UAA と UGA を認識する．一方，開始コドンの AUG*8 は**開始tRNA**(initiator tRNA, tRNAi^{Met})によって認識される．原核生物では，N 末端のアミノ酸は常にホルミル基(-CHO)がついたホルミルメチオニンである．開始コドン以外では，AUG は tRNA^{Met} と対応する．コード領域に塩基置換で終止コドンが生じると，そこで翻訳が停止して**ナンセンス突然変異**(nonsense mutation)が生じる．この変異は，異なるアミノ酸を生じるようなミスセンス突然変異とは異なる．6.5.1 項で学んだサプレッサー突然変異には，tRNA によるコドンの認識が変化した突然変異，すなわちアンチコドンに生じた変異が含まれる．これらの変異 tRNA を**サプレッサー tRNA**(suppressor tRNA)と呼ぶ．UAG 突然変異が，大腸菌の 2 種類の tRNA 分子

*7 遺伝暗号の縮退は，塩基置換による突然変異の効果を減少する方向に働いている．すなわち，3′側の塩基に起こる置換はほとんど突然変異をもたらさないし，化学的に似た性質をもつアミノ酸はコドンのうち 1 塩基だけ異なっている場合が多く，たとえ塩基置換が起こってアミノ酸の置換が生じても，タンパク質の性質に大きな変化を与えない．縮退は遺伝暗号の余裕であり，緩衝剤として働くから，生物にとって都合のよいことだったと考えられる．

*8 AUG 翻訳開始コドンに依存しない翻訳開始が存在する．たとえば，昆虫ウイルスであるバキュロウイルスでは，AUG 翻訳開始コドンが存在せず，メチオニン以外のアミノ酸から外被タンパク質合成が始まる．

8章　遺伝暗号の解読

```
野生型アンチコドン      3′-AUG-5′ ┐
                                  │
正常コドン              5′-UAC-3′  │
                          ↓       │
ナンセンスコドン        5′-UAG-3′  │
                                  │
サプレッサーアンチコドン 3′-AUC-5′ ←┘
```

図 8.7　サプレッサー突然変異
トランスファーRNA をコードする遺伝子の tRNA^{tyr2} を例にした．

の一つである tRNA^{tyr2} に起こった例を，図 8.7 に示す．野生型の tRNA^{tyr2} のアンチコドンは 5′-GUA-3′ であり，野生型のコドン 5′-UAC-3′ と対応する．今，野生型コドンの 3′側塩基に C から G への置換が起こると，ナンセンス突然変異である 5′-UAG-3′ が生じる．ところで，サプレッサー tRNA^{tyr2} のアンチコドンは 5′-CUA-3′ だから，ナンセンスコドンの 5′-UAG-3′ を認識して，終止コドンのかわりにチロシンを挿入できる．したがって，この位置にチロシンが入ったタンパク質がその機能を失わなければ，野生型への復帰が見られるようになる．

練習問題

1. サプレッサー突然変異とは何か．
2. 真の復帰突然変異とサプレッサー突然変異を遺伝的に区別するには，どうしたらよいか．
3. フレームシフトは何が原因で起こるか．フレームシフトが起こると，どのような突然変異が生じるか．
4. 遺伝暗号がトリプレットであることを遺伝的な解析で証明したクリック，ブレンナーらの実験について，どのようにすれば結論が得られると彼らは考えたか．
5. ヤノフスキーらはどのような解析を行って，ヌクレオチドの配列とアミノ酸の配列間にある共直線性を証明したか．
6. ニーレンバーグの無細胞タンパク質合成系はどのようなものか．
7. 無細胞タンパク質合成系を用いたニーレンバーグの実験では，ポリ U を系に加えるとポリフェニルアラニンが合成された．遺伝暗号の解読後に，翻訳の開始は AUG（メチオニンコドン）で始まることがわかった．なぜ，ポリ U を鋳型にしてタンパク質合成が可能だったのか．

9章 原核生物の遺伝子発現調節機構

　細菌は，さまざまな環境条件に対する応答能力を備えている．細菌のもつ高い環境応答能力は，一義的には特定の環境条件に対応した特定の遺伝子あるいは遺伝子セットの発現誘導（オン）と抑制（オフ）によって制御されている．すなわち，特定の遺伝子の発現は，環境条件がそれらの産物を要求するときオンになり，要求しないときにオフとなる．遺伝子の発現と産物の合成にはエネルギーが必要であり，こうした細胞経済によく合った能力は，細菌の適応力を全体として増大させている．この章では，細菌の遺伝子発現を調整する分子機構について学ぶ．

9.1 誘導と抑制

　細胞がどのような状態にあっても必要な酵素群を**構成的酵素**（constitutive enzymes）と呼ぶ．構成的酵素をコードする遺伝子は，**ハウスキーピング遺伝子**（housekeeping gene）[*1]と呼ばれる．一方，特定の環境条件，発育段階や組織でのみ必要とされる酵素群を**適応酵素**（adaptive enzymes）と呼ぶ．適応酵素をコードする遺伝子には，それらの産物である酵素の必要度と細胞内の存在量に基づき，発現の**誘導**（induction）を受ける遺伝子群と**抑制**（repression）を受ける遺伝子群の2種類が存在する．誘導を受ける遺伝子を**誘導遺伝子**（inducible gene），酵素を**誘導酵素**（inducible enzyme）という．たとえば，ラクトース，ガラクトースなどの糖の代謝利用にかかわる分解酵素は典型的な誘導酵素で，これらの基質が存在するときにのみ基質が遺伝子の**誘導物質**（インデューサー，inducer）として働いて，合成される．一方，合成過程にかかわる合成酵素は典型的な**抑制酵素**（repressible enzyme）であり，最終産物が存在するときに，それが遺伝子発現の**共抑制物質**（コリプレッサー，corepressor）として働いて酵素の合成が抑制される．細菌における誘導と抑制の仕組みを図9.1に示す．

[*1] 多細胞生物個体あるいは単細胞生物の細胞が生存するかぎり滞ることなく（構成的に）発現する遺伝子をいう．

9章　原核生物の遺伝子発現調節機構

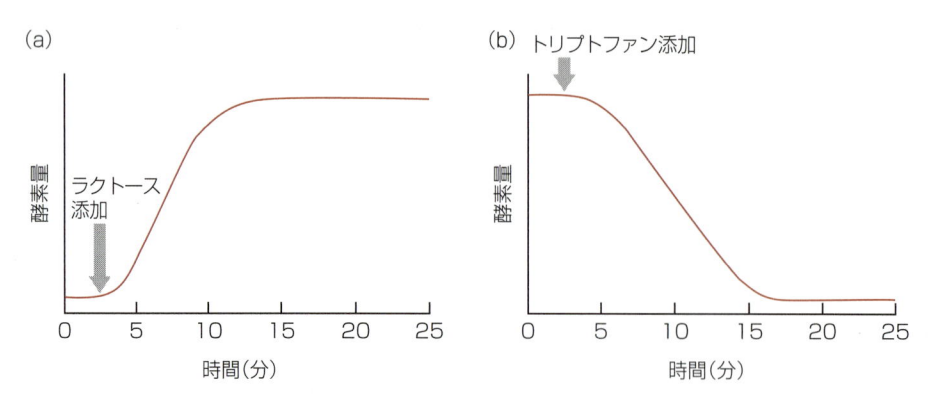

図9.1　細菌における誘導と抑制の仕組み
(a) ラクトースの分解にかかわる酵素の活性．誘導物質である基質が与えられると酵素量が増加する．
(b) トリプトファンの合成にかかわる酵素の活性．抑制物質である最終産物が与えられると酵素量が減少する．

Column

パスツール研究所で始まった酵素反応機構の研究

フランス・パスツール研究所のルウォッフ(A. M. Lwoff)は，44歳のときに(1946年)，アメリカ・コールドスプリングハーバーのシンポジウムに参加して，テータムの栄養素要求性突然変異体を用いた組換え実験(1.4.2項参照)，デルブリュックらのファージ組換えの発見(1.2節参照)，レーダーバーグらの大腸菌における接合の発見(6.2節参照)に関する講演を聴き，新しい遺伝学研究の勃興を知った．ファージグループに加わった彼は溶原ファージの研究を開始して，プロファージ誘導(prophage induction)の現象を発見した．彼が立てた仮説は，「ファージの生活史は，宿主細胞の代謝によって制御されるタンパク質に依存する」というものだった．このタンパク質は，6.5.3項で学んだ cI 遺伝子がコードするリプレッサー(抑制物質)である．

一方，モノー(J. L. Monod)は，30歳で(1940年)モルガンの研究室からルウォッフのもとへ移った．大腸菌で糖の代謝を調べたモノーは，すでに知られていたグルコース効果(glucose effect)を確認し，これが酵素適応現象であることをルウォッフから教えられた．グルコース効果とは，ある種の酵素の合成がグルコースによって抑制される現象である．ここでは，合成抑制を受ける酵素の反応生成物はグルコースの代謝産物と同じであり，反応生成物が反応を触媒する酵素の合成を制御することを意味した．モノーは，酵素適応(誘導)の研究を開始した．まず，さまざまなガラクトース類似体が β-ガラクトシダーゼ(β-gal)の基質となりうるか(基質能をもつか)，あるいはこの酵素を誘導できるか(誘導能をもつか)を調べた．ラクトースは両方の能力をもっていたが，メチル β-チオガラクトシドとメチル β-ガラクトシドは誘導能のみを，フェニル β-ガラクトシドは基質能のみをもつことを明らかにした．これらの結果から，彼は基質能力と酵素誘導能力とは異なると考えた．

さらに，1950年に30歳だったジャコブ(6.4節参照)も，ルウォッフの研究室で仕事を始めた．研究室では，「プロファージ誘導と β-gal の合成誘導という異なる現象が，どちらも誘導という共通の性質をもつ」との仮説に基づき，研究が進められた．6.3節で学んだように，ジャコブとルウォッフは Hfr 細胞から F⁻ 細胞へ F 因子が転移する現象を利用し，モノーとともに Hfr 細胞を用いて β-gal のコード遺伝子(β-gal)をラクトース代謝ができない突然変異細胞(lac⁻ 細胞)へ導入すると，β-gal の合成が始まることを発見した．

9.2 オペロンモデル

ジャコブとモノーは，遺伝子発現の誘導と抑制機構を見事に説明する**オペロンモデル**(operon model)を提唱した．

β-gal は，ラクトースをガラクトースとグルコースに分解する酵素である(図9.2)．β-gal の合成誘導は，ラクトースを含みグルコースを含まない培地で大腸菌を培養したときにのみ起こる．すなわち β-gal の合成誘導は，誘導物質であるラクトースが与えられると速やかに開始されるが，誘導物質

図 9.2 β-gal によるラクトースの分解
誘導物質の IPTG については 9.2.1 項参照．

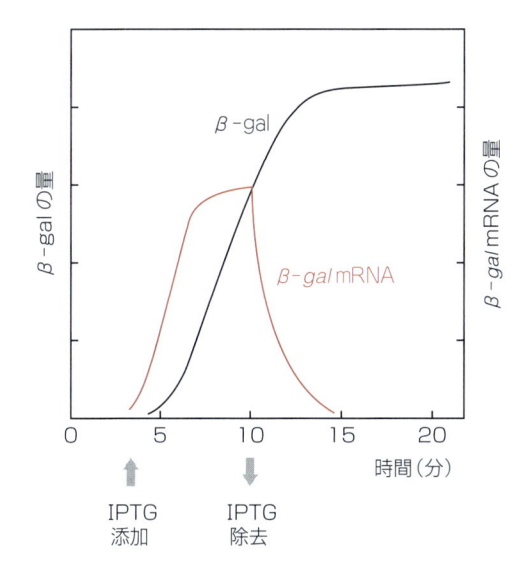

図 9.3 β-gal と β-gal mRNA の合成誘導

が取り除かれると速やかに停止する(図9.3). mRNAの半減期は数分にすぎないが, mRNAのこの速い代謝回転こそが, 必要なタンパク質が必要なときに合成されることを可能にしている. 次にジャコブとモノーが行った実験の詳細を学ぶ.

9.2.1 lac⁻突然変異体の分離と解析

彼らはまず, ラクトースを分解できず, これを栄養素として利用できない突然変異体(*lac⁻*)を数多く分離し, *lac⁻*表現型をもたらす遺伝子座がいくつあるかを解析した. ここで, **F′プラスミド**(F′plasmid)[*2]について簡単に説明する. Hfr DNA(6.3節参照)に組み込まれたFプラスミドが不正確に切り出されると, Hfr株の染色体DNA断片を含むF′プラスミドが生じる. 異なる伝達開始点をもつHfr株から, Hfr染色体の多くの領域に由来するDNA断片をもつF′プラスミドが分離でき, これを利用すると, 当該染色体領域について受容細胞を**部分二倍体化**できる. ジャコブとモノーは, このF′因子を利用した部分二倍体を作成して, 相補性検定(6.5.2項参照)によりそれらの表現型を調べることで, 三つの独立な構造遺伝子座, すなわち*lacZ*〔β-galをコードする〕, *lacY*〔透過酵素(パーミアーゼ)をコードする〕, *lacA*〔アセチル転移酵素(トランスアセチラーゼ)をコードする〕がラクトースの分解利用に関与することを見いだした. なお次の理由で, β-galの発現誘導には人工的な誘導物質のイソプロピルチオガラクトシド(isopropylthiogalactoside: IPTG)が有効に使われた. すなわち, IPTGは強力なβ-gal誘導能をもつが, β-galの基質とはならず, β-galによって分解されないから, 細胞に与えた誘導効果を効果的かつ正確に検定できる(図9.3参照).

9.2.2 極性の発見

F′菌を用いて*lacZ⁺*と*lacZ⁻*を同時にもたせると, 交配の方向によらず細胞は野生型(誘導的)を示した(表9.1の1). *lacZ⁺*は*lacZ⁻*に対して顕性である. *lacY*と*lacA*についても同様であった. さらに*lacZ*にナンセンス突然変異を起こすと, *lacY⁺ lacA⁺*でβ-gal活性が失われるだけでなくパーミアーゼ活性もトランスアセチラーゼ活性も失われること, *lacY*にナンセンス突然変異を起こすと, *lacZ⁺ lacA⁺*ではβ-gal活性に変化はないがパーミアーゼとトランスアセチラーゼ活性が失われること, *lacA*のナンセンス突然変異ではトランスアセチラーゼ活性のみが失われることを見いだした. 彼らは, 各突然変異遺伝子間に発現の極性があるという以上の結果を次のように説明した. すなわち*lacZ, lacY, lacA*の3種類の遺伝子は, この並びで連続して転写され, 三つの遺伝子(シストロン, 6.5.2項参照)が連結した**ポリシストロン性mRNA**(polycistronic mRNA)が形成されて翻訳される. 3種類のタンパ

[*2] F プライムプラスミドと読む.

F. ジャコブ
(1920～2013)

J. L. モノー
(1910～1976)

表9.1 *lac* オペロンの遺伝解析

遺伝子型	*lac* mRNA 合成	*lac* 表現型
1. *lacZ*⁺	誘導的	+
lacZ⁻	非誘導的	−
F′*lacZ*⁺/*lacZ*⁻（逆交配も同じ）	誘導的	+
2. *lacI*⁻ *lacZ*⁺	構成的	+
F′*lacI*⁻ *lacZ*⁺/*lacI*⁺ *lacZ*⁺（逆交配も同じ）	誘導的	+
3. *lacI*⁻ *lacZ*⁻	非誘導的	−
F′*lacI*⁻ *lacZ*⁻/*lacI*⁺ *lacZ*⁺（逆交配も同じ）	誘導的	+
F′*lacI*⁻ *lacZ*⁺/*lacI*⁺ *lacZ*⁻（逆交配も同じ）	誘導的	+
4. *lacO^c* *lacZ*⁺	構成的	+
F′*lacO^c* *lacZ*⁺/*lacO*⁺ *lacZ*⁺（逆交配も同じ）	構成的	+
F′*lacO^c* *lacZ*⁺/*lacO*⁺ *lacZ*⁻（逆交配も同じ）	構成的	+
F′*lacO^c* *lacZ*⁻/*lacO*⁺ *lacZ*⁺（逆交配も同じ）	誘導的	+
5. F′*lacI*⁻ *lacO^c* *lacZ*⁺/*lacI*⁺ *lacO^c* *lacZ*⁺（逆交配も同じ）	構成的	+
F′*lacI*⁻ *lacO^c* *lacZ*⁺/*lacI*⁺ *lacO*⁺ *lacZ*⁺（逆交配も同じ）	構成的	+
6. *lacP*⁻	非誘導的	−
F′*lacP*⁺ *lacZ*⁺/*lacP*⁻ *lacZ*⁻（逆交配も同じ）	誘導的	+
F′*lacP*⁻ *lacZ*⁺/*lacP*⁺ *lacZ*⁻（逆交配も同じ）	非誘導的	−
7. *lacI^s* *lacZ*⁺	非誘導的	−
F′*lacI^s* *lacZ*⁺/*lacI*⁺ *lacZ*⁺（逆交配も同じ）	非誘導的	−

ク質は翻訳後に独立なタンパク質に分かれる．

9.2.3 構成的突然変異体の分離と解析

ジャコブとモノーはラクトース利用に関する多くの突然変異体を得て，F′菌を用いた解析を行った．ここでは，構造遺伝子のうち *lacY* と *lacA* は省略して，β-gal をコードする ***lacZ*** の遺伝子型のみを表示する．彼らが選抜した突然変異体のうちには，ラクトースあるいは誘導物質 IPTG が存在しないにもかかわらず β-gal を構成的に合成する変異体があり，これは ***lacI*⁻** と名づけられた（表 9.1 の 2）．F′菌および F⁻菌を用いて F′*lacI*⁻ *lacZ*⁺ と F⁻ *lacI*⁺ *lacZ*⁺ を共存させると（F′*lacI*⁻ *lacZ*⁺/*lacI*⁺ *lacZ*⁺），野生型（誘導的）の形質を示すコロニーが得られた．逆交配の結果も同様であった．*lacI*⁺ は *lacI*⁻ に対して顕性である．続いて，*lacI*⁻ と *lacZ*⁻ をシスおよびトランスの位置でもたせた部分的二倍体をつくると，シスでもトランスでも野生型を示した（表 9.1 の 3）．すなわち，*lacI*⁺ 遺伝子はトランス顕性[*3]であり，*lacI* 遺伝子座は *lacZ* 遺伝子座とは独立のシストロンを構成する．彼らは 2 と 3 の結果から，*lacI*⁺ 遺伝子は細胞中を拡散するタンパク質産物であるリプレッサーあるいは抑制遺伝子（repressor）をつくると考えた．

構成的突然変異体には別の種類が見つかった．この変異体は顕性で，

[*3] trans-dominant．トランスの位置関係にあり（別のDNA 上にある．この場合は一方が F′上，他方が F⁻上），顕性を示すこと．

*4 cis-dominant. シスの位置関係にあり（同一のDNA上にある），顕性を示すこと．

$lacZ^+$ とシスの位置関係にあれば構成的であったが, $lacZ^-$ とシスの位置関係では誘導的であった（表9.1の4）．すなわち，このシストロンはシス顕性[*4]で, *lacO* と名づけられた．構成的な変異株は $lacO^c$ （c は constitutive の略）と呼ばれた. *lacO* と *lacZ* にはシス-トランス効果が見られる，すなわち, $lacO^c\ lacZ^-/lacO^+\ lacZ^+$（シス）では誘導的, $lacO^c\ lacZ^+/lacO^+\ lacZ^-$（トランス）では構成的であるから, *lacO* 座は *lacZ* 遺伝子座と遺伝的に区別できず，両者が同一あるいは別のシストロンにあるかを決定することはできない．さらに $lacI^-$ と $lacO^c$ を共存させると，シスでもトランスでも構成的な表現型が現れ（表9.1の5），この両者も遺伝的に区別できなかった．彼らは, *lacO* 座自身は機能タンパク質をつくらないが, $lacI^+$ がつくるリプレッサータンパク質と相互作用するDNA上の領域であると考えて，これを**オペレーター**（operator）と名づけた（*lacO* の O は operator の略）．

ラクトースを利用できない非誘導的な突然変異体には, $lacP^-$ と名づけられた一群の変異体があった．この変異体は, *lacO* 座と同様に *lacZ* 遺伝子座と区別できないが，非誘導性であることから *lacO* 座とは区別できる（表9.1の6）．この座位はリプレッサーとは相互作用しないが，座位に突然変異が生じると非誘導的になることから, β-gal の合成に必須な領域であり，**プロモーター**（promoter）と名づけられた．プロモーターはRNAポリメラーゼIIが結合する部位である．

さらに, *lacI* 遺伝子座の突然変異のうち, $lacI^+$ に対して顕性の変異が見つかった（表9.1の7）．この変異体 $lacI^s$（s は super-repressed の略）は非誘導的であり，オペレーター結合能はあるが誘導物質に対する結合能を失っていた．このことから, *lacI* 遺伝子の産物であるリプレッサーには，オペレーター結合部位と誘導物質結合部位の二つの活性中心があることがわかる．誘導物質結合部位に誘導物質が結合すると，リプレッサータンパク質は構造変化を起こし，オペレーター部位に結合できなくなる．このようなタンパク質の構造変化を一般に**アロステリック変化**（allosteric transition）[*5]と呼ぶ．

以上のような遺伝学的解析と生理生化学的解析をうまく組み合わせて得た結果をもとに，ジャックとモノーは次の**オペロンモデル**（誘導モデル）を提唱した（図9.4）．

*5 アロステリック変化は, *lac* オペロンのリプレッサーのように転写レベルで働くリプレッサータンパク質だけでなく，酵素活性の調節レベルでも働く．後者は一般にフィードバック阻害（feedback inhibition）と呼ばれ，これは最終産物がその合成経路の最初に位置する酵素の活性を直接に抑制する機構である．

① ラクトースの分解にかかわる *lacZ, lacY, lacA* 遺伝子の発現は転写レベルで負に制御されている．
② *lacZ, lacY, lacA* 遺伝子は一つのプロモーターと一つのオペレーターの支配下にあり，ポリシストロン性 mRNA として同時に転写される．
③ 誘導物質が存在しないときには, *lacI* 遺伝子座がコードする活性なリプレッサーがオペレーターに結合して，RNAポリメラーゼによる mRNA

9.3 溶原サイクルにおけるλプロファージの抑制

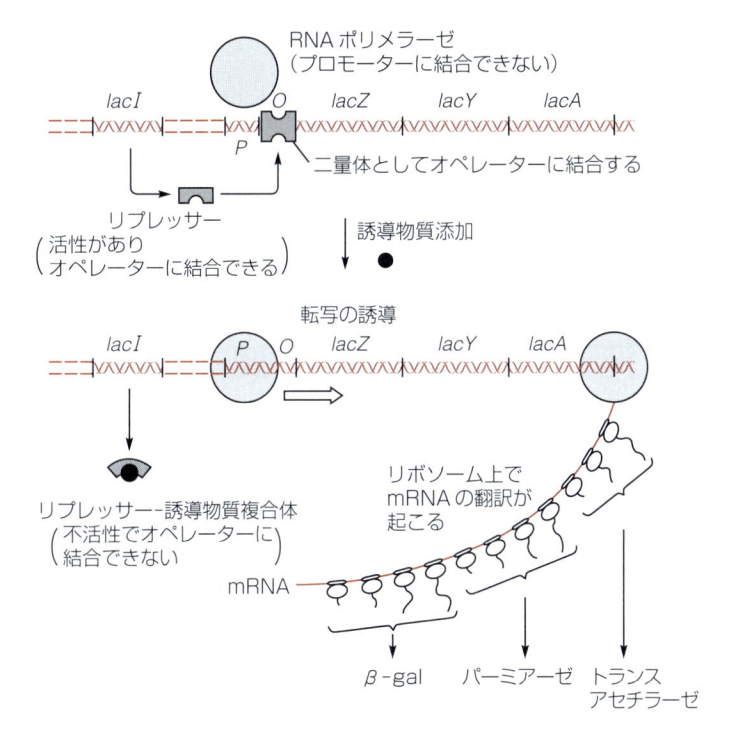

図 9.4　*lac* オペロンの誘導モデル
オペロンは，リプレッサー遺伝子（*lacI*），オペロンのプロモーター配列（*P*），オペレーター（*O*）と構造遺伝子（*lacZ*, *lacY*, *lacA*）から構成される．誘導物質が存在しないときには，リプレッサータンパク質がオペレーターに結合してオペロンの転写を抑制する．誘導物質が存在するときには，誘導物質がリプレッサータンパク質に結合して，これを不活性にしてオペロンの転写が開始される．

の合成が抑制される（抑制的）．

④ 誘導物質が存在するときには，リプレッサーに誘導物質が結合してリプレッサーのオペレーターへの結合が阻害され，RNA ポリメラーゼによる mRNA の合成が開始される（誘導的）．

⑤ *lacZ*, *lacY*, *lacA* 遺伝子およびプロモーターとオペレーターを含む転写調節領域はオペロンを構成する．

9.3　溶原サイクルにおけるλプロファージの抑制

ここでは，*lac* オペロンの概念と直結したλプロファージ誘導の制御について説明する．**λファージが溶原サイクル**[*6]**にあるときには，*cI* 遺伝子が働きリプレッサータンパク質が合成されて，ファージ DNA の複製，外被タンパク質の合成，ファージ粒子の組み立てなど，溶菌に必要なすべての遺伝子発現が停止する．*cI* 遺伝子の両側には，左側オペレーター（O_L）と右側オペレーター（O_R）という二つのオペレーター部位が存在し，それぞれが RNA ポ

*6　溶原サイクルと溶菌サイクルの区別については 6.5.3 項参照．

リメラーゼ結合部位と重なった三つのリプレッサー結合部位をもつ．リプレッサータンパク質(27 kD)がオペレーターに結合すると，右向きおよび左向きの転写が同時に抑制され，ファージはプロファージ状態を保持する(図9.5)．一方，cI 遺伝子が働かない条件が与えられると，二つのオペレーターから転写が誘導されて溶菌サイクル[*6]が再開される．したがって，プロファージ誘導に見られる制御は，lac オペロンの制御と本質的に同等の負の制御によることがわかる．

9.4 抑制オペロンと転写減衰

lac オペロンでは誘導物質と結合しないリプレッサーのみが活性をもち，オペレーターに結合できるが，リプレッサー－誘導物質複合体は不活性で結合できないから，この種のオペロンは誘導的である．一方，抑制オペロンでは，最終産物がコリプレッサーとして働く．コリプレッサーと結合していないリプレッサー(**アポリプレッサー**, aporepressor)は不活性でオペレーターに結合できず，リプレッサー－コリプレッサー複合体のみが活性をもち，オペレーターに結合できる．すなわち，抑制オペロンの発現は最終産物であるコリプレッサーによって抑制され，合成過程にかかわるオペロンとして理に

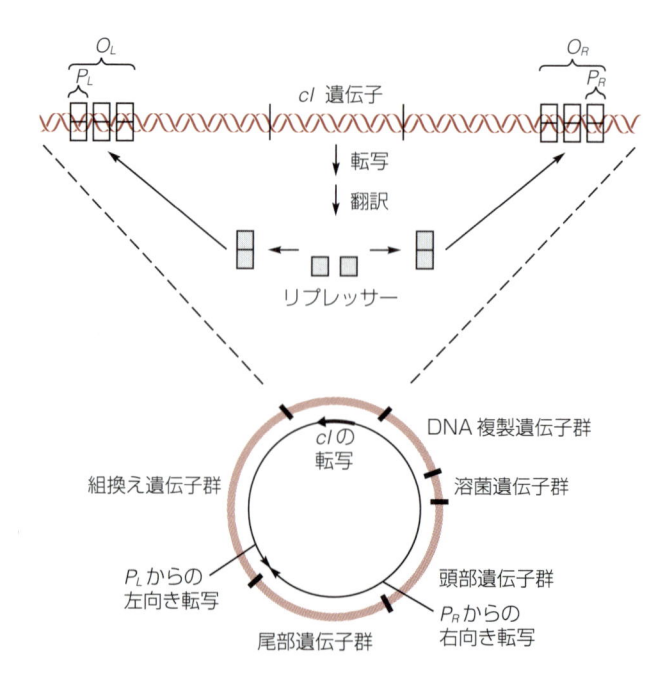

図 9.5　cI 遺伝子の発現による λ ファージの溶菌サイクルの停止と溶原化
cI 遺伝子がコードするリプレッサータンパク質が，両側にあるオペレーターに結合して両方向への転写を抑制する．二つのオペレーターには，それぞれパリンドローム構造(9.5節参照)をもつ三つのリプレッサー結合部位があり，一部がプロモーター配列と重なっている．

9.4 抑制オペロンと転写減衰

適っている（図 9.6）．抑制オペロンの代表は**トリプトファンオペロン**（*trp* operon）で，その発現調節機構は 1981 年にヤノフスキーらのグループによって明らかにされた．*trp* オペロンは，オペレーターを含むプロモーター領域と五つの構造遺伝子（*trpE*, *trpD*, *trpC*, *trpB*, *trpA*）から構成されるが，この他 *trpE* 遺伝子の上流に**リーダーペプチド**（leader peptide）と呼ばれる短いポリペプチドをコードする *trpL* 遺伝子が存在する．オペロンの転写抑制にかかわるリプレッサー遺伝子（*trpR*）は，*lac* オペロンの場合とは異なり，大腸菌染色体上で *trp* オペロンからずっと離れた位置に存在する（図 9.7）．

ここで，*trp* オペロンの転写制御にかかわる**転写減衰**（**アテニュエーション**，attenuation）について説明する．転写減衰とは，リプレッサーをつくれない突然変異体にトリプトファンを加えるとオペロンの転写活性が約 10 倍減少することから示唆された調節機構である．さらに *trpL* の特定領域が欠失するとオペロンの活性が高まる．翻訳過程が転写を調節する代表的な機構であ

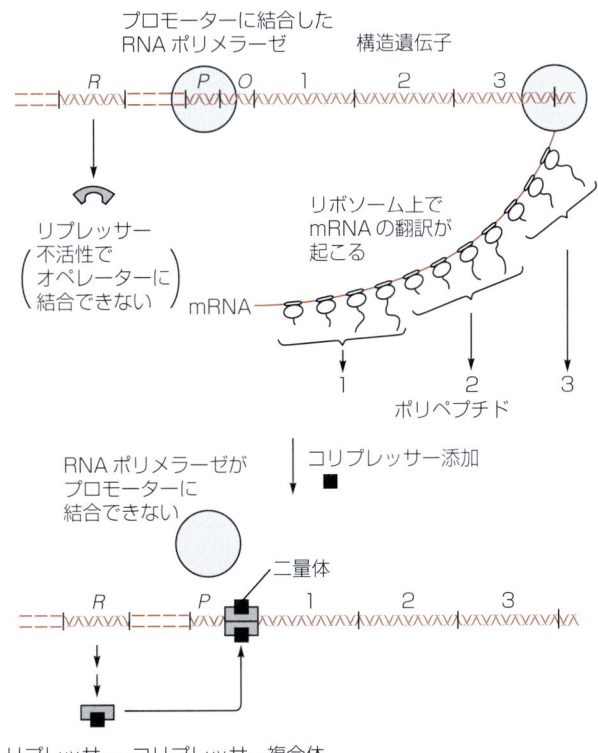

図 9.6 抑制オペロンモデル

最終産物（コリプレッサー）が存在し，リプレッサーと結合するときのみ，リプレッサータンパク質が活性化してオペレーターに結合し，オペロンの転写を抑制する．コリプレッサーが存在しないときは，オペレーターが空いてオペロンの転写が開始される．

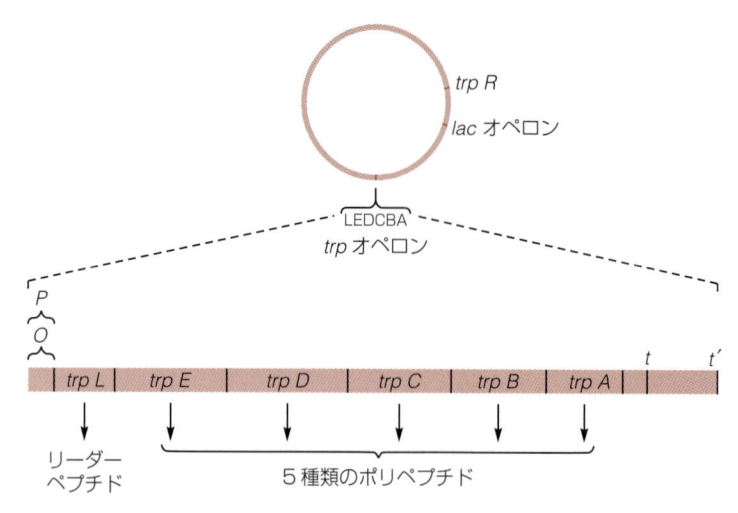

図9.7 trp オペロンの構造

オペロンは，プロモーター（P），プロモーター内部に重なったオペレーター（O），リーダー配列（trpL）と五つの構造遺伝子から構成される．リプレッサーであるtrpRは，大腸菌染色体上の離れた位置に存在する．t, t′は二つの転写停止配列．

る転写減衰による転写調節機構は次の通りである．trp オペロンの最上流にあるリーダー遺伝子のtrpLには，14アミノ酸からなるリーダーペプチドをコードする領域と，その下流に逆方向の対称性をもつ反復配列であるアテニュエーター配列（逆方向の反復配列は次のmRNA配列で示す．AGCCCGC-GCGGGCU）があり，さらに下流のtrpE遺伝子につながっている（図9.8）．細菌では，通常の転写終結信号は逆方向の対称性をもつ反復配列と，それに続く四つから八つのGC塩基対からなっている（図9.9）．アテニュエーターの構造はこの終結信号とよく似ており，分子内対合による**ヘアピン構造**（hairpin structure）をとる．trp オペロンでは，アテニュエーターのこの部分が転写されると，同様にヘアピン構造が生じ，これがRNAポリメラーゼ複

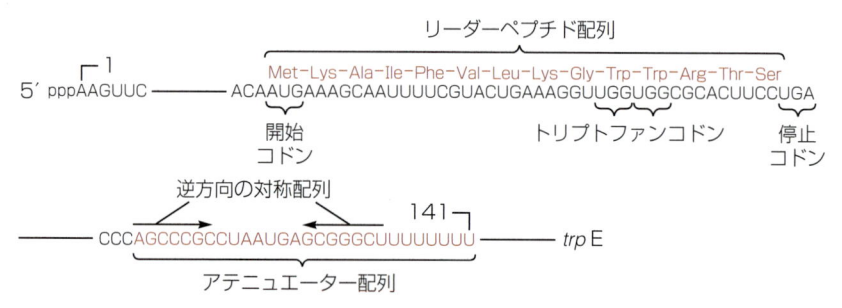

図9.8 trp オペロンのリーダー配列（trpL）とアテニュエーター配列を含むmRNAの構造

14アミノ酸からなるリーダーペプチドには二つのトリプトファンが含まれる．アテニュエーター配列には逆方向の対称性をもつ反復配列が存在する．

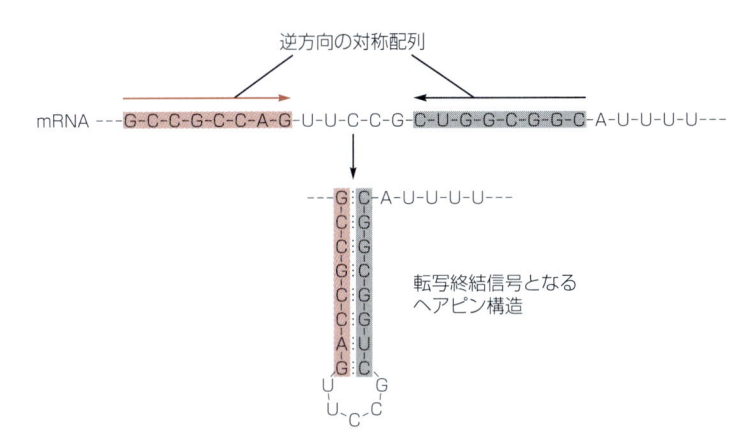

図 9.9 ヘアピン構造をとる細菌の転写終結信号

合体に高次構造の変化を引き起こして転写を終了させる．この機構には次の三つの事柄が密接にかかわっている．

① 核膜をもたない原核生物では，転写と翻訳が同時に進行し，翻訳の進行状況が転写に影響を与える[*7]．

② *trpL* の下流には，二つのヘアピン構造，つまり 74(C)–85(U) 対 108(A)–119(G) および 114(A)–121(C) 対 126(G)–134(U) をとる配列が存在するが，実際の一つの状況下ではそのうち一つのみが生じうる．もし 74–85 対 108–119 が対合すると，大きなヘアピン構造(74–119)ができて，その下流に転写終結ヘアピンがつくられず転写が継続する．一方，114–121 対 126–134 が対合して小さなヘアピン構造(114–134)が生じると，これが転写終了のヘアピン構造として働いてオペロンの転写が終結する(図 9.10)．

③ 重要なことに，リーダーペプチドには二つの連続したトリプトファンが含まれている．したがって，もし細胞中にトリプトファンが十分量あれば，リボソームはリーダーペプチドを終止コドンまで翻訳することができ，大きなヘアピン構造の形成が妨げられ，そのかわりに転写終結の小さなヘアピン構造が形成されて転写が終了する．一方，トリプトファンがなければ，リボソームはトリプトファンコドンの場所で移動を止めて，大きなヘアピン構造が形成され，小さなヘアピン構造の形成が阻害されて転写が継続する．転写減衰による転写活性の調節は約 10 倍だから，抑制解除による 70 倍の調節と統合すると，約 700 倍の遺伝子発現調節が *trp* オペロンでは可能となる．

[*7] 核膜をもつ真核生物では転写と翻訳は共役していない，すなわち転写は核内，翻訳は細胞質で行われる．さらに翻訳レベルでも遺伝子発現が制御されうる．

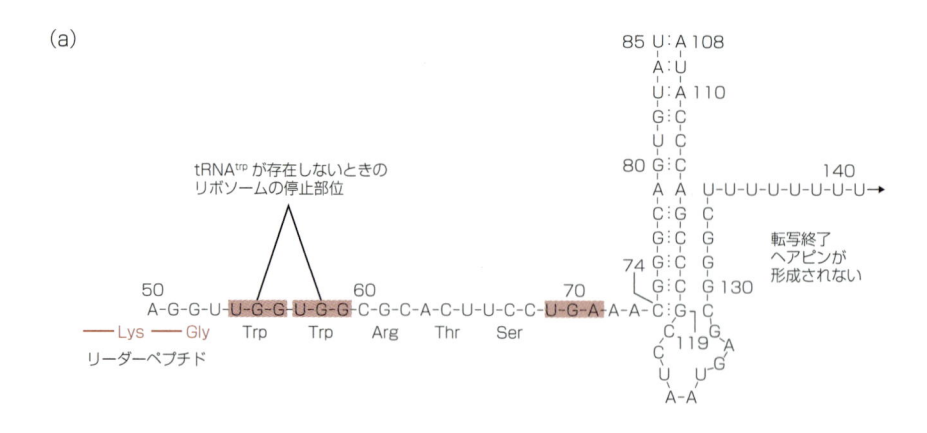

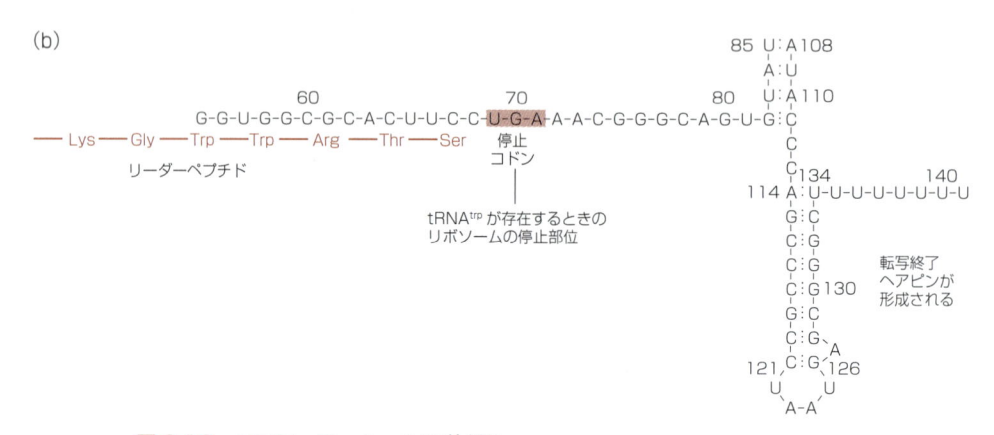

9章 原核生物の遺伝子発現調節機構

図9.10 アテニュエーションの仕組み
(a) トリプトファンが存在しないときには，転写はアテニュエーターを越えて進行する．
(b) トリプトファンが存在すると，転写はアテニュエーターでストップし，転写終結信号（小さなループ）が生じて転写が終了する．

9.5 lac オペロンの正の制御

ここでは，グルコースを介した lac オペロンの正の制御について解説する[*8]．大腸菌をラクトースとグルコースを含む培地で育てると，菌はグルコースを消費し尽くすまではラクトースを分解する必要がなく，lac オペロンは働かない．グルコース効果の機構は次の通りである（図9.11）．

グルコースが存在すると，細胞内のセカンドメッセンジャー分子として知られる**サイクリック AMP**（**cAMP**, cyclic adenosine 3′,5′-monophosphate）の濃度が下がる．これは，cAMP の合成酵素であるアデニル酸シクラーゼ（adenylate cyclase）の活性が低下し，一方で cAMP の分解酵素であるホスホジエステラーゼの活性が上昇するためである．ところでグルコース効果には，cAMP と CAP（catabolite activator protein）または CRP（cAMP receptor

[*8] すでに学んだように，糖の代謝に関与する lac オペロンなどでは，グルコースによってその発現が抑えられること，すなわちグルコースは他の糖類よりも炭素源としてよく利用されることがよく知られていた．この現象は，グルコース効果あるいは異化産物抑制（catabolite repression）と呼ばれる．

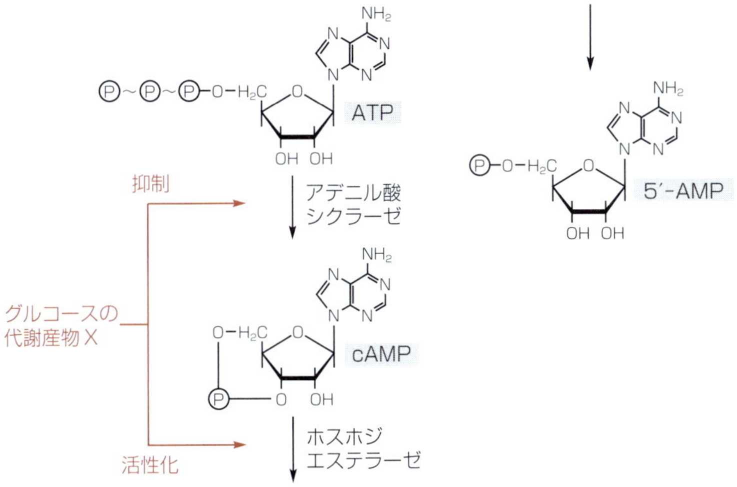

図 9.11　グルコースによる細胞内の cAMP 濃度の調節と lac オペロンの制御
グルコースの代謝産物は，アデニル酸シクラーゼを抑制し，ホスホジエステラーゼを活性化して，cAMP 濃度を減少させ，lac オペロンの転写を抑制する．

protein) と呼ばれるタンパク質が関与することがわかっている．CAP は**アポ誘導物質** (apoinducer) であり，それ自身では誘導物質としての活性をもたないが，cAMP との複合体である cAMP-CAP 複合体を形成すると活性化する．一方，lac オペロンが働くには，cAMP-CAP 複合体が lac プロモーター (lacP) に結合する必要がある．さらに，lacP には RNA ポリメラーゼ結合部位と CAP-cAMP 複合体結合部位の二つが存在する（図 9.12）．したがって，細胞内のグルコース濃度が上昇して cAMP 濃度が下がると，cAMP-CAP 複合体が lacP に結合できず，lac オペロンは働かない．cAMP-CAP 複合体による lac オペロンの転写促進は，遺伝子発現の正の制御の一つである．なお，CAP-cAMP 複合体の結合部位は，RNA ポリメラーゼが結合する lacP のすぐ上流にあるが，ここには TGTGAGTTAGCTCACTCA および ACACTCAATCGAGTGAGT からなる**パリンドローム（回文）構造** (palindrome structure) が見られる．

　ジャコブとモノーの lac オペロンの解析およびヤノフスキーらの trp オペロンの解析から明らかになった，ファージや細菌の遺伝子発現調節に見られる重要な原則は次の通りである[*9]．

① タンパク質の構造を決定する構造遺伝子の発現は，制御遺伝子および制御配列によって転写レベルで調節されている．
② 転写レベルでの遺伝子発現制御には，負の制御（デフォルト状態がオン，すなわちオフでなければオン）と正の制御（デフォルト状態がオフ，す

[*9] 真核生物では遺伝子はオペロンを構成しない．各遺伝子は，転写活性化タンパク質が遺伝子近傍にあるエンハンサー配列と相互作用することで制御される（10 章参照）．

なわちオンでなければオフ)の2通りがある.
③ 負の制御には，分解代謝にかかわる酵素の合成を調節する誘導的制御と，合成代謝にかかわる酵素の合成を調節する抑制的制御の2通りがある.
④ 誘導的制御では，リプレッサーを誘導物質が不活性化してmRNAの合成が誘導される.
⑤ 抑制的制御では，リプレッサーを産物のコリプレッサーが活性化してmRNAの合成が抑制される.

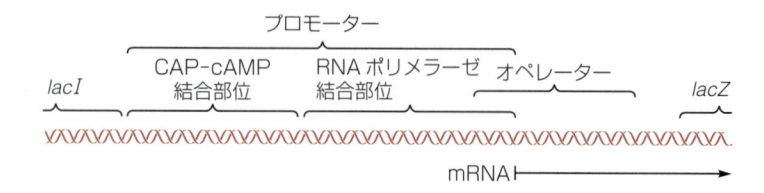

図9.12　lacオペロンのプロモーターおよびオペレーターの部位
cAMPの濃度が上昇するとCAP-cAMP複合体がCAP-cAMP結合部位に結合し，プロモーター活性が高まって転写が促進される．すなわち，lacオペロンはCAP-cAMP複合体によって正の制御を受ける．

練習問題

1 誘導酵素と抑制酵素の特徴を，遺伝子発現調節と関連させて説明しなさい．

2 グルコース効果とは何か．それは細菌にとってどのような意味をもつか．

3 オペロンを構成する次の遺伝子あるいはDNA配列に突然変異が起こると，どのような表現型が現れるか．
　① 制御遺伝子，② プロモーター，③ オペレーター，④ 構造遺伝子

4 次の部分二倍体の表現型は何か．
　① $F'lacI^+\ lacP^-\ lacO^+\ lacZ^-/lacI^+\ lacP^+\ lacO^c\ lacZ^+$
　② $F'lacI^+\ lacP^-\ lacO^c\ lacZ^+/lacI^+\ lacP^+\ lacO^+\ lacZ^-$
　③ $F'lacI^-\ lacP^+\ lacO^+\ lacZ^-/lacI^-\ lacP^+\ lacO^+\ lacZ^+$
　④ $F'lacI^+\ lacP^-\ lacO^+\ lacZ^+/lacI^-\ lacP^+\ lacO^+\ lacZ^+$
　⑤ $F'lacI^+\ lacP^+\ lacO^c\ lacZ^+/lacI^-\ lacP^+\ lacO^+\ lacZ^-$
　⑥ $F'lacI^+\ lacP^+\ lacO^+\ lacZ^+/lacI^+\ lacP^+\ lacO^c\ lacZ^-$

5 ジャコブとモノーが提唱したオペロン説とは何か．lacオペロンを例に解説しなさい．

6 trpオペロンの抑制制御機構はどのようなものと考えられるか．lacオペロンと対比して答えなさい．

7 trpオペロンなど，抑制オペロンに見られるアテニュエーションという遺伝子発現制御の仕組みはどのようなものか．この生物学的意義は何か．

8 lacオペロンに見られる正の制御機構を説明しなさい．

10章 真核生物の遺伝子発現調節機構

　真核生物(eukaryote)は，発育段階・分化過程や環境の変化に応答して，遺伝子の発現を調節している．真核生物での遺伝子発現調節には，細菌をはじめとする原核生物で見られる転写時および転写後の調節に加えて，いくつかの特徴的な機構がある．この章では，真核生物の遺伝子発現調節機構について学ぶ[*1]．

*1 原核生物の遺伝子発現調節機構については9章参照．

10.1 真核生物の転写

　真核生物[*2]は原核生物(prokaryote)とは異なり，3種類の**DNA依存性RNA合成酵素**(RNAポリメラーゼ：pol Ⅰ，Ⅱ，Ⅲ)をもつ(表10.1)．原核生物は転写開始因子としてσ因子しか必要としないが，真核生物ではTFⅡB (transcription factor for RNA polymeraseⅡ, subunit B)，TFⅡD，TFⅡE，TFⅡF，TFⅡHなどを必要とする．RNAポリメラーゼと転写開始因子を総称して**基本転写因子**(basic transcription factor)と呼ぶ．

*2 細胞内に核膜で囲まれた核構造をもつ生物．遺伝物質であるDNAの存在様式，遺伝子の構造，転写および翻訳システムなどが原核生物のそれとは明らかに異なる．

表10.1　真核生物がもつ3種類のRNAポリメラーゼ

RNAポリメラーゼ	転写される遺伝子の種類
Ⅰ	rRNA遺伝子
Ⅱ	タンパク質をコードする遺伝子，snRNA*遺伝子
Ⅲ	5S rRNA遺伝子，tRNA遺伝子，分子量の小さいRNAの遺伝子

* snRNAについては10.2.2項参照．

　試験管内(*in vitro*)では，pol Ⅱと基本転写因子があれば，DNAを鋳型としてmRNAの**転写**(transcription)が行われる．しかし生体内(*in vivo*)では，真核生物のDNAはクロマチン構造をとっており，基本転写因子以外にも，介在複合体，DNA結合調節タンパク質などの転写調節因子，クロマチン再

構築複合体，クロマチン修飾酵素などが必要になる(10.4節参照). そこでまず, *in vitro* の基本機構を見たうえで, さまざまな因子が働く発現調節システムの概要を学ぶ.

10.1.1 pol IIによる転写の開始

真核生物の遺伝子の**プロモーター**(promoter, 転写開始部位)には, pol IIによって正確に転写されるために必要な**コアプロモーター**(core promoter)と呼ばれるシス配列[*3]が存在する. コアプロモーターは通常40 bp程度の長さで, 転写開始点(図10.1の+1)の上流にも下流にも存在する. コアプロモーターは, TFIIB識別配列(BRS), TATAボックス(TATA), イニシエーター(Inr), 下流プロモーター(DP)からなり, 通常これらのうち二つか三つがプロモーターに含まれる(図10.1). 加えて遺伝子の転写の特異性を制御する調節配列が存在するが, これについては10.4節で解説する.

*3 ある遺伝子に対して同じDNA鎖上に位置する転写調節配列をシス配列と呼ぶ. これに対して, シス配列に結合して遺伝子の発現を調節する他の遺伝子座の産物(タンパク質)をトランス因子と呼ぶ.

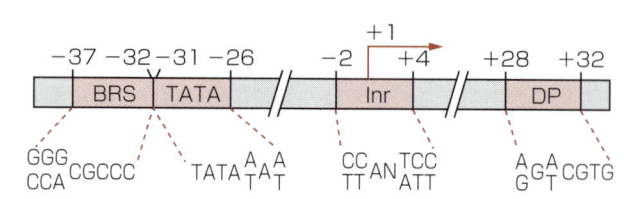

図10.1 pol IIコアプロモーター
BRS: TFIIB-recognition sequence, TATA: TATA box, Inr: initiator, DP: downstream promoter.

(1) 開始前複合体の形成

真核生物では, 複数の**転写因子**(transcription factor)が共同して転写を行う. 転写因子はプロモーター上に集合し, RNAポリメラーゼがプロモーターに結合するのを助ける. プロモーター上に集合して転写開始を準備できた転写因子とpol IIとの複合体を**開始前複合体**(pre-initiation complex)と呼び, これがコアプロモーター上に集合する. 集合は, 転写開始点を+1として, 約30塩基対ほど上流(−30)に存在するTATAボックスにTFIIDが結合することから始まる. TFIIDのサブユニットのうち, TATAボックスに結合するものを**TBP**(TATA-box binding protein)と呼ぶ. その後, TFIIAとTFIIBが集合し, TFIIFの結合したpol II複合体(**ホロ酵素**, holoenzyme)がプロモーター領域のDNAに結合するのを助ける(10.4.3項参照). さらに他のサブユニットが集合し, DNAの二重らせんをほどく役割を担う. ホロ酵素がプロモーターから脱出すると, RNAの合成伸長過程に入る.

10.1.2 mRNAのプロセシング

pol IIにより転写されたmRNAは, その伸長過程で5′末端のキャップ形成,

イントロンのスプライシング(10.2 節参照), 3′末端のポリアデニル化などの修飾(プロセシング)を受けて, 成熟した mRNA として完成する.

(1) mRNA の 5′末端キャッピング

RNA が 30 ヌクレオチド程度合成された後, 5′末端にメチル化グアニン (7′-MeG)が付加される**キャップ形成**(capping)が始まる(図 10.2). 5′末端キャッピングは, mRNA の 5′末端から γ 位にあるリン酸基の RNA トリホスファターゼによる除去, グアニル酸転移酵素による GTP の付加, メチル基転移酵素によるグアニル酸の 7′位へのメチル基の付加で完成する. GTP と RNA の結合は, 通常とは異なる 5′-5′結合である.

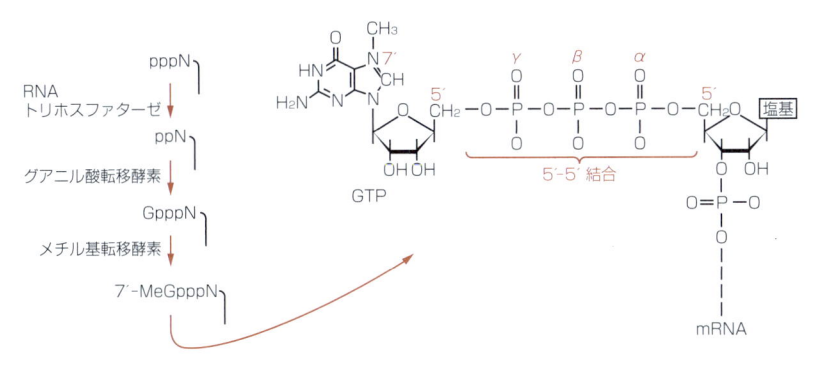

図 10.2 真核生物 mRNA のキャップ形成
図の左部分で pppN は mRNA の 5′末端, Gppp は GTP 分子を示す.

(2) ポリアデニル化

真核生物の mRNA の 3′末端は, 一般に**ポリアデニル化**(polyadenylation)される. mRNA の 3′末端付近にポリ(A)[*4]付加シグナルという特異的な塩基配列が存在し, これを指標にしてポリ(A)ポリメラーゼを含むポリ(A)付加複合体が集合する. 複合体の働きにより 3′末端に約 200 ヌクレオチド程度のポリ(A)が付加される(図 10.3).

10.1.3 pol I と pol III による転写

pol I と pol III は, pol II とは異なった方法で転写の開始と終結を行う. pol I のコアプロモーターは −45 から +20 の領域にあり, −100 から −200 付近には pol I の結合と転写の開始を制御するシス配列が存在する. 転写の終結は, さらに下流, 約 1000 bp に存在する 18 bp の**コンセンサス配列**(consensus sequence, 共通配列)をシグナルとして用いる.

pol III のプロモーターは, 転写される遺伝子の**内部制御領域**(inner promoter)に存在するという特徴をもつ. 転写の終結は, 遺伝子のすぐ下流の A が連続する箇所で起こる.

[*4] ポリアデニル酸はポリ(A)と表される. ポリ(A)の付加は mRNA の安定化にかかわると考えられている.

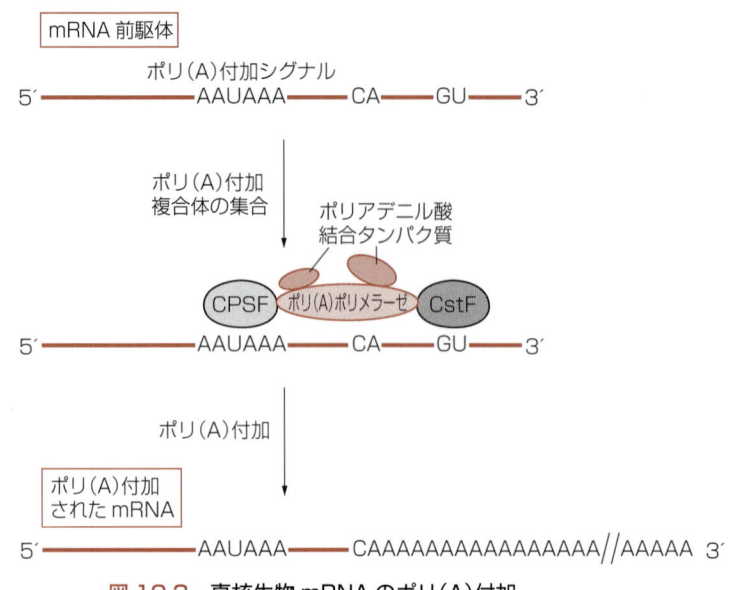

図10.3　真核生物mRNAのポリ(A)付加
GUはGUに富む配列，CPSFは切断・ポリアデニル化特異性因子，CstFは切断促進因子を示す．

10.2　分断遺伝子とRNAスプライシング

　mRNAの形成は，遺伝子DNAの塩基配列を忠実に写しとることで行われると考えられていた．だが，真核生物のmRNAの塩基配列を決定してみると，ゲノムの塩基配列の一部しかもたないものが多数を占めていることがわかった[*5]．mRNAにあってアミノ酸に翻訳される配列を**エキソン**(exon)[*6]，mRNAが成熟する過程で切りとられるエキソン間の配列を**イントロン**(intron)と呼ぶ．真核生物の多くの遺伝子は，エキソンがイントロンにより

[*5]　遺伝子DNAの塩基配列と，それと対応するmRNAから作成したcDNA(11.5節および15.2節参照)の配列を比較することでわかる．

[*6]　成熟したmRNAを構成する部分．翻訳領域だけでなく非翻訳領域(untranslated region: UTR)も含まれる．成熟mRNAの5′側UTRを5′-UTR, 3′側を3′-UTRと呼ぶ．

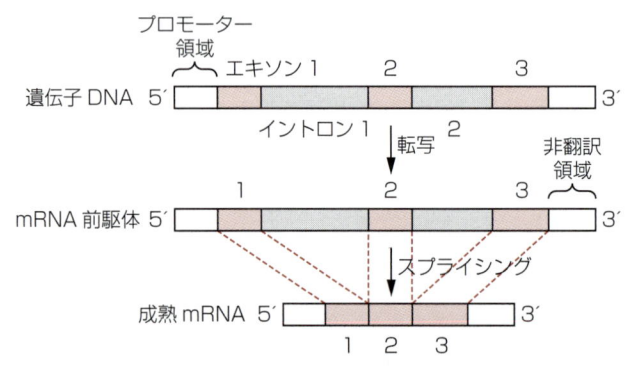

図10.4　イントロンをもつ真核生物の典型的な遺伝子の構造
プロモーターから転写され，mRNA前駆体が形成される．このmRNA前駆体がスプライシングを受け，成熟mRNAが形成される．

分断されている（図10.4）．遺伝子によってイントロンの数と長さはまちまちである．イントロンをもつ遺伝子では，一次転写産物であるmRNA前駆体のエキソン−イントロン境界で正確にイントロンが切り出されなければならない．この過程を**スプライシング**（splicing）と呼ぶ．

10.2.1　mRNAのスプライシング

真核生物の遺伝子の大部分では，mRNA前駆体のエキソン−イントロン境界領域に特定の目印となる塩基配列が見られる．境界領域に見られる共通塩基配列を図10.5(a)に示す．この配列は一定のルールに従うが，これをイントロンの5′, 3′の配列をとって**GU−AGルール**と呼ぶ．イントロン内の中間からやや3′寄りにある分岐部位にAが存在する．

スプライシングは，連続した2回のエステル転移反応により，mRNA前駆体のホスホジエステル結合が切断され，新しい結合が形成されることにより完成する．まず，分岐部位にあるAの2′−OHがエキソン−イントロン境界領域の塩基に作用し，イントロンの5′末端のGのホスホリル基を攻撃する．その結果，エキソン−イントロン境界のホスホジエステル結合が切断され，イントロンの5′末端が分岐部位のAと結合する．A→G結合は2′→5′結合で，通常の3′→5′結合ではない．続いて，この5′側エキソンの新たに遊離した

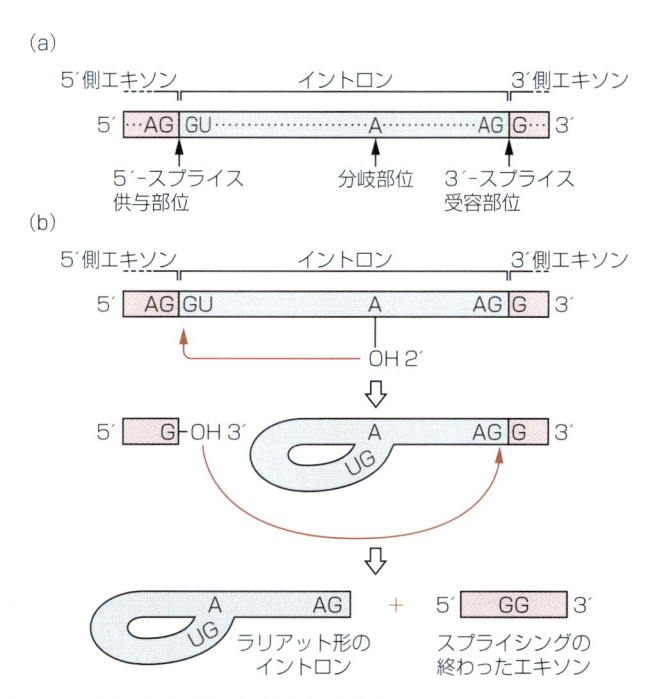

図10.5　GU−AGイントロンのスプライシング
(a)イントロン−エキソン境界領域の構造．(b)GU−AGイントロンのスプライシングの概要．

3′-OH が，3′側スプライス部位のホスホリル基を攻撃する結果，5′側と 3′側のエキソンが連結され，イントロンが**投げ縄（ラリアット）構造**（lariat structure）をとって切り離される〔図10.5(b)〕．

10.2.2　スプライソーム
(1) スプライソームの構成

　スプライシングは，**スプライソーム**（spliceosome）という巨大な分子複合体で行われる．この分子複合体は，5種類の RNA と約 150 個のタンパク質分子からなり，リボソームほどの大きさである．スプライシング反応を担う 5 種類の RNA（U1, U2, U4, U5, U6）は**核内低分子 RNA**（small nuclear RNA：snRNA）と呼ばれ，いずれも 100〜200 塩基程度である．snRNA は数個のタンパク質と結合して，核内低分子リボ核タンパク質（small nuclear ribonucleoprotein：snRNP）複合体を形成している．snRNP 以外のタンパク質もスプライソームに多く含まれ，独自の役割を果たしている．

(2) スプライシング反応

　図 10.6 にスプライシングの過程を示す．まず，mRNA 前駆体の 5′スプライス供与部位に U1 が結合する．続いて U2 が分岐部位の A に結合し，U4-U5-U6 複合体が U1，U2 に結合する．次に U1，続いて U4 が抜け，U6-U5-U2 が相互作用して活性部位が生じる．活性部位の作用により，イントロン部位が投げ縄構造をとって切り出される．

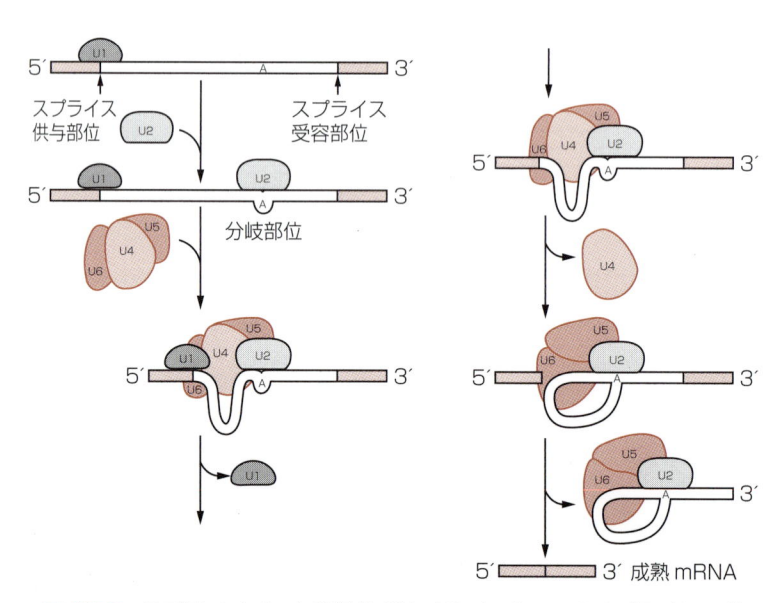

図 10.6　スプライソームが行う GU-AG イントロンのスプライシング

10.2.3 自己スプライシング型イントロン

スプライソソームの作用によりイントロンを切り出す遺伝子の他に，RNA分子自身の作用により**自己スプライシング**（self-splicing）を行う遺伝子がある（表10.2）．

表10.2 代表的な自己スプライシング型イントロン

種類	存在する場所	機構	触媒反応
核内mRNA前駆体	大部分の真核生物の遺伝子	分岐部位のAを介したエステル転移反応	スプライソソーム
グループIIイントロン	一部の細胞内小器官の遺伝子，原核生物の遺伝子	分岐部位のAを介したエステル転移反応	自己触媒（リボザイム）
グループIイントロン	一部の真核生物のrRNA遺伝子，細胞内小器官の遺伝子，少数の原核生物遺伝子	分岐部位のGを介したエステル転移反応	自己触媒（リボザイム）

自己スプライシングとは，RNA前駆体中のイントロン自身が特殊な構造に折りたたまれ，切り出される自己触媒反応である．自己スプライシング作用をもつ，すなわち**リボザイム**（ribozyme）[*7]**活性**のあるイントロンはグループIとIIに分けられる．グループIIイントロンは，スプライシングの化学反応と生成されるRNA反応物については核内mRNA前駆体のものと同じであるが，スプライソソームを必要とせず，イントロンは投げ縄構造をとって切り出される．一方，グループIイントロンの分岐部位はAではなくGである．Gがポケット様構造をとって5'スプライス供与部位を攻撃する．イントロンは投げ縄構造ではなく線状の構造をとって切り出される．

[*7] 触媒活性をもつRNA分子をリボザイムという．

10.3 RNA編集

遺伝子の転写後調節である**RNA編集**（RNA editing）には，部位特異的な**塩基置換**（base substitution）と**ガイドRNA**（guide RNA）を介した塩基の挿入・欠失の2種類がある．

塩基置換としてよく研究されているのは，哺乳類のアポリポタンパク質B[*8]遺伝子の例で，脱アミノ反応によりmRNAのコドン2153番めのシトシンがウリジンに変換される．この脱アミノ反応は組織特異的に調節される．すなわち，腸細胞では編集の結果，終止コドンが生成され，短いタンパク質B48が翻訳されるが，肝細胞では編集は起こらず，長いタンパク質B100が翻訳される〔図10.7(a)〕．

ガイドRNAを介した例は，原生動物の一種であるトリパノゾーマのミト

[*8] 肝細胞でつくられる長いタンパク質はアポリポタンパク質B100と呼ばれ，血液に分泌されて，脂質を体の各部へ運ぶ役割を担う．腸細胞の短いタンパク質はB48と呼ばれる．

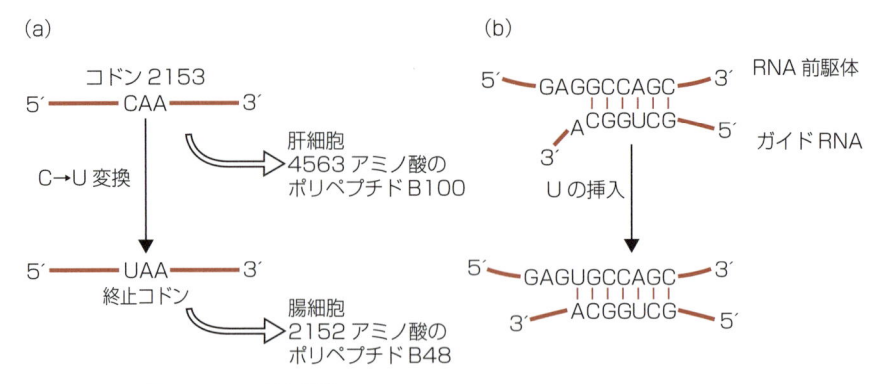

図 10.7　RNA 編集
(a) ヒトのアポリポタンパク質 B mRNA の塩基置換型の RNA 編集.
(b) トリパノソーマのミトコンドリア mRNA の塩基挿入型の RNA 編集.

コンドリア遺伝子で起こる．低分子のガイド RNA の作用により，もとの mRNA に過剰な塩基 U が挿入されたり〔図 10.7(b)〕欠失が起こったりする．

　RNA 編集は，核遺伝子，細胞内オルガネラにある色素体遺伝子とミトコンドリア遺伝子のいずれでも見られる．とくにトリパノソーマ（おもに挿入・欠失型）と被子植物のミトコンドリア遺伝子（おもに C→U の置換型）で高頻度の編集が観察される（13 章参照）．

10.4　遺伝子の発現調節
10.4.1　転写開始時における調節

　遺伝子の転写活性を調節する個々のタンパク質が結合する部位を**調節タンパク質結合部位**（regulator-binding site），調節タンパク質が結合するすべての DNA 領域を**調節 DNA 配列**（regulatory DNA sequence）と呼ぶ．多細胞生物の調節 DNA 配列は，プロモーターの上流と下流に数千ヌクレオチド

Column

奇妙な遺伝子システムが集まるミトコンドリア

　真核生物に細胞内共生した原核生物を起源とする細胞内小器官のミトコンドリア（13 章参照）は，奇妙な遺伝子システムを集積させている．たとえば，ユニバーサルコドンから外れた方言をコドンとして使い，読み枠をずらして遺伝子をコードし，セルフスプライシングするグループⅡイントロンをもち，RNA 編集が高頻度で起こる．また，動物では塩基の挿入が，高等植物では塩基置換（大部分が C→U 変換）がしばしば生じる．高等植物では，複雑なゲノム構成（複数の DNA 分子種が観察される）をもち，他ゲノム由来のプロミスカス（promiscuous）DNA をもっている．ミトコンドリアは実に不思議なワンダーランドであり，呼吸ばかりでなく，アポトーシス，老化，筋萎縮症，細胞質雄性不稔などの多くの生命現象に重要な役割を果たすことが明らかになっている．

にも広がり，数十個もの調節タンパク質結合部位から構成されることもある．哺乳類の遺伝子では数十 kbp も離れた位置に調節タンパク質結合部位が存在することもある．これらの結合部位は，まとめて**エンハンサー**(enhancer)と呼ばれる．エンハンサーとプロモーターの間には**インスレーター**(insulator)と呼ばれる別の調節 DNA 配列が存在し，遺伝子の転写活性を抑制する（10.5 節参照）．

10.4.2 調節タンパク質

調節タンパク質(regulatory protein)または転写因子は，DNA 結合ドメインと活性化ドメインをもつ．二量体で DNA に結合することが多い．DNA 結合ドメインで調節タンパク質結合部位に結合し，活性化ドメインで他のタンパク質と相互作用をして転写装置を活性化する．代表的な調節タンパク質の例を次にあげる．

(1) ホメオドメインモチーフ[*9]

ヘリックス・ターン・ヘリックス構造(helix-turn-helix structure)をもつ DNA 結合ドメインの一種で，多くはヘテロ二量体として DNA に結合する．

[*9] タンパク質のある構造を決定する一定の要素をモチーフという．

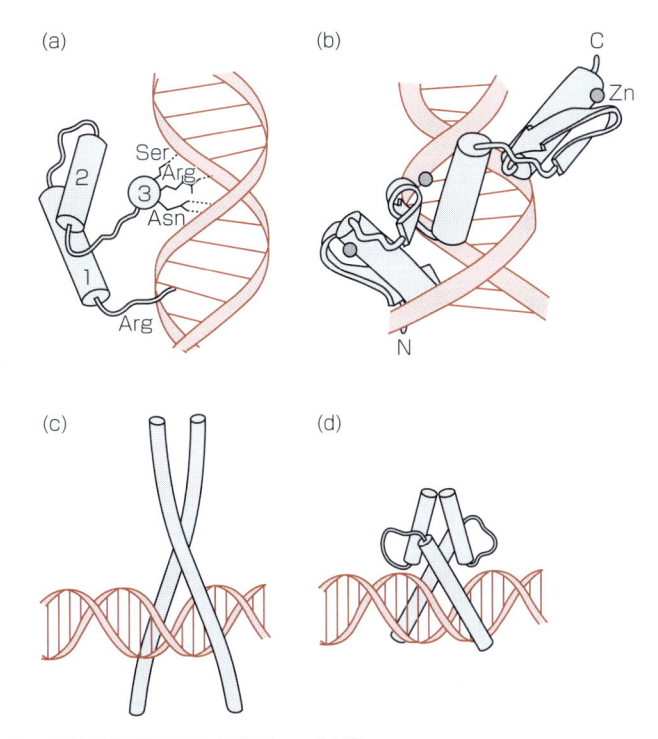

図 10.8 真核生物遺伝子の調節タンパク質
(a) ホメオドメインモチーフ(homeodomain motif)，(b) ジンクフィンガードメインモチーフ(zinc finger domain motif)，(c) ロイシンジッパードメインモチーフ(leucine zipper domain motif)，(d) ヘリックス・ループ・ヘリックスモチーフ(helix-loop-helix motif)．

ショウジョウバエの発生プログラム，酵母の接合型を制御する遺伝子などを制御する〔図10.8(a)〕．

(2) ジンクフィンガードメインモチーフ

亜鉛原子(Zn)がDNA結合領域のポリペプチド鎖と複合体を形成する構造をもつ．rRNA遺伝子の発現に関係するTFⅢAや酵母の活性化因子GAL4に見られるジンククラスタードメインが相当する〔図10.8(b)〕．

(3) ロイシンジッパードメインモチーフ

αヘリックスの表面に線上に並ぶよう配置されている一連のロイシンからなる．二量体タンパク質を形成する面とDNAに結合する面が組み合わさったモチーフである．酵母の転写活性化因子GCN4などに見られる〔図10.8(c)〕．

(4) ヘリックス・ループ・ヘリックスモチーフ

二つの単量体のαヘリックスがDNAの主溝に挿入される．DNAの溝に入り込むαヘリックスとは別に，より短いαヘリックスが組み合わさって二量体形成にかかわっている．真核生物の多くの転写活性化因子に見られる〔図10.8(d)〕．

10.4.3　転写調節因子の働き

生体内のDNAはヌクレオソームやクロマチン構造をとっているため(4.1節参照)，転写の開始には**転写活性化因子**(transcriptional activator protein)の働きにより，クロマチンの凝縮をほどいたり，基本転写装置をプロモーター領域に呼び込んだりする必要がある．

(1) 転写活性化因子による基本転写装置の招集

エンハンサー領域に結合した転写活性化因子と転写装置の一部との相互作用が，基本転写装置をプロモーター領域に招集(リクルート)するのを仲介する．この相互作用にかかわる複合体をTFⅡD複合体と呼ぶ．TFⅡD複合体は，一方でRNAポリメラーゼ複合体(polⅡ複合体)に結合し，もう一方では転写

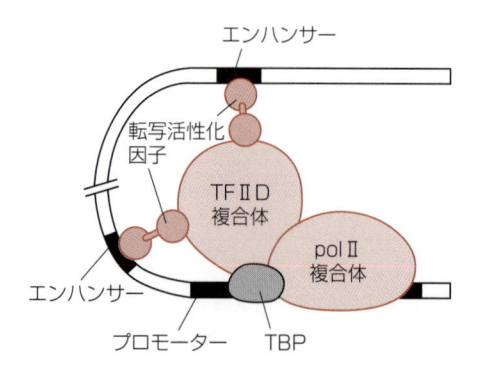

図10.9　転写活性化因子による基本転写装置の招集

活性化因子に結合する（図10.9）．

(2) 転写活性化因子によるクロマチン構造の変化

基本転写装置をプロモーター領域にリクルートするには，クロマチンを再構築するタンパク質複合体が必要であり，これを**クロマチン再構築複合体**（chromatin-remodeling complex：CRC）と呼ぶ．クロマチン再構築複合体は，転写活性化因子が結合するエンハンサーやTATAボックス結合タンパク質（TBP）が結合する領域をヌクレオソームから露出させる．さらにヌクレオソームの修飾酵素として，**ヒストンアセチル基転移酵素**（histon acetyltransferase：**HAT**），クロマチン再構築複合体の2種類がある（図10.10）．転写活性化因子がヌクレオソームのエンハンサー領域に結合するが，この段階ではプロモーター領域はクロマチンの内部に埋もれていて基本転写装置が接近できない．転写活性化因子がHATを呼び寄せ，HATの作用によりヒストンにアセチル基が付加されると，ヒストンとヌクレオソームの相互作用が変化し，クロマチン構造がゆるむ〔図10.10(a)〕．転写活性化因子がCRCを招集し，プロモーター領域周辺のヌクレオソームの構造を変化させ，基本転写装置を結合しやすくさせる場合もある〔図10.10(b)〕．

(3) インスレーターによる遺伝子発現調節

遠く離れたエンハンサーの作用を制御するシステムが存在する．エンハンサーとプロモーターの間に**インスレーター**（insulator）が存在し，インスレーター結合タンパク質が結合すると，エンハンサー活性を抑制し，プロモーターとの相互作用を妨害する．インスレーター結合タンパク質は，ヒストンの修飾によるヘテロクロマチン化を通じた転写の**サイレンシング**（silencing，抑制）にも働いている．

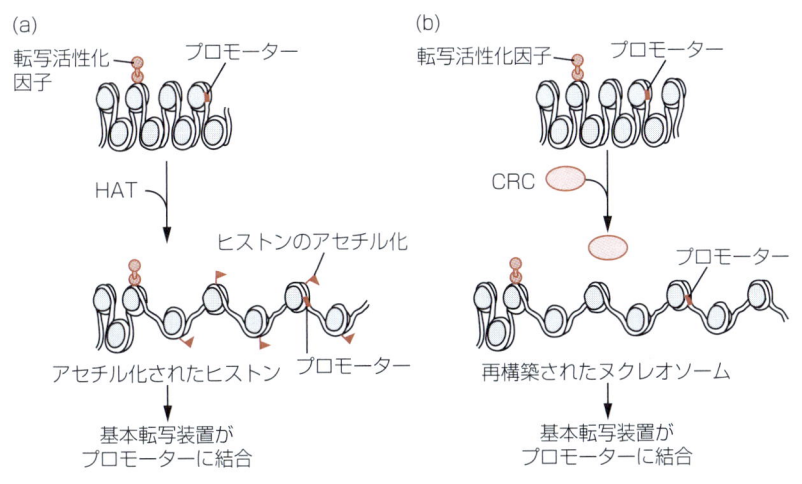

図10.10 転写活性化因子が結合したクロマチン構造の変化
(a) HATによるヌクレオソームの脱凝縮の誘導，(b) CRCによるヌクレオソームの構造変化と基本転写装置の誘導．

10.4.4 真核生物における遺伝子発現の抑制因子

転写活性化因子による遺伝子発現の誘導について見てきたが，原核生物と同様に真核生物においても，遺伝子発現の抑制システムがいくつか存在する．すなわち，抑制因子が遺伝子のエンハンサー近傍に結合して，エンハンサーの機能を抑制したり，DNAをメチル化したり，ヒストンデアセチラーゼの働きによりクロマチンの凝集を促進して遺伝子を不活化したりするシステムなどが知られている．

10.5 刷り込み(ゲノムインプリンティング)

二倍体細胞は，染色体組の1セットを母親から，1セットを父親から受け継ぐ．一対の常染色体には一対の対立遺伝子が存在し，遺伝子構造の変異がなければ，父方と母方の対立遺伝子の発現量は等分のはずである．ところが，哺乳類では両親から伝達された遺伝子の一方の発現が抑制されるゲノムの**刷り込み現象**(genome imprinting)[*10]が知られるようになった．刷り込みにはDNAのメチル化が重要な役割を果たしている．ヒト11番染色体上に近接して座乗するH19とIgf2の二つの遺伝子がよく研究されている例である．H19遺伝子は母方が発現し，逆にIgf2遺伝子は父方が発現している．H19遺伝子の下流にエンハンサーが，H19とIgf2遺伝子の間にインスレーターが存在する(図10.11)．母方の遺伝子はこの領域がメチル化されていないが，父方の遺伝子はインスレーターとH19遺伝子領域がメチル化されている．母方ではインスレーター結合タンパク質の影響により，エンハンサーに結合した転写活性化因子がIgf2には効果を及ぼせず，H19のみ発現を誘導する．一方，父方では，メチル化の結果，インスレーター結合タンパク質がインスレーター領域に結合できず，転写活性化因子がIgf2遺伝子に効果を及ぼして発現を誘導する．H19遺伝子領域はメチル化されているため，発現が抑制される．

*10 インプリンティングはなぜ進化したのか．この現象の生物学的意義については，いくつかの仮説がある．一つは，この現象の発見のきっかけになったもので，単為発生を防止するためという説である．哺乳類では精子と卵子の受精によらなければ個体が発生しないが，この説は卵子の単為発生による父親遺伝子の欠落を防ぐためと考える．他はコンフリクト(conflict)仮説で，父と母の子供をめぐる戦いに起因すると考える．父にとっては子供を強く大きくするのが有利だが，母にとっては出産の負担が小さくなるよう小さな子供を生むのが有利である．一妻多夫制(polyandry)の初期哺乳類で進化したと考える仮説である．

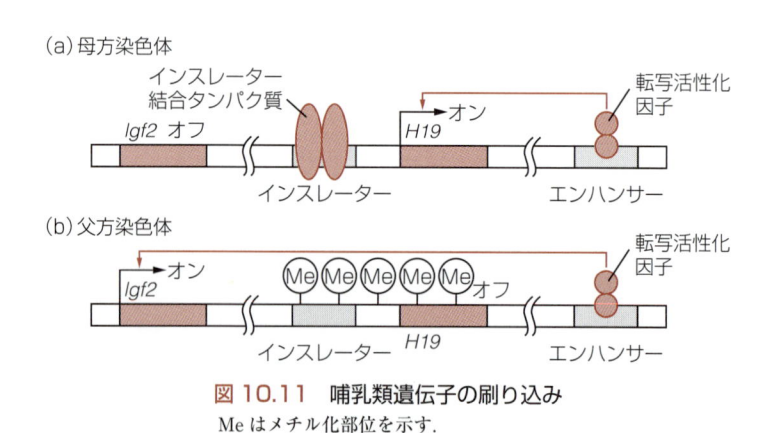

図10.11 哺乳類遺伝子の刷り込み
Meはメチル化部位を示す．

染色体領域でメチル化された箇所が，メチル化維持酵素の働きにより，細胞分裂後も維持されることがある．この結果，遺伝子の変異がないのに発現状態が受け継がれることがある．刷り込み現象を含めてこれらを**後成的**（エピジェネティック，epigenetic）な発現調節と呼ぶ．

10.6 選択的スプライシングによる調節

大部分の遺伝子では，イントロンは正確に切り出される．しかし遺伝子のなかには，変則的なスプライシング，すなわちエキソンの飛び越しが起こるものがある．これを**選択的スプライシング**（alternative splicing）[*11]と呼ぶ．選択的スプライシングには**構成型**（constitutive）と**調節型**（regulatory）がある．構成型では，いつも同じ遺伝子DNAから複数のmRNAが転写される．調節型では，発育時期，細胞や組織の種類により異なるmRNAが転写される．

哺乳類の筋タンパク質であるトロポニンTは，構成型選択的スプライシングの例である．トロポニンT遺伝子は五つのエキソンが四つのイントロンによって分断されている．一次転写産物の選択的スプライシングにより，αトロポニンT（エキソン1, 3, 5）とβトロポニンT（1, 4, 5）からなるmRNAが生成される．

調節型としては，選択的スプライシングによるショウジョウバエの性決定の遺伝子カスケード（連鎖反応経路）がよく知られている．ハエの性は性染色体と常染色体のバランスで決定される．X染色体2本と常染色体2組の比率が1だと雌になり，この比率が0.5だと雄（XY）になる（3.1節参照）．これは，胚発生の初期にX染色体に座乗するsis-aおよびsis-bというSxl（sex-lethal）遺伝子の発現を正に制御する転写活性化因子の転写調節による．X染

[*11] ヒトを含む真核生物のゲノムに存在する遺伝子の数は，その複雑性に比べて予想外に少ない（10.7節参照）．選択的スプライシングにより同一遺伝子から複数の転写産物と翻訳産物ができることから，この機構は真核生物の遺伝情報発現の巧妙な調節システムの一つと考えられる．

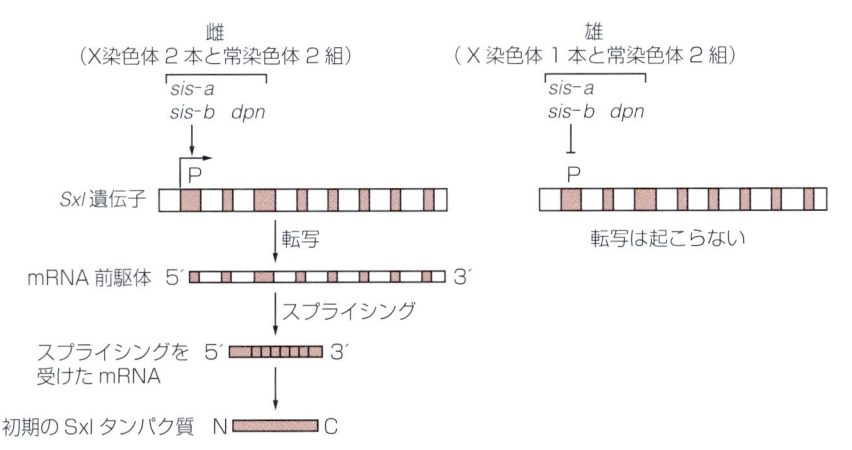

図10.12 ショウジョウバエの雌と雄の初期胚におけるSxl遺伝子の転写調節
プロモーターPからの転写産物は終止コドンを避けてスプライスされる．その結果，機能のある初期Sxlタンパク質が生成される．

色体が1本の雄ではSxl遺伝子は第2常染色体に座乗するdpn（deadpan）因子に由来するDpnタンパク質により転写が抑制される．しかし，Sis A, Bタンパク質が2倍量生産される雌では，Dpnタンパク質とのバランスにより，Sxl遺伝子の転写がプロモーターPから起こる（図10.12）．その後，雌ではmRNA前駆体のスプライシングが起こり，初期のSxlタンパク質が翻訳される．Sxlタンパク質が働くと，雌では機能のあるTraタンパク質が生産される．Traタンパク質はdsx（double sex）転写産物のスプライシングを制御し，雌特異的Dsxタンパク質が産生される．雌特異的Dsxタンパク質は雄特異的遺伝子群を抑制し，雌特異的遺伝子群を活性化して雌性を誘導する．一方，Traタンパク質ができないと雄特異的Dsxタンパク質が生産され，雌特異的遺伝子群の転写を抑制し，雄性を誘導する．

10.7　RNA干渉（RNAi）

真核生物では，ゲノムの一部がタンパク質をコードしているにすぎない．たとえばヒトでは，ゲノムの全塩基配列の約1.5%だけがタンパク質翻訳領域であると見積もられている．それ以外のタンパク質非翻訳領域は，長い間，ジャンク（junk，がらくた）DNAの集まりであると考えられてきた．しかし近年，このような非翻訳領域のRNAが，遺伝子発現調節やトランスポゾンの制御（12.6節参照），異質染色質形成（4.1節参照）などの後成的な発現調節に関連していることが明らかになった．

遺伝子サイレンシング（gene silencing）を引き起こす**二本鎖RNA**（double strand RNA：**dsRNA**）に依存した標的mRNAの分解を**RNA干渉**（RNA interference：**RNAi**）という．植物では，外来遺伝子を過剰発現させると，内在の遺伝子の発現も影響を受けて抑制される現象があり，**共抑制**（コサプレッション，co-suppression）と呼ばれて広く知られていた．この遺伝子発現抑制の分子機構は長らくわからなかったが，線虫（C. elegans）の細胞にdsRNAを人為的に導入すると，それと相補的な配列をもつmRNAの発現が選択的に抑制されることが発見され，RNAiとして統一的に理解されるようになった．現在では，RNAiは，高等植物，酵母，脊椎動物など他の生物でも普遍的に見られる現象であることがわかってきた．RNAiによる遺伝子発現調節機構の概要を図10.13に示す．導入遺伝子の過剰発現，ウィルスの感染，トランスポゾンの転位などにより生じたdsRNAは，核内あるいは細胞質で**ダイサー**（dicer）と呼ばれるRNアーゼIII型のエンドヌクレアーゼにより，20ヌクレオチド程度のさらに短いdsRNAに分解される．この短いdsRNAは**siRNA**（short interfering RNA）と呼ばれる．このsiRNAにアルゴノートタンパク質（AGO）を含む**RISC**（RNA-induced silencing complex）が結合し，複合体を形成する（この際，dsRNAが一本鎖になる）．この

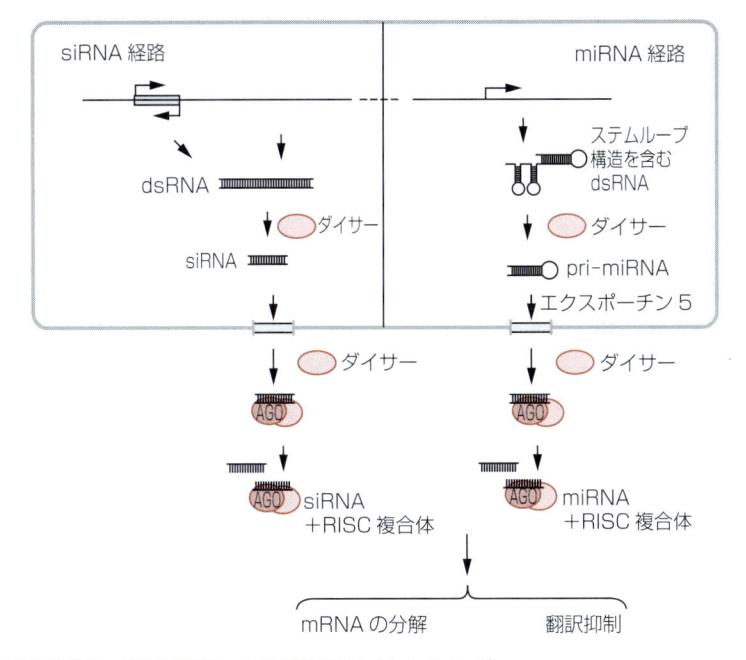

図10.13　RNA干渉による遺伝子サイレンシング
黒線で囲まれた内側は核内のイベントを表す．AGOはアルゴノート(argonaute)と呼ばれるタンパク質で，RISCの構成要素である．

　siRNA-RISC複合体が相補的なmRNAに作用し，その分解や翻訳の抑制を行う．siRNA-RISC複合体は，染色体に移行してクロマチンの再構築による遺伝子発現の抑制を行うこともある．一方，ゲノムDNAの非翻訳領域や翻訳領域内のエキソン部分やイントロン領域から，RNAポリメラーゼⅡにより，ステムループ構造を含むmiRNA(microRNA)の前駆体(**pri-miRNA**)が転写される．pri-miRNAは，エクスポーチン5により細胞膜を通って細胞質に輸送され，ダイサーによる2段階の切断過程を経て，成熟したmiRNAになる．このmiRNAは，siRNAと同様RISCに取り込まれ，相同配列を含む標的mRNAに結合し，遺伝子発現の転写後調節を行っている．

　RNAiは，線虫の幼虫後期から成虫への移行に働く遺伝子の発現調節，ハエでのアポトーシス抑制，植物での発生制御，ウィルスの感染制御などに重要な役割を果たしていることが明らかになった．RNAiは，DNAメチル化やクロマチン修飾による転写調節にも関与している．

　dsRNAを人工的に生成させることにより，従来の方法よりもはるかに選択的に，また効率よく標的遺伝子の発現を抑制できるようになった．動物細胞では，直接dsRNAを外部から導入する方法が開発され，遺伝子の機能解析の有効な方法としてばかりでなく，遺伝子治療の有力な手法として期待されている．しかし植物では，動物で採られる手法が有効ではなく，ゲノムに

組み込んだ配列から dsRNA を生成させて，標的遺伝子の発現を抑制する方法がよく利用されている．

練習問題

1. 真核生物の RNA ポリメラーゼの種類と，転写される遺伝子の種類をあげなさい．
2. 基本転写因子がプロモーター上に集合して開始前複合体を形成する過程を説明しなさい．
3. 真核生物のポリメラーゼにより転写された mRNA の構造上の特徴を三つあげて，その過程を説明しなさい．
4. 自己スプライシングする遺伝子をあげて，その過程を説明しなさい．
5. 代表的な真核生物の DNA 結合因子をあげて，その構造を説明しなさい．
6. 哺乳動物遺伝子の刷り込みを説明しなさい．
7. 選択的スプライシングによる遺伝子発現調節を例をあげて説明しなさい．
8. RNA 干渉の経路を説明しなさい．

11章 組換えDNA技術と遺伝子工学

　細菌などの原核生物，出芽酵母やアカパンカビなどのような真核微生物では，古典的な遺伝解析技術により遺伝的構造の理解が大きく進んだ．一方，高等動植物では，ゲノムサイズが格段に大きいこと，世代時間が長いこと，解析に必要な十分大きい分離集団を用いることが困難であることなどから，古典遺伝学的解析法では限界があった．この章では，遺伝解析に革新をもたらした**遺伝子工学**（genetic engineering）について学ぶ．

11.1　制限と修飾および制限酵素の発見

　最初の塩基配列決定は，1965年，カリフォルニア工科大学のホリーらにより酵母菌の**tRNA**^{ala}（アラニンtRNA）で行われた（1.5.1項参照）．この成果は，彼らが発見したtRNA分解酵素によるところが大きく，これによりtRNAを小さな断片に分解して全配列を決定することができた．しかし当時，DNAを規則的に切断あるいは分解する手だてはなく，塩基配列決定は実際上，不可能であった．DNA塩基配列の決定ばかりでなく，その後に発展した**組換えDNA技術**（recombinant DNA technology）にとって不可欠な手段は，実は次に示す「制限と修飾」という生物学的な基礎現象の解明から得られた．

11.1.1　制限と修飾

　制限（restriction）と**修飾**（modification）という現象は，細菌とファージの間で見られる**宿主特異性**（host-specificity）を指す．一般に，寄生体と宿主の間には特異性が認められ，特定の寄生体のみが特定の宿主を侵すことができる．大腸菌のC株とK株を例にとると，ファージλCはC株では増殖できるが，K株では増殖できない（図11.1）．λCに対してC株を**許容宿主**（permissive host）といい，K株を**制限宿主**（restrictive host）という[*1]．

　ところで，C株で増殖したλCのK株への感染率はきわめて低い．しかし，

[*1] ファージ株と大腸菌株のこの関係は，条件致死遺伝子とその許容条件および制限条件の関係（6.5.1項参照）によく似ている．

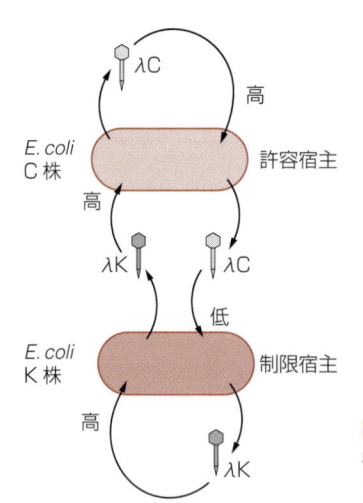

図 11.1 λファージと大腸菌の間で見られる宿主-寄生体間の特異性を規定する制限と修飾
高・低は感染率の程度を示す．

いったんK株で増殖して生じた子ファージは，その後はK株を宿主として良好な感染効率を維持する．このとき，λCはK株により修飾を受けてλKになったという．しかし，λKをもう一度C株で増殖させると，その子ファージはλCにもどってしまう．このようにλファージの増殖特性は，直前に感染，増殖した株によって決められている．

ここで見られる制限と修飾がそれぞれ制限酵素，修飾酵素によって行われていることが，1960年代に明らかにされた．すなわち制限宿主は，侵入者であるファージのDNAを，自らがもつ制限酵素で切断することで，自己防衛を果たしている．同時に，制限酵素による認識部位に，修飾酵素で目印をつけることで（メチル基の付加），自らのDNAを切断から保護している．制限酵素および修飾酵素の発見は，その後の遺伝子工学の発展の礎となった[*2]．

*2 自然科学上の発見は，それが本質的な発見であればあるほど，思いもつかなかったような研究発展と応用の広がりを見せるものである．

11.1.2 制限酵素とメチル化酵素の発見

1962年にアーバー（W. Arber）らは，^{32}Pで標識したλファージを大腸菌に感染させると，λDNAが分解されることを発見した．1964年には，レーダーバーグとメセルソンが，分解にはエンドヌクレアーゼが関与することを見いだし，これを**制限酵素**（restriction enzyme）と名づけた．1968年には，アーバーらが大腸菌細胞抽出物から，制限酵素と，修飾酵素である**メチル化酵素**（methylase）を発見した．しかし，彼らが発見した最初の制限酵素は，一本鎖DNAのみを無差別に分解する**タイプI**と呼ばれるものだった．特定の塩基配列を認識して，そのなかの決まった部位で二本鎖DNAを切断する**タイプII制限酵素**の発見は，1970年にスミス（H. O. Smith）らによって行われた．彼らが発見した最初のタイプII制限酵素（一般に制限酵素）は*Hind*IIと呼ばれた．図11.2に代表的な制限酵素 *Hind*III，*Eco*RI，*Pst*I の切断様式を示す．

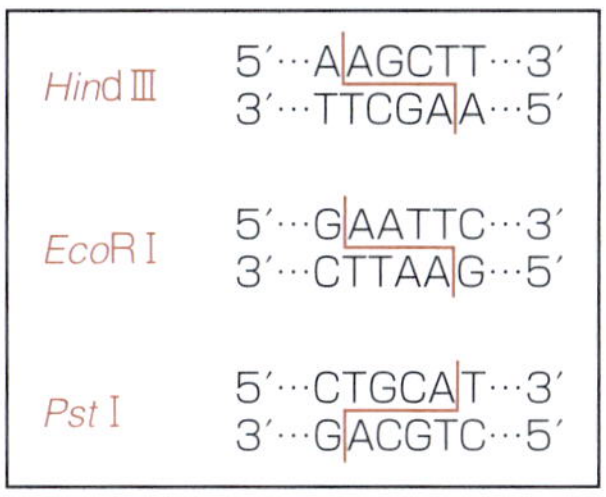

図11.2 制限酵素の例
制限酵素の名称は，それが分離された細菌の属名の頭文字1字を大文字で，種名の最初2文字を小文字で表し，その後に株の名称や分離の順番などのIDをつけて表す．

```
HindⅢ   5′…A AGCTT…3′
         3′…TTCGA A…5′

EcoRI    5′…G AATTC…3′
         3′…CTTAA G…5′

PstI     5′…CTGCA T…3′
         3′…G ACGTC…5′
```

制限宿主は，自身が合成する制限酵素で自身のDNAが切断されないように，認識部位をメチル化する修飾酵素をもつ．修飾酵素の代表はdamメチル化酵素で，5′-GATC-3′のアデニン塩基のN6にメチル基を付加する[*3,4]．なお，これらの認識部位を「メチル化感受性である」という．この他にも，シチジン塩基をメチル化するdcmメチル化酵素が存在する．

[*3] N^6-メチルアデニン

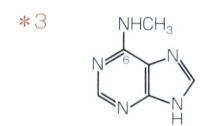

11.2 染色体マッピング

遺伝距離（genetic distance）の測定は変異の存在に基礎を置くから，表現型を変える変異がまず認識される必要がある．さらに，変異間の遺伝距離は**組換え頻度**（recombination frequency）によって測定される．一方，**物理距離**（physical distance）はDNAの塩基配列そのものによって規定され，組換え頻度にはまったく影響されない．一般に，組換え頻度に基づく遺伝距離は，物理距離を正確には反映しない．なぜなら，組換え頻度は染色体の構造によって大きく影響を受け，染色体上の部位が違えば大きく異なり，さらに別の組換え機構をもつ種間で大きく異なるからである．

[*4] 制限酵素の*Bam*HI（GGATCC），*Bgl*Ⅱ（AGATCT），*Mbo*I（GATC）などの認識配列には，すべて5′-GATC-3′が含まれ，この配列はdamメチル化酵素による修飾を受ける．

11.2.1 制限断片長多型

どうしたら物理地図と遺伝地図とを関係づけられるだろうか．ここでは，制限酵素の認識部位に起こった塩基置換を識別し，マッピングする方法を解説する．集団の保有する対立遺伝子には，塩基配列レベルで多くの**多型**（polymorphism）[*5]が存在する．それら多型の多くは表現型に何の影響も与えないが，対立遺伝子を特徴づけるマーカーとして有効である．実際，制限部位に生じた多型は**制限断片長多型**（restriction fragment length polymorphism: RFLP）として認識できる．RFLPを利用したマッピング法（RFLP分析法）が，1980年にボットスタイン（D. Botstein）らによって開発された（図11.3）．

今，異なる二つのホモ個体を比較する場合を考える．一方の親（P_1）由来の染色体のある領域と，もう一方の親（P_2）由来の相同染色体領域を比較する．P_1とP_2では両端の*Bgl*Ⅱ認識部位は共通であるが，真ん中の*Bgl*Ⅱ認識部位はP_1にあってP_2にない．すなわち，真ん中の部位は多型的である．一般

[*5] 対立遺伝子間の違い．一般には，集団中の最も低い対立遺伝子の頻度が0.01もしくは0.05以上の場合に，その遺伝子は多型的であると表現する．

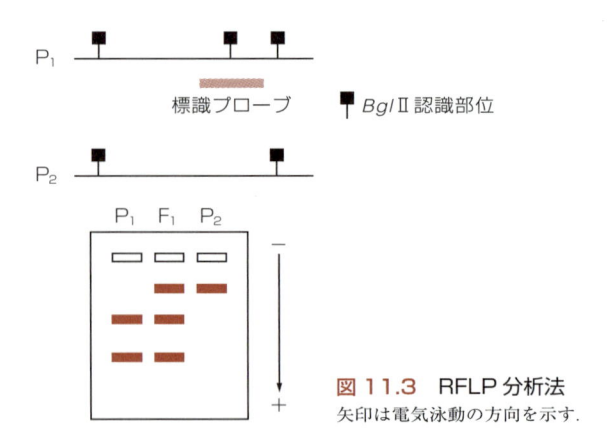

図 11.3 RFLP 分析法
矢印は電気泳動の方向を示す．

に，個体から DNA を抽出し，ある制限酵素で消化してゲル電気泳動で分離すると，大きさの異なる膨大な数の断片が生じるので，個々の断片を識別することはできない．したがって，上の特定多型をそのままゲル上で識別するのは無理である．しかし，問題とする染色体領域に相同な DNA 断片が手元にあると仮定すれば，これを手がかり（**プローブ**，probe）にした**サザンハイブリダイゼーション法**（Sourthern hybridization technique）[*6]で多型を検出できる．すなわち，両親から抽出した DNA を Bgl II で消化してゲル電気泳動で分離し，ナイロン膜に転移した後，標識プローブでサザンハイブリダイゼーションを実施し，オートラジオグラフィー（7 章の注 2 参照）などで標識プローブの所在を観察すれば，P_1 では大きさの異なる二つの断片に対応したシグナルが検出され，P_2 では P_1 の 2 断片を合わせた大きさの 1 本の断片に相当するシグナルが検出されるはずである．両親間で F_1 雑種を作成し，同様に検定すれば，P_1 断片と P_2 断片がヘテロの状態で検出され，自殖 F_2 世代では P_1 型，ヘテロ型，P_2 型が 1：2：1 の割合で分離する．制限酵素の認識部位に生じた塩基置換のような，遺伝的にはおそらく何の意味ももたない多型が，機能遺伝子と同様なメンデル遺伝を示すことになる．

連鎖地図（linkage map）[*7]をつくるためには分離世代が必要である．両親間でできるだけ多くの多型が検出されるように，交配に用いる両親は遺伝的にできるだけ遠縁であるのが望ましい．しかし，遠縁すぎると対立遺伝子の分離に歪みが生じる[*8]．一般には，対立遺伝子の分離ができるだけ正常で，しかもできるだけ多型的であるような 2 個体を選んで両親とする．まず，遺伝的に最もよく研究された標準品種あるいは系統を片親（P_1）に選び，それ以外を P_2 親の候補とする．標準品種・系統から抽出した DNA をクローニングし，**ゲノムライブラリー**（genome library）を作成する（この方法については 12.9 項参照）．標準品種・系統と候補品種・系統からそれぞれ DNA を抽出し，ある制限酵素で切断した DNA 断片をゲル電気泳動で分離し，断片を

[*6] 塩基配列の相同性に基づき核酸雑種分子を形成させる方法．ゲル電気泳動で分離した後，変性させた DNA をゲルからナイロンやニトロセルロース膜に移す方法をサザンブロッティングと呼び，1975 年，サザン（E. Southern）により開発された．これにちなんで，RNA，タンパク質および DNA-タンパク質を対象とした方法をそれぞれノーザン，ウェスタンおよびサウスウェスタンブロット法と呼ぶ．

[*7] 遺伝地図ともいう．

[*8] 分離に歪みが生じるおもな原因は，特定対立遺伝子をもつ配偶子の致死や受精競争である．

ナイロン膜に転移する．ゲノムライブラリーから1クローンをとって，これをプローブとしてハイブリダイゼーションを行う．用いたプローブで多型を観察できれば，これを情報マーカーとして選抜する．制限酵素を代えて同様の比較を行い，多くの多型マーカーを得る．選抜した両親を交配し，さらに分離世代を育成して連鎖解析に用いる．

　RFLPマーカーは一般に共顕性マーカー[*9]であり，すべての生物のゲノムに普遍的に存在し，かつメンデル因子として振る舞うから，これらを利用すれば効率的なマッピングができる．重要なことは，ある変異遺伝子と強く連鎖するRFLPマーカーを見いだせれば，その変異遺伝子を保有する個体を識別できることである．例として，RFLPマーカーとヒトの遺伝病を決める遺伝子との連鎖関係を図11.4に示す．さらに，マーカーと当該変異遺伝子との組換え価を求めれば，これを連鎖地図上にマップできる．特定遺伝子に強く連鎖したRFLPマーカーは，①遺伝子診断に有効であり，②遺伝子の単離に利用でき，③系統診断，親子関係の診断さらには個体識別などに用いられる．

[*9] 二つの対立遺伝子がそれぞれ異なる表現型を示し，ヘテロ個体とホモ個体を区別できる場合，その遺伝子を共顕性といい，そのような性質をもつ遺伝的マーカーを共顕性マーカーと呼ぶ．

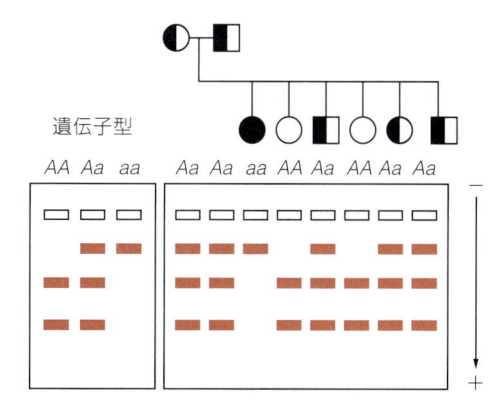

図11.4　RFLP分析法による連鎖関係の解析
ある遺伝病の遺伝と連鎖マーカーの関係を示す．上側の家系図で黒く塗られた個体は患者を，半分だけ黒く塗られた個体は保因者を示す．病気の原因遺伝子aは最も大きな制限断片と，その正常型対立遺伝子であるAはそれ以外の二つの制限断片と，それぞれ連鎖している．図中で○は女性を，□は男性を表す．

11.3　組換えDNA技術と遺伝子クローニング

　組換えDNA技術とは，異なるDNA分子を試験管内で組換えて，これをたとえば大腸菌細胞中で増殖させる技術であり，1973年，ボイヤー(H. Boyer)とコーエン(S. Cohen)によって初めて実施された．組換えDNA実験には，組換えDNA分子を受容細胞中で増殖させるための運搬手段(**ベクター**, vector)が必要である．彼らが用いたベクターはプラスミドpSC101で，テトラサイクリン耐性遺伝子(tet^R)，クローニング部位である単一のEcoRI認識配列と，大腸菌で複製するための複製起点(ori)をもつ．彼らは，EcoRIに

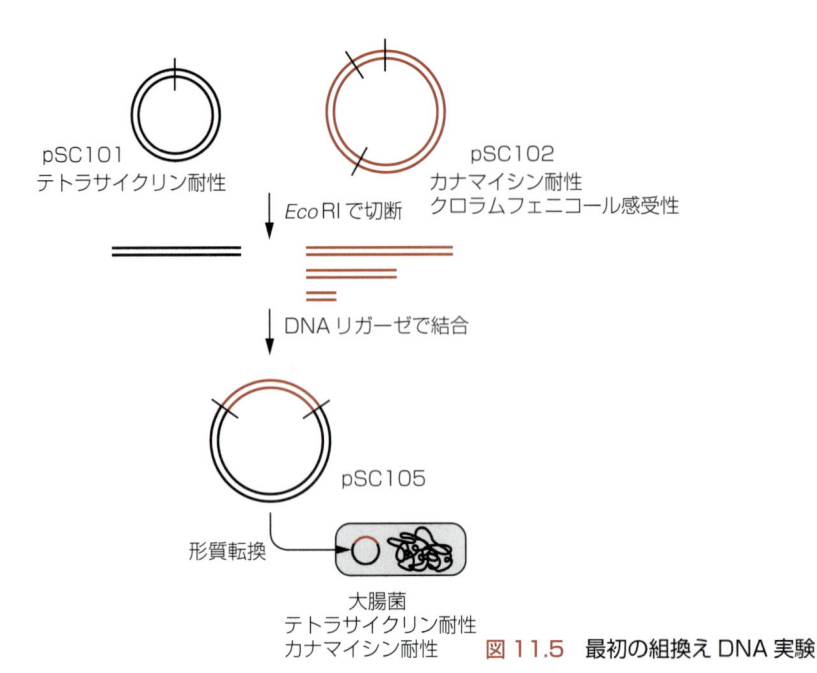

図 11.5 最初の組換え DNA 実験

よる消化で得た別のプラスミド pSC102 の DNA 断片と，*Eco*RI で消化した pSC101 とを試験管内で結合（**ライゲーション**, ligation）し，組換え DNA 分子を作成し，これを大腸菌細胞に導入（**形質転換**, transformation）した（図 11.5）．

DNA のクローニングは次のように行われる．

① クローニングしようとする DNA 断片をベクターに挿入し，組換え DNA 分子をつくる．
② 組換え DNA 分子を大腸菌などの細菌細胞に導入する．
③ 組換え DNA 分子は宿主細胞中で複製し，コピーを大量に生みだす．
④ 宿主細胞が分裂すると組換え DNA 分子も娘細胞に伝達され，娘細胞中で組換え分子が複製される．
⑤ 多数の細胞分裂を経て，同一の宿主細胞からなるコロニーすなわちクローンができる．

クローンを構成する個々の細胞は，それぞれ同じ組換え DNA 分子を含むことになり，組換え分子に含まれる遺伝子はクローン化されたことになる．

組換えDNA技術の発展の初期に，最も広く用いられたプラスミドベクター pBR322 の構造を図 11.6 に示す．pBR322 は閉環状二本鎖 DNA 分子で，細胞あたりのコピー数が多い**リラックス型**（relaxed type）[*10] である．pBR322 は tet^R とアンピシリン耐性遺伝子（amp^R）をもつ．さらに，二つの耐性遺伝子

*10 細胞あたりのコピー数が少ないものを stringent type と呼ぶ．

11.3 組換え DNA 技術と遺伝子クローニング

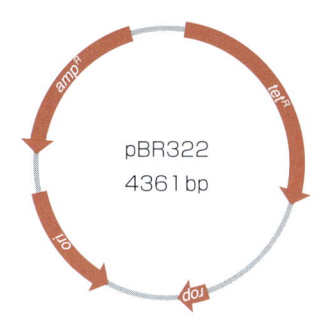

図 11.6 プラスミドベクターpBR322 の構造
rop 遺伝子産物はプラスミドの複製をコントロールし，細胞あたりのコピー数を約 20 個に保つ．

の内部には複数のクローニング部位が存在する．クローニング部位に外来遺伝子が挿入された組換え DNA 分子では，その耐性遺伝子が機能を失う挿入不活化が起こり，レプリカプレート（6.1 節参照）を用意して組換え体を選抜する．

プラスミドベクターpUC18 を用いた組換え体の選抜法を図 11.7 に示す．pUC18 は，lacP に接続した lacZα 遺伝子，マルチクローニングサイト，ori，amp^R をもつ．lacZα 遺伝子は，β-gal（β-ガラクトシダーゼ）の N 末端に相当する 146 個のアミノ酸をコードする配列をもつ lacZ の部分遺伝子である．宿主細胞として，N 末端のアミノ酸（11〜41）をコードする配列を欠いた不活性な lacZΔM15 遺伝子をもつ F′ 菌を用いると，導入されたベクター上の lacZα 遺伝子と宿主菌中の F プラスミド上の lacZΔM15 間で機能的な補償が[11]起こり，活性のある β-gal が合成されて，誘導物質の IPTG（イソプロピルチオガラクトシド）と基質の X-gal[12] の存在下でコロニーが青色を呈する．lacZα に外来遺伝子が挿入された組換え体では，β-gal ができず白色コロニーとなり非組換え体と区別される．

[11] α-相補性：lacZ α ペプチドと lacZ Δ M15 ペプチドが共存し，複合体を形成すると β-gal 活性が回復する現象．

[12] 5-ブロモ-4-クロロ-3-インドリル-β-Dガラクトシド

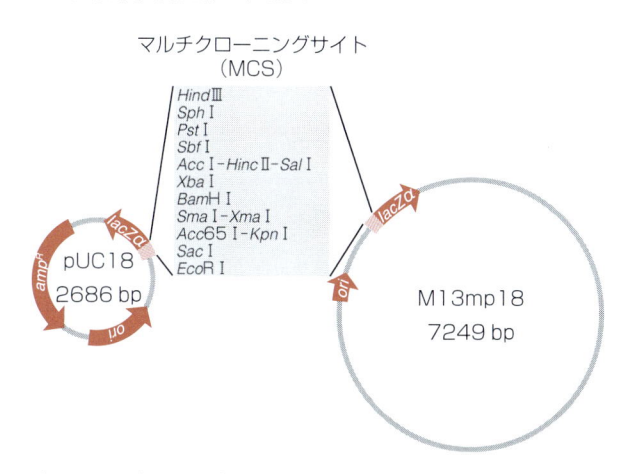

図 11.7 プラスミド（pUC18）およびファージ（M13mp18）ベクターの構造
これらのベクターは，共通のマルチクローニングサイト（MCS）を lacZα 遺伝子中にもっている．MCS を構成する長い塩基配列が挿入されているにもかかわらず，lacZα からは機能をもつペプチドがつくられることに注意．

11.4 塩基配列決定法

DNA塩基配列決定の技術的革新はサンガー（F. Sanger）によってもたらされた．サンガーの塩基配列決定法はジデオキシチェーンターミネーション法（dideoxy chain termination method）と呼ばれる．この方法は，DNAポリメラーゼによるDNA鎖の合成にはプライマーの3′-OHが必要なことを利用したものである（図11.8）．

① 4種類のddNTP[*13]を人工合成する．
② 配列を決定しようとする一本鎖DNA分子を鋳型として，これに相補的な標識プライマーを結合（アニール）させ，さらにDNAポリメラーゼによりddNTPを複製時のDNA分子に取り込ませる．
③ ddNTPは3′-OHをもたないので，DNA鎖の伸長はddNTPが取り込まれた部分で停止する．
④ 4本の試験管それぞれに配列を決定しようとする一本鎖DNA，DNAポリメラーゼおよび1種類のddNTPと4種類のdNTP[*13]を加える[*14]．
⑤ 4本の試験管を統合し，3′末端が既知で，1塩基分だけ長さが異なり，5′末端が標識されたDNA鎖の集団をつくる．これをポリアクリルアミドゲル電気泳動法で分離し，オートラジオグラフィーで読みとる．現在では，各ddNTPに蛍光をつけ，この蛍光を自動的に読みとるDNAオートシークエンサーが利用できる．

[*13] ddNTP：2′,3′-ジデオキシヌクレオチド．ddATP，ddTTP，ddGTP，ddCTPの4種類．dNTP：2′-デオキシヌクレオチド．dATP，dTTP，dGTP，dCTPの4種類．ddNTPはdNTPから3′-OHを除いた構造をもつ．

[*14] たとえばddATPを加えた試験管では，鋳型DNAのすべてのTの位置にddAが挿入され，そこで鎖の伸長が停止したさまざまな長さのDNA断片が生じる．Tに対応した部位にddAが挿入されるか，dAが挿入されるかはランダムであり，その結果，鋳型DNAのすべてのTに対応する位置でddAが挿入されて停止が起こり，一連の長さの異なる鎖が生じる．

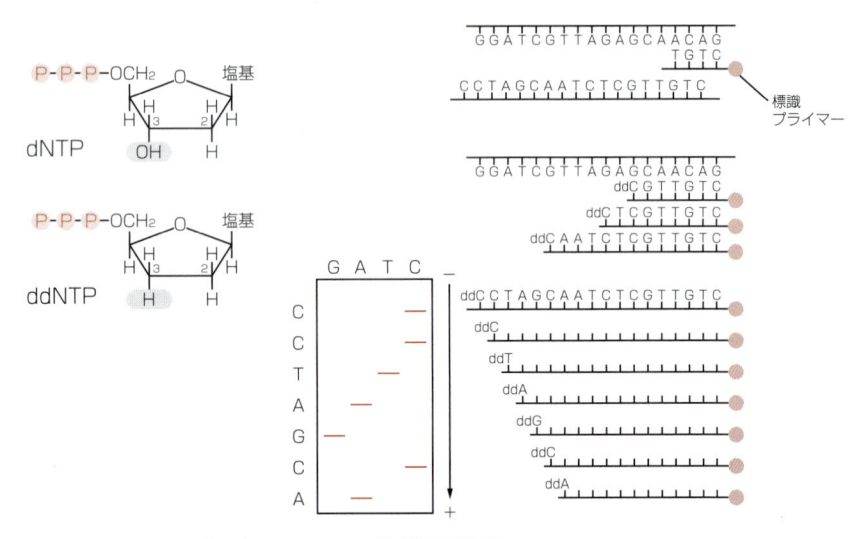

図11.8 サンガー法によるDNA塩基配列決定

一本鎖DNA分子にアニールした標識プライマーの3′-OHに，dNTPもしくはddNTPが取り込まれる．dNTPが取り込まれた場合にのみ，相補鎖の伸長が継続される．この反応の産物は，1塩基分の長さの違いにより電気泳動で分離される．図の例では短いものから順にACGATCCと解読される．

サンガー法では，標識プライマーを合成するために，塩基配列を決定しようとする DNA 分子の 3′末端の塩基配列をあらかじめ知っていなければならないという問題があった．この問題は，DNA 断片をクローニングする際に用いるベクターの配列を**ユニバーサルプライマー**（universal primer：USP）として用いることで解決された．塩基配列決定用のベクターとしては M13 ファージや pUC 系のプラスミドなどが用いられる（図 11.7 参照）．

11.5　ポリメラーゼ連鎖反応

特定の DNA 配列を自由自在に増幅できたら，どんなにか便利だろう．この夢を実現可能とした **PCR**（polymerase chain reaction）**法**は，1980 年代中頃に，カリフォルニアのシータス社ヒト遺伝学部門のマリス（K. B. Mullis）によって考案された．

PCR 法は特定 DNA 断片を *in vitro* で酵素的に増幅する技術であり，目的とする領域をはさんでそれぞれ反対鎖と相補結合する二つのオリゴヌクレオチドをプライマーとして用いる．鋳型 DNA の熱変性（一本鎖への変換），プライマーの結合（アニーリング），DNA 鎖の伸長の 3 段階からなるサイクルを繰り返すことで，プライマーの 5′末端で規定される両末端をもった DNA 断片が指数関数的に増幅される（図 11.9）．1 サイクルで合成されたプライマー伸長産物は，次のサイクルでは新しい鋳型として用いられるので，両端が決

F. サンガー
（1918〜2013）

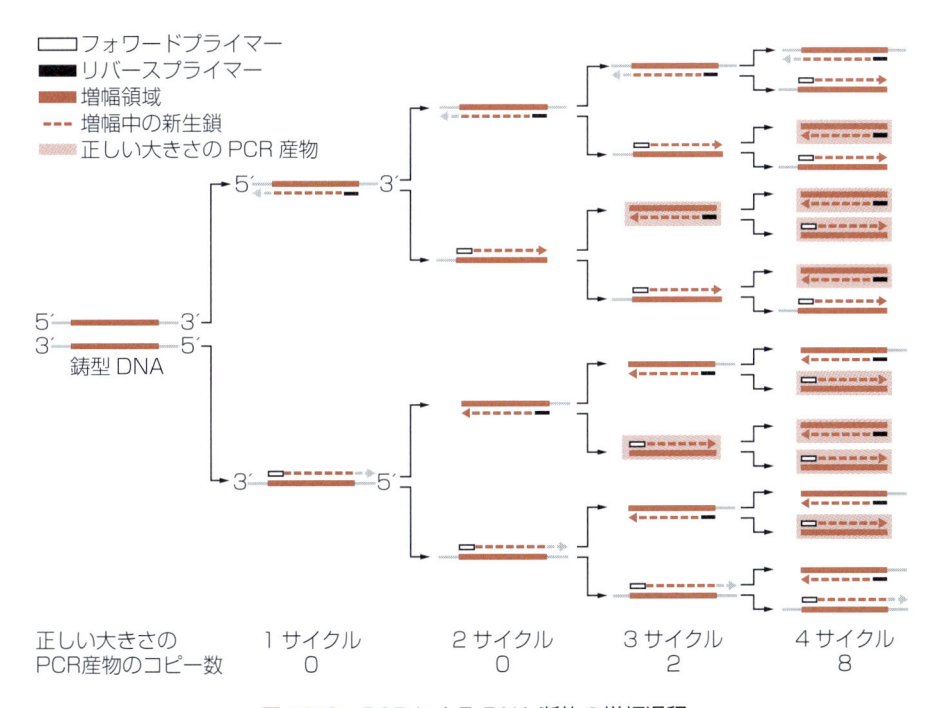

図 11.9　PCR による DNA 断片の増幅過程

まった後は，サイクルごとに標的となる鋳型コピー数が2倍に増え，22サイクルでは約100万コピー(2^{22})に増える．この技術は，最初に β グロビン遺伝子の増幅と鎌状赤血球の胎児診断に応用された．

　PCRは，当初，大腸菌のDNAポリメラーゼを用いて行われたが，この酵素は熱で失活するため，毎サイクルごとに新しい酵素を加えて反応を行わなければならなかった．PCR法に技術革新をもたらしたのは，温泉に住む *Thermus aquaticus* という好熱性細菌だった．これは75℃の温泉でも生きる細菌であり，そのDNAポリメラーゼ(*Taq* DNA polymerase)の至適温度は72℃で，94℃という高温でもかなりの安定性を示す．したがって，*Taq* DNAポリメラーゼはPCRの初めに1回だけ加えればよい．

　PCRはさまざまな場面で用いられ，分子遺伝学および分子生物学の研究に革新的な技術を提供している．たとえば，mRNAから逆転写酵素を用いて一本鎖のcDNA[*15]をつくり，これを鋳型にPCRを行う技術は **RT-PCR** (reverse transcription-PCR)と呼ばれるが，これを用いれば，特定遺伝子の発現を効率よく解析できる．PCRは遺伝子診断の強力な手だてでもある．

　PCRは精子を使った連鎖分析にも用いられる．二倍体の生物では子の表現型から親の遺伝子型を推定することになるが，もし精子や花粉などの配偶

*15　相補的DNA(complimentary DNA)．mRNAと相補的塩基配列をもつ．

Column

科学を飛躍させた技術革新

　技術革新が科学に飛躍的な進歩をもたらした事例は多い．古くは17世紀のレーウェンフック(A. van Leeuwenhoek)による光学顕微鏡の発明があげられるが，20世紀前半にはクノール(M. Knoll)とルスカ(E. A. F. Ruska)により透過型電子顕微鏡(transmission electron microscope: TEM)が発明され，自然科学のあらゆる分野の発展を推し進めた(1986年，クノールの没後17年経って，80歳のルスカはノーベル物理学賞に輝いた)．分子生物学分野では，サンガーによるアミノ酸配列決定法(1958年ノーベル化学賞)と塩基配列決定法(1980年ノーベル化学賞)の開発，最近では田中耕一(島津製作所)によるソフトレーザーイオン化法〔生体高分子の質量分析法(mass spectrometry: MS)〕の開発(2002年ノーベル化学賞)が有名である．

　PCR法の開発で1993年にノーベル化学賞を獲得したマリスは，逸話の多い人物である．彼は，サンフランシスコのシータス社(Cetus)に勤務していた1983年春，アリゾナ砂漠を友人とドライブ中にPCRのアイデアを思いついたとされる．1986年には *Taq* DNAポリメラーゼを用いる方法を開発し，その画期的有用性が受賞につながった．しかしマリスは，LSD(幻覚剤)を常用するなど奇矯な性癖が物議を醸し，PCR法の開発についても，その功績をめぐって議論を巻き起こした．実はノルウェーの科学者クレッペ(K. Kleppe)が，1971年にPCRの基本的アイデアを発表していたのである．

　科学の巨大化に従い，発見・発明や開発の栄誉が誰に与えられるべきか，選考がますます困難になっている．しかし，科学と技術が，今後も人類社会における「知の創造」に重要な役割を果たすことは疑いがない．

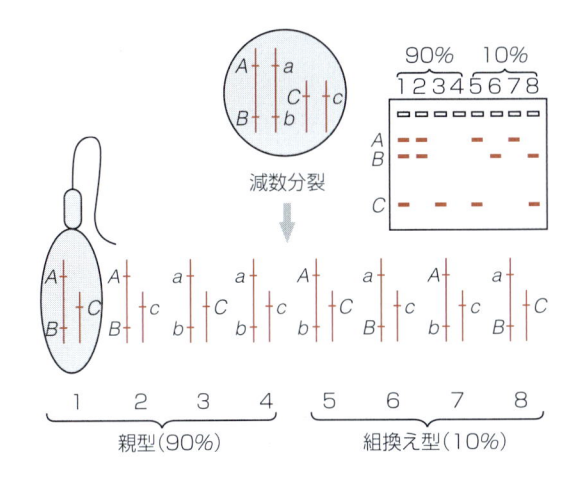

図11.10 精子を用いた連鎖分析の例

子を直接に解析対象として個々の遺伝子型を決めることができれば，より正確で迅速な連鎖地図の作成が可能となる．たとえば，1000個の精子あるいは花粉を扱うことは，1000個体の戻し交配世代を扱うことと同等である．図11.10では，精子を用いて同一染色体上に連鎖した遺伝子座A/aとB/b，これらとは異なる染色体上にあるC/cを解析する例を示す．この例では，個々の精子からDNAを抽出し，これらの顕性対立遺伝子（アレル）を特異的に増幅するプライマーを用いてPCRを行う．PCR産物を電気泳動して，個々の精子の遺伝子型を決定し，A, B遺伝子座間の距離を求めることができる．

11.6 遺伝子の単離法

目的とする遺伝子を巨大なゲノム中から単離するのは，「牧草の山の中から1本の針を探す」に等しいほど難しい．ここでは，目的の遺伝子を単離し，クローニングする方法について解説する．遺伝子がコードするタンパク質のアミノ酸配列を知りたい，あるいは特定の組織や発達段階で発現している遺伝子をクローニングしたいときは，mRNAから得たcDNAを選抜の対象とするのが便利である[*16]．

*16 ある特定の組織に存在するmRNA集団から作成したcDNA分子種をすべて含む全体をcDNAライブラリー（cDNA library）という．

11.6.1 cDNAライブラリーの作成

真核生物のmRNAは，一般に，3′末端にAが連結した**ポリ(A)**〔poly(A)〕をもつので，この性質を利用してmRNAを精製できる．オリゴデオキシチミジン(dT)を連結したセルロースカラムに，抽出した全RNAを通し，塩濃度を上げると，rRNAとtRNAがまず溶出する．塩濃度を下げるとmRNAが溶出する．mRNAからcDNAを作成するには，AMV（トリ骨髄胚芽ウイルス）やMoMLV（ネズミ白血病ウイルス）のようなRNAがんウイルスが生産する逆転写酵素（1.5節参照）を用いる．逆転写酵素は5′→3′方向のDNAポ

リメラーゼ活性をもち，RNAからDNAへの逆転写には鋳型RNAと3′-OHをもつRNAあるいはDNAプライマーが必要である．

cDNAの第一鎖はオリゴ(dT)プライマーを用いて合成される．6～10塩基からなるランダムプライマーを用いて第一鎖の合成を行うこともある．第二鎖の合成には，RNA分解酵素の一種であるRNアーゼHを利用する．RNアーゼHは，RNA-DNA雑種分子を認識してRNAを小分子に切断する．この小分子RNAがDNAポリメラーゼによる鎖の伸長のためのプライマーとして働き，最終的に5′末端部分のみを除いた完全なDNA鎖が合成される．合成されたDNA鎖にはニックが存在するが，これは *E. coli* DNAリガーゼで埋める（図11.11）．

cDNAライブラリーの作成には**ファージベクター**（phage vector）が便利である（図11.12）．たとえば，λgt10は約43 kbのベクターで，λDNAのパッケージング[*17]に必要な付着末端（cohesive end: cos）を両端にもち，自身の複製に必要な構造遺伝子群を，ほぼ中央に位置する *cI* 遺伝子[*18]の左右に残している．クローニング部位は，*cI* 遺伝子中の *Eco*RI 認識配列である．宿主には，高頻度で溶原化する *hfr*（high frequency recombination）株を用いる．*hfr* 株では *cII* 遺伝子のコードするタンパク質が蓄積し，これが正の制御タンパク質として働いて，*cI* 遺伝子産物が蓄積する結果，高頻度で溶原化が起こる．しかし，組換え体では挿入不活化により *cI*⁻ となって *hfr* 株の溶菌が起こり，透明なプラークを形成するため，非組換え体から選抜できる．一方，λgt11は発現ベクターで，クローニングされた遺伝子からタンパク質を合成できる．クローニング部位は，*lacZ* 遺伝子のC末端にある *Eco*RI サイト

[*17] DNAのウイルス粒子への詰込み．

[*18] *cI* 遺伝子の産物である CI タンパク質は，236個のアミノ酸からなるリプレッサータンパク質で，二量体で働く．

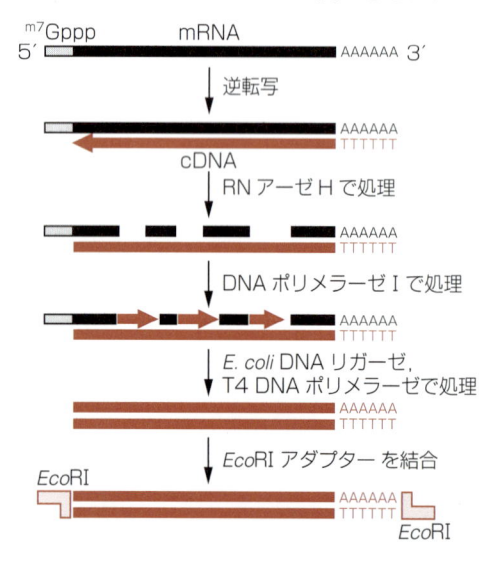

図11.11 ライブラリーの作成に用いる二本鎖cDNAの合成法

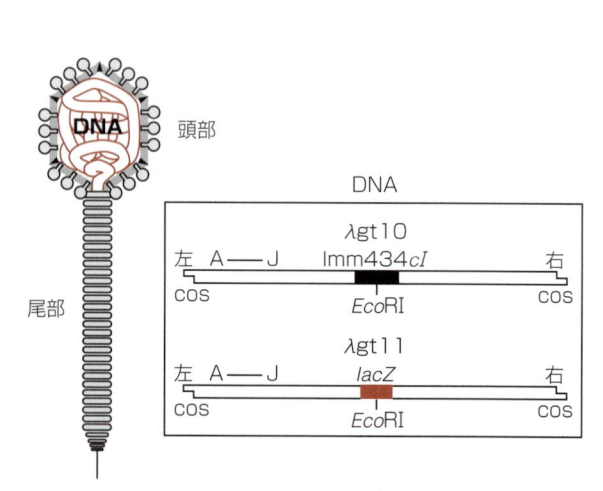

図11.12 λGt10とλgt11

である．非組換え体は，IPTG と X-gal を加えた培地で青色プラークをつくるが，組換え体は挿入不活化により *lac*$^-$ となって透明プラークをつくる．挿入断片の読み枠を *lacZ* のそれと合致させれば，挿入断片を β-gal との融合タンパク質として発現させることができる．したがって，目的とする遺伝子がコードするタンパク質に対する抗体を利用すれば，プラークの免疫学的選抜が可能となる．

11.6.2 目的 cDNA の選抜

組織あるいは発達段階特異的な cDNA 配列や，特定の処理に対応して発現が誘導される cDNA 配列の選抜にはさまざまな方法があるが，ここでは**分別スクリーニング法**(differential screening)をあげる．この方法では，2種類の対照的な mRNA 集団，すなわち，目的とする遺伝子が発現し，その mRNA が存在する集団(**プラス集団**)と，しない集団(**マイナス集団**)を用意する．分別プラーク選抜法の概要を図 11.13 に示す．まず，ファージベクターを用いて，プラス集団の cDNA ライブラリーをつくる．このライブラリー

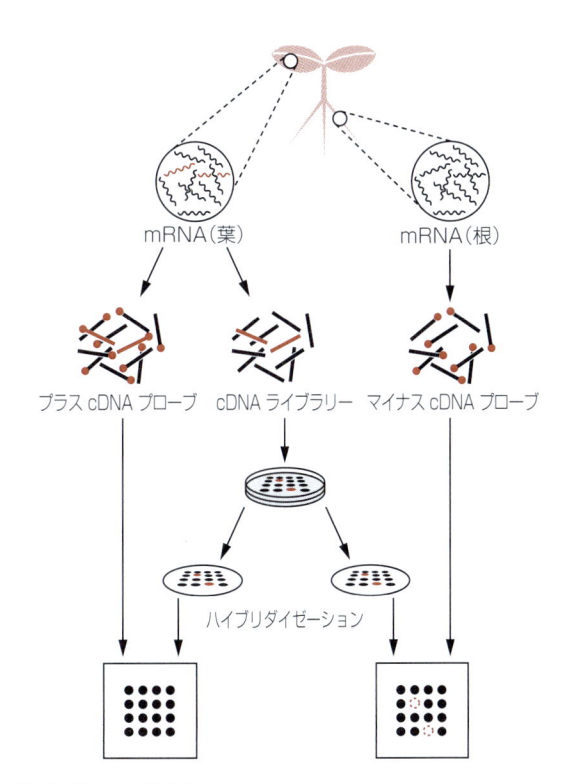

図 11.13　分別プラーク選抜法
〰〰 は葉特異的mRNA，●—〰〰 は 〰〰 から合成されたプラスcDNAプローブ．プラスcDNAプローブで検出される，◌ に対応する位置にあるプラーク(プラスミドベクターを用いた場合はコロニー)が目的遺伝子由来の cDNA 配列である．

には，確実に目的遺伝子の転写産物が含まれていなければならない．ライブラリーをプレートに展開した後，それぞれプラス集団とマイナス集団から得た mRNA を鋳型に，逆転写酵素で標識一本鎖 cDNA を合成する．ライブラリーからレプリカプレートを作成し，それぞれプラス，マイナス集団から得た標識 cDNA をプローブとしてハイブリダイゼーションを行う．プラスプローブでシグナルを検出し，マイナスプローブでは検出できないようなプラークを，マスタープレートから選抜する．こうして得た cDNA は，ノーザンブロットにより発現を解析し，間違いなく目的の組織で特異的に発現することを確認する．

　各種の発現ベクターを用いて，cDNA がコードするポリペプチドを直接に大腸菌細胞や酵母細胞中で合成させることもできる．たとえば，目的タンパク質と 6 個の連続したヒスチジンからなる融合タンパク質を大腸菌でつくらせ，ヒスチジンを標的にしたアフィニティークロマトグラフィーで精製する．ファージの RNA ポリメラーゼを用いて in vitro で転写を行い，得られた多量の mRNA からタンパク質を翻訳することもできる．

練習問題

1 アーバーらが明らかにした制限と修飾という現象を説明しなさい．
2 制限と修飾という現象の理解は，どのように遺伝子工学の発展に寄与したか．
3 制限酵素地図とは何か．どのようにしてこれを作成するか．
4 サザンハイブリダイゼーションを説明しなさい．
5 RFLP 法の原理を説明しなさい．
6 RFLP 法を用いた連鎖地図の作成法を説明しなさい．
7 pUC 系のベクターと gt10 を用いた組換え DNA の選抜法を説明しなさい．
8 サンガー法による DNA 塩基配列の決定の原理を説明しなさい．
9 PCR の原理を説明しなさい．
10 *Taq* DNA ポリメラーゼは，どのような役割を PCR で果たしているか．
11 サンガーの方法では，長い DNA の塩基配列を 1 回で決められないことがある．これを決める方法を説明しなさい．
12 精子や花粉を用いた PCR による配偶子解析には，どのような利点があるか．
13 cDNA ライブラリーの作成法を説明しなさい．
14 cDNA ライブラリーから特定遺伝子を選抜する方法のうち，分別スクリーニング法を説明しなさい．
15 cDNA ライブラリーから特定遺伝子を選抜する方法のうち，抗体を利用した選抜法を説明しなさい．
16 クローニングしようとするタンパク質の N 末端アミノ酸配列がわかっているとする．この情報を利用した遺伝子（cDNA）の選抜法を説明しなさい．
17 分別プラーク選抜法による発現遺伝子（cDNA）の選抜法を説明しなさい．

12章 トランスポゾン

　遺伝子は染色体上に一列に並んでおり，染色体の構造変異によって移動することはあるものの，常に染色体上の決まった位置を占めていると考えられてきた．3章で学んだように，遺伝地図あるいは染色体地図の作成は，この事実を基礎としている．しかし，トウモロコシにおける細胞遺伝学研究から染色体上を動き回る遺伝因子が発見された．この章では，一般に**トランスポゾン**と呼ばれる遺伝因子について学ぶ．

12.1　トランスポゾンの発見

　1931年，アメリカ・コーネル大学の講師だったマクリントック（B. McClintock）は，紫色と白色の斑入り（**モザイク**，mosaic）を示す穀粒をつけるトウモロコシの変異体に出会った．斑入りのような遺伝的不安定性は**易変遺伝子**（mutable gene）[*1]によると説明されていたが，これは個体発生における遺伝子発現調節機構の解明につながる重要な現象であると認識したマクリントックは，粘り強い細胞遺伝学的研究から染色体の切断を引き起こす遺伝因子を発見し，**切断**（Dissociation: Ds）と名づけた．さらに，Dsをもちながら染色体切断が起こらない個体があることから，Dsの発現を調節する他の遺伝因子を発見し，**アクチベーター**（Activator: Ac）と名づけた．Dsは単独では染色体切断を誘起できないが，AcがDsの**転移**（transposition）を可能にすること，さらにAc自身は単独で転移能をもつことを突き止めた．彼女はこれらの因子を総称して**調節要素**（controlling element）[*2]と呼んだ．図12.1に示すような「動く遺伝因子」の概念は，当時はまったく受け入れられなかったが，1970年代になり，細菌でも遺伝的な不安定性が見いだされ，ゲノム内を転移するDNA配列の存在が明らかになった．転移能をもつDNA配列を**可動因子**（transposable elementあるいはmobile element），もしくは**トランスポゾン**（transposon: Tn）と呼ぶ[*3]．現在，さまざまな生物におけるゲノム解析

[*1] 高頻度に自然突然変異を起こす遺伝子．多細胞生物ではモザイク〔キメラ（chimera）とも呼ぶ〕を呈する．実際に，転移能を保持するトランスポゾンは，易変遺伝子をもつと解釈されていた系統から単離されることが多い．なおキメラとは，遺伝的に異なる細胞が混在する個体のこと．元々は，ライオンの頭，ヤギの体，ヘビの尾をもつ，ギリシャ神話に登場する怪物である．

[*2] 遺伝子発現を調節する因子を一般的にいう場合はregulatory elementを用いるが，ここではマクリントックに従い，この英語を示す．

[*3] トランスポゾンの正体が分子レベルで明らかになり，ようやく認められたマクリントックは，81歳の1983年，ノーベル生理学・医学賞を受賞した．受賞の知らせを聞いた彼女は「おやまあ（Oh my dear !）」と一言いい，賞金を何に使うかと聞かれて「カーディガンを一つ買いたい」と答えたという．真理は必ず日の目を見るときがくる．

12章 トランスポゾン

図 12.1　*Ac/Ds* の転移と斑入り穀粒の関係
C^I が *C* に対して優性に作用するため，*Ds* が転移しなかった細胞は白色を呈する．*Ac* により活性化されて，*Ds* は転移する．*Ds* の転移にともなって *C^I* を含む染色体領域を失った細胞は，*C* の作用によって紫色を呈するようになる．

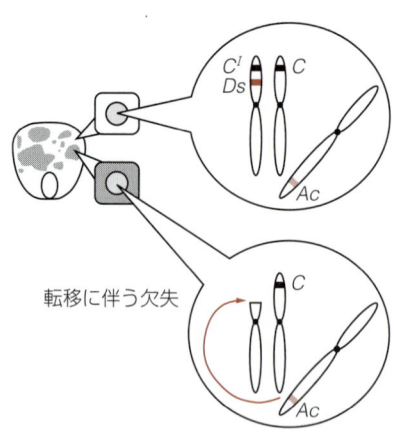

C：着色対立遺伝子（アレル）
C^I：着色抑制対立遺伝子（アレル）
Ds：非自律的トランスポゾン
Ac：自律的トランスポゾン

が進行，あるいは完了しているが，どの生物でも数多くのトランスポゾンが同定されている．

12.2　二つのクラスに大別されるトランスポゾン

トランスポゾンは，その転移機構の違いから二つのクラスに大別される．一つは転移の際に DNA 中間体を経るもので，**DNA 型トランスポゾン**，あるいは単に**トランスポゾン**と呼ばれる．DNA 型トランスポゾンは，原核生物，真核生物を問わず生物界に広く分布している．マクリントックが発見した *Ac/Ds* も DNA 型トランスポゾンの一つである．他は RNA 中間体を経るもので，**RNA 型トランスポゾン**，あるいは**レトロトランスポゾン**（retrotransposon）と呼ばれる．レトロトランスポゾンは真核生物からのみ見いだされている．

12.3　DNA 型トランスポゾンの構造と転移機構

細菌では，最も単純なトランスポゾンである**挿入配列**（insertion sequence：IS）や，転移にかかわる配列以外に，薬剤耐性遺伝子などをもつトランスポゾンが見つかっている．薬剤耐性遺伝子が二つの IS 因子にはさみ込まれた構造をとる複合トランスポゾンも存在する．真核生物のトランスポゾンは，配列の相同性や転移の標的となる配列の特異性から，表 12.1 に示すような数種類のファミリーに分類されている．

DNA 型トランスポゾンは，共通して**末端逆方向繰返し**（terminal inverted repeat：TIR）**配列**と呼ばれる反復配列を両末端にもつ（図 12.2）．それぞれのトランスポゾンが保有する TIR は高い相同性をもっている．さらに，*Ac* のように単独で転移可能な**自律的**（autonomous）因子は，転移にかかわる酵素

B. マクリントック
（1902 ～ 1992）

12.3 DNA型トランスポゾンの構造と転移機構

表12.1 各ファミリーのおもなトランスポゾン

ファミリー名	トランスポゾン名	生物種	全長(bp)	TIR(bp)	TSD(bp)
hATファミリー	Ac	トウモロコシ	4565	11/11	8
	Tam3	キンギョソウ	3629	12/13	8
	hobo	ショウジョウバエ	2959	12/12	8
CACTA (En/Spm) ファミリー	En/Spm	トウモロコシ	8287	13/13	3
	Tam1	キンギョソウ	15,164	13/13	3
	Tpn1	アサガオ	6412	28/28	3
Tc1/mariner ファミリー	Tc1	線虫	1610	54/54	2
	Mos1	モーリシャスショウジョウバエ	1286	28/28	2
	Fot1	フザリウム	1928	44/44	2
Mutator ファミリー	MuDR	トウモロコシ	4942	215/215	9
	AtMu1	シロイヌナズナ	3650	294/294	9
	Hop-78	フザリウム	3299	99/99	9

であるトランスポザーゼ(transposase)をコードしている．一方，Dsのような単独では転移できない非自律的因子は，トランスポザーゼをコードする領域の全部または一部を欠失している場合や，トランスポザーゼ遺伝子が点突然変異などにより偽遺伝子[*4]化している場合があり，活性のあるトランスポザーゼをコードしていない．しかし，自律的因子から合成される機能的なトランスポザーゼによって活性化されれば，非自律的因子は転移可能となる．トランスポゾンの両TIRの外側には短い同方向繰返し配列があるが，これはトランスポゾンの挿入に際して標的となった配列が重複した結果生じた**標的部位重複**(target site duplication: TSD)**配列**である．

トランスポゾンの転移機構には，大別して2通りある．複製をともなわな

[*4] pseudogene．活性のある祖先遺伝子に変異が生じてできた遺伝子．その変異のために転写や翻訳が本来のように正常に行われず，機能するタンパク質を生成できない．

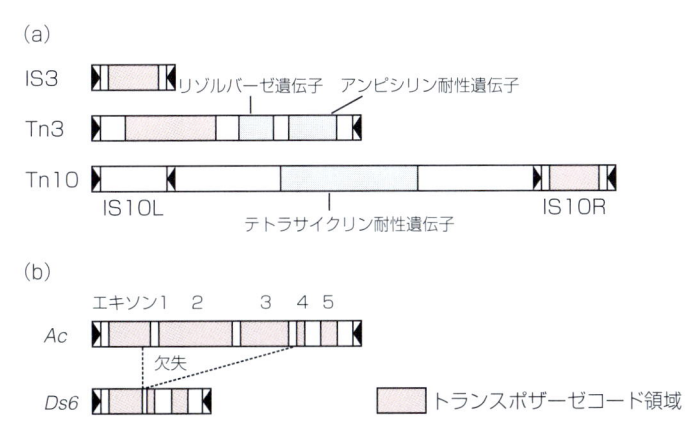

図12.2 DNA型トランスポゾンの構造
(a)原核生物，(b)真核生物．DNA型トランスポゾンはすべてTIR配列(図中の▶◀)を両端にもつ．Tn10はIS10LとIS10Rにはさまれた複合トランスポゾンである．内部に薬剤耐性遺伝子があるために，自然淘汰上の優位性からこの構造が維持されやすい．

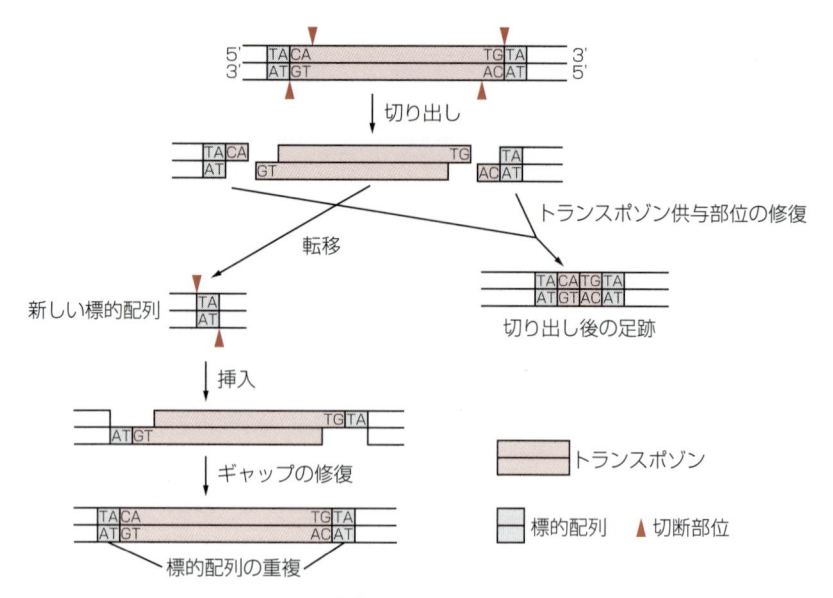

図12.3　DNA型トランスポゾンの切り貼り転移機構
*Tc1/mariner*ファミリーのトランスポゾンを例に表す．トランスポザーゼは，トランスポゾンの両端に二本鎖切断を入れ，トランスポゾンを切り出す．さらにトランスポザーゼは，トランスポゾンを標的部位に挿入する．このファミリーの因子は5′-TA-3′を標的配列として転移し，TAの重複をつくる．

い転移機構は**切り貼り転移**(cut-and-paste transposition)と呼ばれ，多くのトランスポゾンはこの機構によりゲノム内を移動する（図12.3）．トランスポザーゼはTIR内部の配列かその近傍配列に結合し，トランスポゾンを切り出し，そのトランスポゾンを宿主ゲノム中の解裂した標的部位に結合させる．TIR内の認識部位が変異したために，転移能を失った因子も存在する．トランスポゾンの挿入によって遺伝子発現が妨げられるが（12.9節参照），トランスポゾンの正確な切り出しによって，その遺伝子の発現は回復する．これは，変異型がもとの野生型に復帰する復帰突然変異を引き起こす仕組みの一つである．しかし，不正確な切り出しによってトランスポゾンの一部が遺伝子に残ることがあり，このような場合には遺伝子機能が回復しない．

　Tn3のようなトランスポゾンは**複製型転移**(replicative transposition)を行い（図12.4），転移のたびにコピー数を増加させる．複製型転移の途中に生成される2分子のDNAが連結したものを**共挿入体**(co-integrate)と呼ぶ．二つのトランスポゾン間で相同組換えが起こると，共挿入体は2分子に解離する．この解離反応は**リゾルバーゼ**(resolvase)によって引き起こされる．

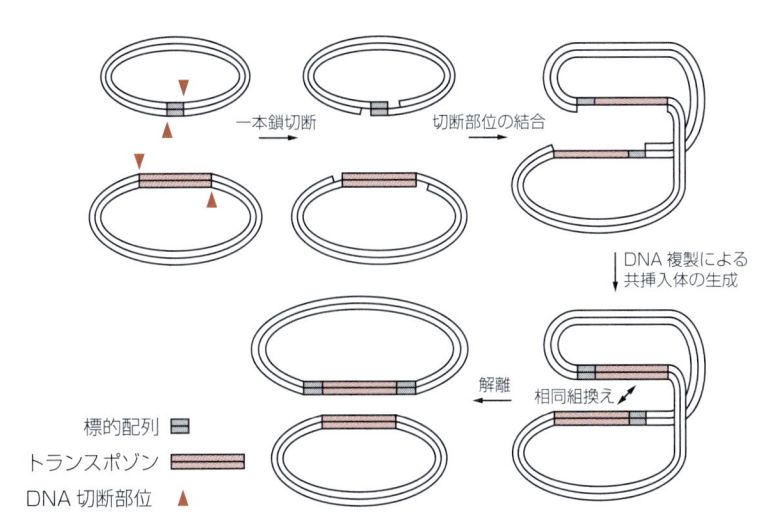

図 12.4　DNA 型トランスポゾンの複製型転移機構
トランスポゾンの両側と転移の標的部位にエンドヌクレアーゼによって一本鎖切断が入る．トランスポゾンの両端の短い5′突出部位と標的部位の3′がリガーゼにより結合する．その結果，トランスポゾンを含む DNA 分子と標的部位を含む DNA 分子は，トランスポゾンを介して結合する．その後，遊離した3′末端がプライマーとなって DNA 合成が起こる．トランスポゾンは複製され，共挿入体ができる．二つのトランスポゾン間で相同組換えが起こり，リゾルバーゼによって2分子に解離する．

12.4　レトロトランスポゾンの構造と転移機構

　レトロトランスポゾンの構造はレトロウイルスと類似している（図12.5）．レトロトランスポゾンには，配列末端に**長い末端繰返し**（long terminal repeat：LTR）**配列**をもつ因子ともたない因子がある．LTR をもつ因子を**LTR 型レトロトランスポゾンまたはレトロウイルス型レトロトランスポゾン**と呼び，LTR をもたない因子を**非 LTR 型レトロトランスポゾンまたは非レトロウイルス型レトロトランスポゾン**と呼ぶ．LTR 型レトロトランスポゾ

図 12.5　レトロウイルスとレトロトランスポゾンの構造
レトロウイルスは RNA ウイルスであるが，宿主ゲノムに挿入された状態のプロウイルスとして表記している．非LTR型レトロトランスポゾンは3′末端にポリ（A）領域をもつ．

ンは *Ty3/gypsy* ファミリーと *Ty1/copia* ファミリーの二つからなる[*5]．両ファミリーはともに，*gag* と *pol* と呼ばれる遺伝子をもっている．*gag* は，レトロウイルスでは構造タンパク質である**キャプシド**(capsid)と呼ばれる外被タンパク質をコードし，*pol* は因子の複製に関与する酵素をコードしている．*Ty3/gypsy* ファミリーはレトロウイルスと同様に *env* 遺伝子をもつが，*Ty1/copia* ファミリーはこれをもたない．*env* は，**エンベロープ**(envelope)と呼ばれる脂質を主成分とする外殻中にある膜タンパク質をコードする．*Ty3/gypsy* ファミリーにはウイルス様の粒子を形成する因子も発見されている．*gag, pol, env* からは1本のポリタンパク質[*6]が合成されるが，これがプロテアーゼによって切断され，結果としてそれぞれの遺伝子から機能する数個の成熟タンパク質が生成される．*pol* からは**逆転写酵素**(reverse transcriptase)や**インテグラーゼ**(integrase)などができる．

非 LTR 型レトロトランスポゾンには，**LINE**(long interspersed nuclear element)と **SINE**(short interspersed nuclear element)がある．LINE は転移に必要な *pol* をもっており，自律的である．SINE は *pol* を欠くために非自律的であるが，LINE から合成された逆転写酵素を利用することによって転移できる．この関係は，トウモロコシの DNA 型トランスポゾンである *Ds, Ac* の関係(12.1節参照)とよく似ている．

レトロウイルスの生活環を図 12.6 に示す．レトロウイルスのゲノムは一本鎖プラスセンス RNA(＋鎖[*7])であるが，宿主細胞に感染後，逆転写を経て二本鎖 DNA につくりかえられる．二本鎖 DNA は環状構造をとることも

[*5] *Ty3* と *Ty1* は出芽酵母(*Saccharomyces cerevisiae*)の，*gypsy* と *copia* はショウジョウバエの因子である．

[*6] 二つ以上のタンパク質をコードした一つの mRNA(ポリシストロン性の mRNA)から合成されるタンパク質．翻訳後に切断され，複数の独立したタンパク質が生成される．シストロンについては 6.5.2 項および 9.2.3 項参照．

[*7] 一本鎖 RNA ウイルスのもつ RNA 鎖は，それ自体タンパク質をコードしており，翻訳に使われる．タンパク質をコードしたコドンの並んでいる側の鎖を＋鎖と呼び，＋鎖に相補的な鎖を－鎖という．

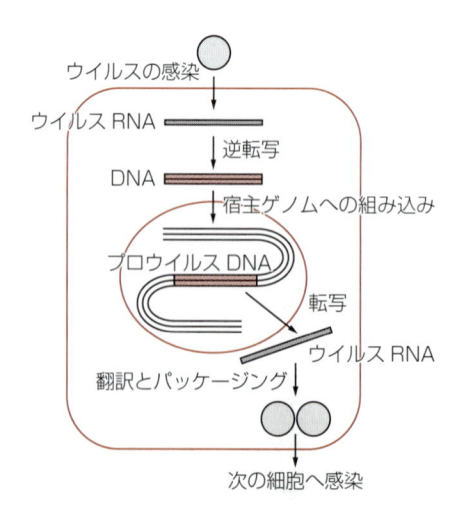

図 12.6 レトロウイルスの生活環
RNA から逆転写によりできた DNA は宿主ゲノムに挿入され，プロウイルス DNA と呼ばれる．さらに転写によりできたウイルス RNA からは，ウイルスを構成するタンパク質が合成される．ウイルス RNA はパッケージングされ，宿主細胞外へ出る．

あるが，線状の二本鎖DNAはインテグラーゼにより宿主ゲノムに組み込まれる．宿主ゲノムに挿入された状態のウイルスを**プロウイルス**（provirus）と呼ぶ．プロウイルスDNAからレトロウイルスの一本鎖RNA全長が合成されるが，この過程は**プロウイルス誘導**（provirus induction）[*8]として知られている．一本鎖RNAはウイルス粒子にパッケージングされて，増殖したレトロウイルスが細胞外へ出，さらに新たな細胞に感染する．

LTR型レトロトランスポゾンも転移する（図12.7）．宿主ゲノム中のLTR型レトロトランスポゾンはRNAに転写され，このRNAを鋳型として *pol* がコードする逆転写酵素などによって二本鎖DNAが合成され，完全なLTR型レトロトランスポゾンが複製される．*pol* がコードする別の酵素であるインテグラーゼによって宿主ゲノム中の標的部位が切断され，複製されたLTR型レトロトランスポゾンが組み込まれる．図12.8に示すように，非LTR型レトロトランスポゾンも転移するが，その転移機構は少し異なっており，標的部位が切断された後に，逆転写と挿入が同時に起こる．

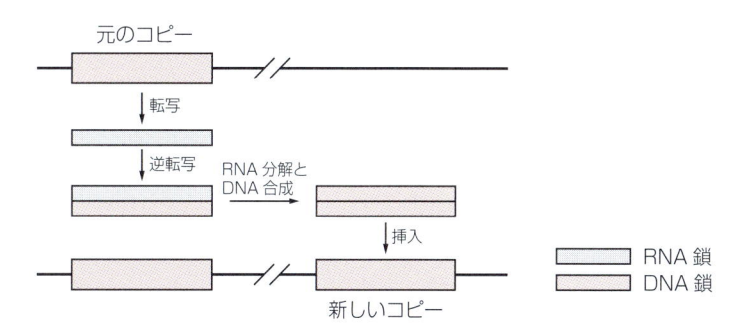

[*8] プロファージ誘導については6.5.3項参照．なお，細菌に感染するウイルスをバクテリオファージあるいは単にファージといい，真核細胞に感染するウイルスと区別する．

図12.7　LTR型レトロトランスポゾンの転移機構
LTR型レトロトランスポゾンの構造はレトロウイルスと酷似しているが，LTR型レトロトランスポゾンが細胞外に出ることはなく，転移により細胞内でコピー数を増やす．

12.5　ショウジョウバエの雑種発生異常とP因子

ショウジョウバエの実験室系統には，**P系統**（paternal stock）と**M系統**（maternal stock）の2種類がある．P系統の雄とM系統の雌との間で交配を行うと，F_1で突然変異，染色体構造変異，分離異常，不妊などの異常が頻繁に起こる（図12.9）．この現象は**雑種発生異常**あるいは**雑種崩壊**（hybrid dysgenesis）と呼ばれ，生殖細胞を分化する生殖系列組織に特異的に起こる．一方，M系統の雄とP系統の雌を交配したときには，これが起こらない．一連の雑種発生異常の研究から，DNA型トランスポゾンである**P因子**（P element）が発見された[*9]．P系統は30から50のP因子をゲノム内にもつが，M系統はP因子をもたないこと，さらに雑種発生異常はP因子の転移によることがわかった．P因子は複製をともなわない切り貼り転移を行うが，ゲ

[*9] 興味深いことに，1950年以前に世界中から採集されたショウジョウバエは，すべてP因子をもっていない．しかし，1970年代および1980年代初期に採集されたショウジョウバエからはP因子が見つかっており，この事実から，ショウジョウバエ集団内で急速にP因子が広まったことがわかる．これは後述するP因子の水平移行に起因する．

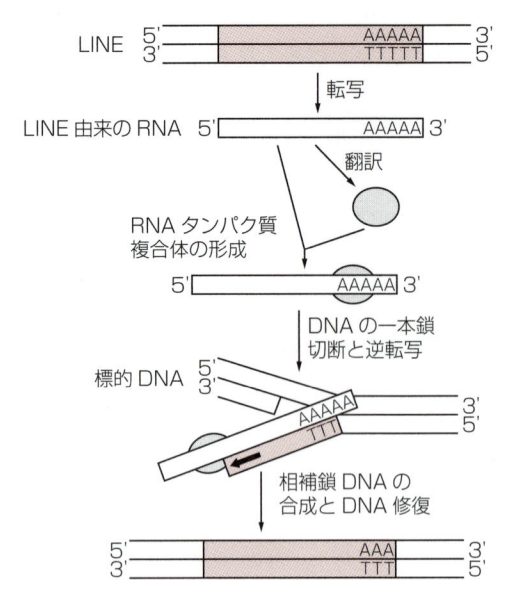

図12.8　LINEの転移機構
LINE由来のRNAから合成された逆転写酵素などは，そのRNAと結合してRNAタンパク質複合体を形成する．RNAタンパク質複合体は標的DNA部位にニックを入れ，その結果できた3′-OH末端がプライマーとなり，逆転写が起こる．この転移機構はTPRT（target-DNA primed reverse transcription）と呼ばれる．元のLINEはそのままであるから，転移にともないコピー数が増加する．

ノム内には多数のコピーが存在する．これは，相同染色体あるいは姉妹染色分体にあるP因子の配列を鋳型として切り出された部位を修復する機構（gap repair mechanism）により，転移に伴いコピー数を増加させるためである．

完全なP因子は全長2907 bpで，両端に31 bpのTIRをもつ．転移の際には8 bpのTSDができる．P因子の内部には，四つのエキソンと三つのイントロンからなるトランスポザーゼ遺伝子が存在する（図12.10）．ショウジョウバエには，この自律的因子以外に，内部に欠失がある非自律的因子が多数存在する．

P因子の転移が生殖系列組織に特異的であるのは，**選択的スプライシング**（alternative splicing）[*10]のためである（図12.10, 10.6節参照）．生殖系列の細胞では，P因子の一次転写産物からすべてのイントロンが除去され，ORF0からORF3のみからなるmRNAができる．このmRNAは翻訳され，87 kDaの活性のあるトランスポザーゼが合成される．一方，体細胞ではイントロン3が除去されずに，mRNA中に残ってしまう．その結果，ORF0からORF2までの領域で翻訳が終了し，第3エキソンに由来する部分を欠いた66 kDaのタンパク質が合成される．このタンパク質はリプレッサーとして作用し，P因子の転移を抑制する．体細胞でイントロン3が除去されないのは，

[*10] 同じ一次転写産物RNAから，スプライシングの違いによって異なる成熟したmRNAができるため，結果として異なる複数種類のタンパク質が合成される現象．エキソンが除去される場合や，イントロンが除去されずに残される場合がある．

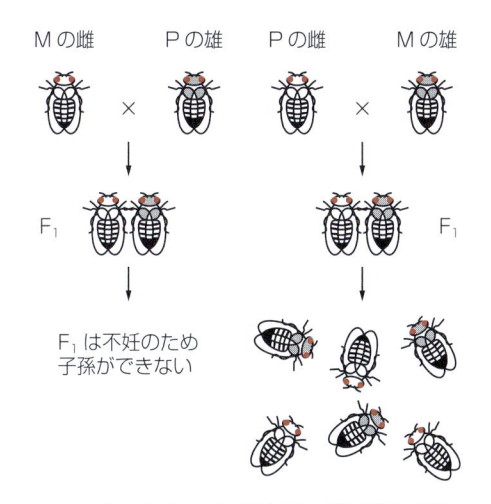

図 12.9　ショウジョウバエの正逆交雑と雑種発生異常
M系統の雌とP系統の雄の交配では雑種発生異常が起こるが，逆の交配では正常な子孫が生まれる．

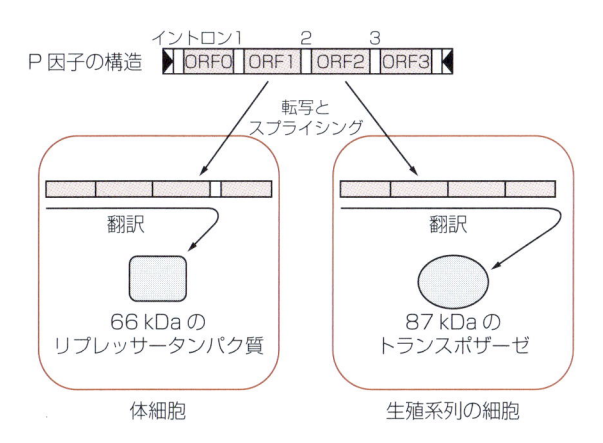

図 12.10　P因子の構造と転移の組織特異性
生殖系列の細胞においてのみ活性のあるトランスポザーゼが合成されるために，P因子の転移は生殖系列組織特異的に起こる．

ORF2に結合してスプライシングを妨げるタンパク質が存在するためである．さらに，正逆交雑でP因子の転移活性が異なることから，細胞質が関与することがわかる．P因子をもつ系統の細胞質タイプ(cytotype)を **P細胞質タイプ**，P因子をもたない系統の細胞質タイプを **M細胞質タイプ** と呼ぶ．P細胞質タイプの生殖系列組織では，スプライシング抑制タンパク質が少量合成されるため，66 kDaのリプレッサータンパク質が合成されている．リプレッサータンパク質は卵細胞を通じてF_1に伝わり，P因子の転移を抑制する．このためP系統の雌とM系統の雄という交配組合せではP因子の転移が抑制され，雑種発生異常が生じない．

12.6 転移活性の抑制機構

マクリントックが予見した通り，トランスポゾンはゲノム進化の促進効果をもたらし，自然選択における個体の適応度を向上させる作用をもつと考えられている．一方で，必須な遺伝子の発現を異常にする可能性，あるいは遺伝子機能自体を破壊する可能性がある．したがって一般に，宿主はトランスポゾンの転移を抑制するさまざまな機構を発達させ，トランスポゾンの悪影響から自身のゲノムを保護している．

アカパンカビや，イネに感染し植物防疫上重要なイモチ病菌（*Magnaporthe grisea*）などの糸状菌の一部では，**RIP**（repeat-induced point mutation）と呼ばれる突然変異誘発機構が見いだされている．この機構は，有性世代の特定の時期に，ある程度の長さと相同性をもつトランスポゾンのような反復配列内でC：GからT：Aへの塩基置換，すなわち**トランジション**（transition）[*11]を高頻度に誘発するものである．塩基置換が集積したトランスポゾンは転移能を失っていく．アカパンカビでは，*Tad* と名づけられた非LTR型レトロトランスポゾンがRIPにより不活性化されている．

RIPと異なり，DNAの塩基配列を変異させることなしにトランスポゾンを不活性化する機構も見つかっている．塩基配列の変化を伴わずに子孫や娘細胞に伝達される遺伝子発現の変化は，一般に**エピジェネティック（後成的）な制御**（epigenetic regulation）と呼ばれる（10.5節参照）．その機構の一つとして，シトシン残基のメチル化による転写時の遺伝子発現抑制（transcriptional

[*11] プリン塩基から別のプリン塩基への置換（A→G, G→A），あるいはピリミジン塩基から別のピリミジン塩基への置換（C→T, T→C）を指す．プリン塩基からピリミジン塩基への置換（A→T, A→C, G→T, G→C）や，その逆方向への置換はトランスバージョン（transversion）という．

Column

進化の眠りから覚めたトランスポゾン

「眠れる森の美女（Sleeping Beauty）」を知っている人は多いだろう．バレエやディズニー映画にもなっている童話である．実は，人工的に再構築され，転移活性をとりもどした *Sleeping Beauty* というDNA型トランスポゾンがある．トランスポザーゼをコードする領域に塩基置換や挿入，欠失などの変異があるために，現在まで転移活性を維持しているDNA型トランスポゾンは脊椎動物にはあまり存在しない．1997年，アイビック（Z. Ivics）らは，サケなどの8種類の魚類で見いだされた転移能をもたない12個の *Tc1* 様のDNA型トランスポゾンを整列・比較し，転移活性があったと考えられる祖先型のトランスポザーゼ配列を推定し，PCRを応用した部位特異的変異導入によりそれを再構築した．完成したトランスポゾンの転移活性をコイ，マウスおよびヒトの培養細胞で試験したところ，期待されるような切り貼り転移が確認された．再構築されたトランスポゾンが自律的因子として働いたのである．

王子の来訪によって100年の眠りから覚めた姫のように，科学者の手によって長い進化の眠りから目覚めたトランスポゾンは *Sleeping Beauty* と名づけられた．現在，*Sleeping Beauty* はさらに改良を加えられており，マウスやゼブラフィッシュなどの脊椎動物において，遺伝子破壊やエンハンサートラップ（トランスポゾンタギング，12.9節参照）による遺伝子単離の道具として活用され始めている．さらには，ヒトにおける遺伝子治療用のベクターとしても期待されている．

gene silencing: TGS)があげられる．脊椎動物や高等植物のシトシン残基は高度にメチル化されており，数種類のDNAメチル化に関与する遺伝子が見いだされている．DNAメチルトランスフェラーゼ遺伝子 *Dnmt1* をノックアウト[*12]したマウスでは，*IAP*(intracisternal A particle, イントラシスターナルA粒子)と呼ばれるLTR型レトロトランスポゾンの転写抑制が解除され，転写量が増大する．シロイヌナズナの *ddm1* 変異体ではメチル化の程度が低下しており，CACTAファミリーの *CACTA1* や *Mutator* ファミリーの *AtMu1* の転移が活性化する．DNAのメチル化はトランスポゾンの転移を抑制する機構の一つである．

線虫(*Caenorhabditis elegans*)のゲノムではDNAのメチル化はまったく見つかっていない．しかし，線虫のトランスポゾン *Tc1* は，体細胞では転移するが，生殖系列細胞での転移は抑制されている．これには転写後の遺伝子発現抑制(post-transcriptional gene silencing: PTGS)である **RNAi(RNA干渉**, 10.7節参照)と呼ばれる機構が関与している．RNAiによる *Tc1* の転移抑制機構を図12.11に示す．線虫では *Tc1* の転移抑制が解除された突然変異体が得られているが，なかにはRNAiを行えないものがある．実際に，*Tc1* に由来する二本鎖RNA(double strand RNA: dsRNA)やsiRNA(small interfering RNA)も検出されている．RNAiもトランスポゾンの転移を抑制する機構の一つである．

[*12] 野生型アレルに何らかのDNA断片を挿入することによって遺伝子機能を破壊し，ヌルアレル(null allele)を作成すること．マウスでは，遺伝子ターゲティングにより野生型アレルとヌルアレルとの置換が可能である．なおヌルアレルとは，タンパク質をまったく生成しないか，機能のあるタンパク質を生成しないために，機能をまったくもたないアレルのことである．通常は劣性を示す．

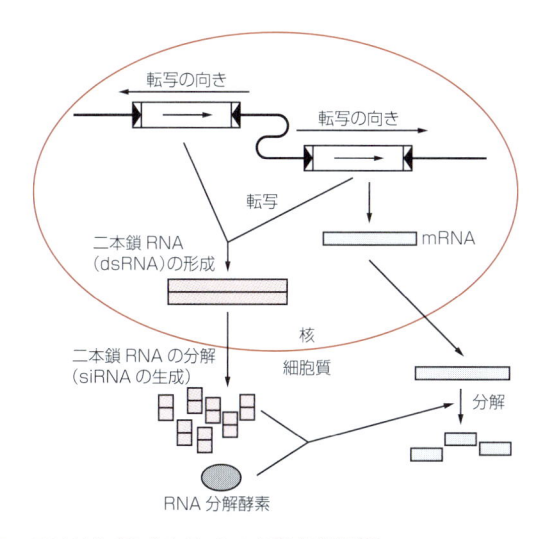

図12.11 RNAiに基づく *Tc1* の転移抑制機構
Tc1 に近接するプロモーター配列から，*Tc1* 全長の転写産物が合成される．プロモーター配列の位置によっては逆向きのRNAも合成され，結果としてdsRNAが形成される．全長の転写産物に含まれるTIR領域を介した部分的なdsRNAが形成される可能性もある．dsRNAは分解され，20～27塩基のsiRNAが生成される．RNA分解酵素がsiRNAと複合体をつくり，本来のトランスポザーゼをコードしたmRNAに結合し，mRNAを分解する．

12.7 ゲノム進化の原動力としてのトランスポゾン

ヒトゲノムの約45％はトランスポゾンで構成されている（表12.2）．突然変異がトランスポゾン内に蓄積することにより，現在ではトランスポゾン由来の配列であると認識できない配列も存在するので，トランスポゾン由来の配列はさらに大きな割合を占めると考えられる．ヒトゲノム中に最も多く存在するトランスポゾンはSINEで，なかでも*AluI*因子がその大部分を占める．ついで多いのはLINEであり，大部分はLINE1（L1）と呼ばれる因子で構成されている．LINEはコピー数ではSINEよりも少ないが，個々の因子が長いことから，全ゲノムに占める割合ではLINEが上回っている．SINEやLINEのようなレトロトランスポゾンとは対照的に，DNA型トランスポゾンがヒトで占める割合は小さい．一般に，ゲノム中に占めるトランスポゾンの割合や構成因子の組成は生物種によって異なる．

表 12.2　ヒトゲノムに占めるトランスポゾンの構成

種類	コピー数（×10^3）	全ゲノムに占める割合（％）
レトロトランスポゾン		
SINE 因子	1558	13.14
AluI	1090	10.6
LINE 因子	868	20.42
LINE1	516	16.9
LTR 型因子	443	8.29
DNA 型トランスポゾン	294	2.84
その他	3	0.14
合計		44.83

Lander *et al.*, 'Initial sequencing and analysis of the human genome', *Nature*, **409**, 860（2001）より簡略化し，引用．

*13　現在までに，メンデルの用いた七つの遺伝子のうち，三つが単離・同定されている．三つとは，種子の形に関する遺伝子 *R/r*，草丈に関する遺伝子 *Le/le*，そして種子の色に関する遺伝子 *I/i* である．種子の表面をなめらかで丸くする対立遺伝子 *R* は澱粉枝作り酵素 (Starch-branching enzyme I) をコードする遺伝子であったが，種子の表面にしわをよらせる対立遺伝子 *r* は内部に約 0.8 kbp の *Ac/Ds* 様トランスポゾンの挿入がある機能を失った変異遺伝子であった．

*14　プロセシング（転写後調節）を受けた mRNA に逆転写酵素が作用してできた二本鎖 DNA が，染色体中に挿入されて生じた遺伝子．プロモーター領域やイントロンをもたない他に，3′末端には A・T 対が続く領域があるという構造上の特徴をもつ．プロモーター領域を欠くため，通常は偽遺伝子である．

トランスポゾンはさまざまなかたちでゲノムの構造と機能に影響を及ぼす．当然，転移によってゲノム構造は変化する．メンデルが用いた七つの変異遺伝子（2.3節参照）のうち少なくとも一つは，トランスポゾンの挿入不活化に起因する突然変異である[*13]．マウスでは新たな突然変異の約10％がトランスポゾンの転移に起因しており，そのほとんどは *IAP* の挿入による．転移活性がない場合でも，ゲノム内に散在する塩基配列のよく似たトランスポゾン間で相同組換えが起こり，染色体の欠失，重複，逆位や転座のような染色体の再編成を誘起することがある．LINEから合成される逆転写酵素の働きにより，トランスポゾンとは無関係な mRNA から機能を失ったプロセシング済み偽遺伝子が生じ，ゲノム中に組み込まれることもある．同様の機構で活性のある**プロセシング済み遺伝子**（processed gene）[*14]が生じることもあり，ヒトでは少なくとも八つの遺伝子がプロセシング済み遺伝子と考えられている．L1は，その5′側および3′側周辺の配列を自身といっしょに移動

させることがある．この現象を**L1による形質導入**と呼ぶ．ヒトゲノムの0.5%から1.0%は，L1による3'隣接配列の形質導入によるものと推定されている．たとえば，ある遺伝子のイントロンに挿入されていたL1がその3'側にあるエキソンを巻き込んで，他の遺伝子内に転移すれば，**エキソンのかき混ぜ**（exon shuffling）による新たな遺伝子が生じる可能性がある．トランスポゾンの挿入に伴い，その近傍にある遺伝子の発現パターンが変化することがある．これは，挿入箇所近傍の遺伝子がトランスポゾン内にあるプロモーターやエンハンサーなどのシス因子による制御を受けるようになるためである．トランスポゾンを起源として新しい遺伝子が生じることもある．ヒトでは少なくとも47の遺伝子がトランスポゾンに由来すると考えられている[*15]．

12.8 トランスポゾンの水平移行

P因子のように，トランスポゾンは**水平移行**（horizontal transfer あるいは lateral transfer）によって宿主範囲を拡大することがある．類縁関係の遠い生物種間で驚くほど相同性の高い*mariner*（表12.1参照）が見つかることがあり（図12.12），これは水平移行を裏づける証拠の一つである．

トランスポゾンの転移には，トランスポザーゼの他に，宿主がもつ因子も必要である．この役目を果たす宿主因子は，本来はトランスポゾンの転移の

*15 たとえば，免疫グロブリンとT細胞抗原受容体遺伝子の*V*(D)*J*連結にかかわるRAG1, RAG2という組換え酵素をコードする遺伝子は，DNA型トランスポゾンを起源にもつ．染色体末端構造を維持するためのテロメラーゼ（4.2.2項参照）は，非LTR型レトロトランスポゾンの逆転写酵素に由来する．

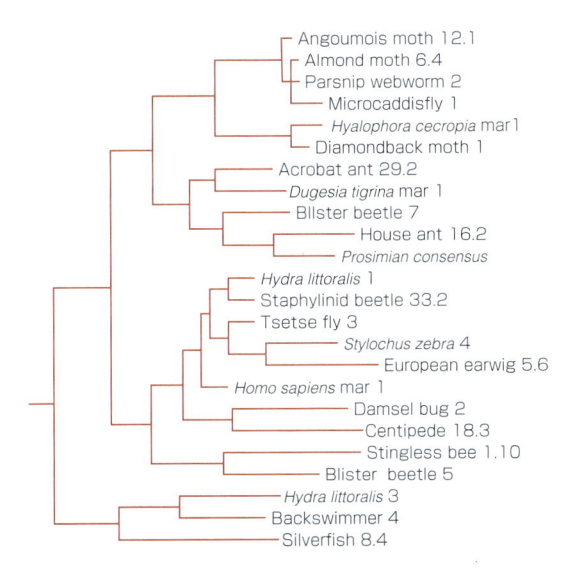

図12.12 さまざまな動物で見つかった*mariner*の系統関係

ヒトの*mariner*は，ヒドラや昆虫の*mariner*と一つのクラスターを形成している．これらの生物の共通の祖先は6億年前にまでさかのぼるが，それぞれの*mariner*がコードするトランスポザーゼはアミノ酸レベルで85%の相同性を示す．H. M. Robertson *et al.*, 'The *mariner* transposons of animals: Horizontally jumping genes' in "Horizontal Gene Transfer", 2nd edition, ed. by M. Syvanen and C. I. Kado, Academic Press (2002), Figure 16.3 を一部改変．

ためでなく，宿主細胞自身が合成しているDNA結合タンパク質やDNA修復にかかわる酵素などである．P因子の分布域が双翅目昆虫に限定されていることから，P因子の転移に必要な宿主因子も双翅目昆虫のみに存在していると考えられる．ノサシバエ(*Haematobia irritans*)やモーリシャスショウジョウバエ(*Drosophila mauritiana*)由来のトランスポザーゼが *in vitro* での *mariner* の転移を誘導することから，*mariner* の転移には宿主因子がとくに必要でないと考えられる．*mariner* が脊椎動物と無脊椎動物を含む広範な動物群や高等植物に分布しているのは，このためだろう．

　昆虫をおもな宿主とするバキュロウイルスは二本鎖DNAウイルスであり，このウイルスのゲノムから *Tc1/mariner* ファミリーに属するトランスポゾンが見つかっている．バキュロウイルスは昆虫のもつトランスポゾンを運んだ可能性がある[*16]．また，ダニがショウジョウバエの卵や幼虫から吸汁した液中からP因子が検出されており，P因子はダニによって水平移行した可能性がある．

＊16　そのほかに，ネズミなどの齧歯類哺乳動物を宿主とすることが知られているポックスウイルスのゲノムから，ヘビなどの爬虫類動物に特異的に分布するSINEが発見されている．このポックスウイルスは爬虫類をも宿主とする可能性が考えられ，爬虫類から哺乳類へとSINEを運ぶ可能性が指摘されている．

12.9　トランスポゾンの利用

　トランスポゾンは生物学上興味深い存在であるが，分子生物学的研究の道具としても大いに利用されている．自律的なP因子をプラスミドに挿入し，この組換えプラスミドをショウジョウバエのM系統の胚に注入したところ，切り貼り転移によりP因子がゲノム内のさまざまな部位に挿入されることがわかった．そこで，次のようなP因子をベクターとしたショウジョウバエの形質転換法が考案された．すなわち，トランスポザーゼをコードする領域の大部分を欠失しているがTIRは残っているP因子をプラスミドに挿入し，P因子ベクターを作成する．一方で，トランスポザーゼ遺伝子は完全であるが，TIRに欠失があるP因子〔羽なし(wings-clipped)因子〕を作成し，プラスミドに挿入する．羽なし因子からは活性のあるトランスポザーゼが生産されるが，TIRにあるトランスポザーゼの認識部位を欠くために，自身は転移できない．しかし，羽なし因子は他のP因子の転移をトランスに誘導できるので，羽なし因子を含むプラスミドを**ヘルパープラスミド**(helper plasmid)と呼ぶ．導入したい目的遺伝子をP因子ベクター中のTIRにはさまれた領域に挿入し，ヘルパープラスミドとともに胚に注入すると，目的遺伝子はP因子ごと染色体中に組み込まれる．形質転換体の選抜を容易にするために，通常，P因子ベクターには眼色に関するマーカー遺伝子をもたせてある．

　すでに述べたように，トランスポゾンの挿入により何らかの遺伝子が破壊され，表現型が変化することがある．トランスポゾンは変異源の一つであり，この特徴を利用して未知の遺伝子を単離・同定する**トランスポゾンタギング**

12.9 トランスポゾンの利用

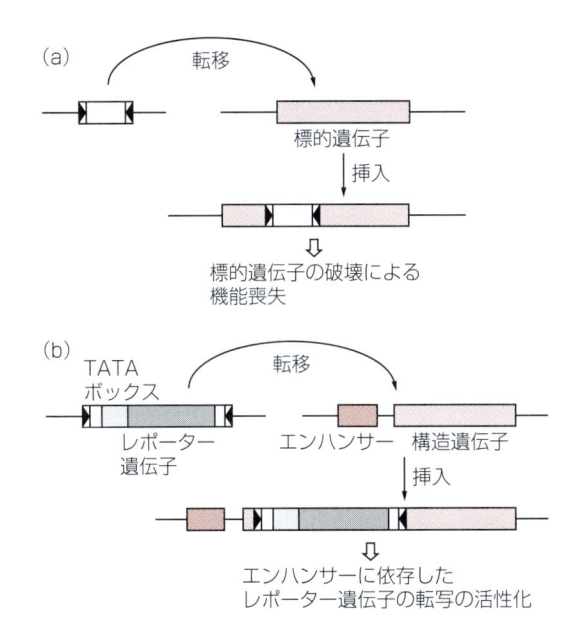

図 12.13 トランスポゾンを利用した遺伝子単離法の基本原理
(a) トランスポゾンタギング, (b) エンハンサートラップ法.

(transposon tagging) と呼ばれる方法が開発されている〔図 12.13(a)〕. トランスポゾンの挿入による突然変異体が得られれば, その配列を目印にして**ゲノムライブラリー** (genomic library)[*17] のスクリーニングや PCR によって周辺領域を単離し, 表現型の変化の原因となった遺伝子を同定できる. このため, 薬剤や放射線により作出した突然変異体を材料とするよりも, 原因遺伝子の単離が容易になる. 転移活性があって利用しやすい内在性のトランスポゾンが同定されていない生物では, 種を超えて転移活性を示すトランスポゾンを形質転換して利用する方法がとられている. たとえば, *Ac/Ds* はイネ[*18] やシロイヌナズナで利用されている.

トランスポゾンを利用したもう一つの重要な技術は**エンハンサートラップ法** (enhancer trap method) である〔図 12.13(b)〕. 最小プロモーターにつないだ**レポーター遺伝子** (reporter gene)[*19] をトランスポゾンに組み込み, ゲノム内の多くの部位に転移させる. 最小プロモーターだけではレポーター遺伝子はほとんど発現しないが, 挿入部位近傍にエンハンサー (10.4.1 項参照) が存在する場合, エンハンサーに依存してレポーター遺伝子が発現する. これにより, 組織・器官特異的, 発育段階特異的, あるいはストレス特異的な発現を誘導するエンハンサーや, その発現調節を受ける遺伝子を同定できる.

[*17] ある生物の全ゲノム DNA を制限酵素によって切断し, 生成した DNA 断片をベクターに挿入してできた DNA クローンの集合体のこと. プラスミド, ファージあるいは酵母人工染色体 (yeast artificial chromosome: YAC) などがベクターとして用いられるが, 挿入する DNA 断片のサイズによってベクターを選択する (11 章参照).

[*18] 現在では, *Tos17* と名づけられた内在性の LTR 型レトロトランスポゾンを用い, イネの遺伝子破壊系統が多数作出されており, 精力的に遺伝子の同定が進められている.

[*19] 遺伝子の発現量を調べたり, 遺伝子の発現部位あるいは時期を観測したりするために用いられる遺伝子. 特定の基質と反応して着色した物質を生成する酵素をコードするか, 蛍光を発するタンパク質をコードする. 前者には *lacZ* 遺伝子 (9.2 節参照) や GUS (β グルクロニダーゼ) 遺伝子などがあり, 後者には GFP (green fluorescent protein, 緑色蛍光タンパク質) 遺伝子などがある.

12章　トランスポゾン

練習問題

1. トランスポゾンの転移により引き起こされる斑入りが，トウモロコシの穀粒やアサガオの花弁などに見られる．斑入りのスポットに大きさの違いがあるのはなぜか，説明しなさい．

2. ショウジョウバエのP因子は切り貼り転移を行うが，ゲノム内に多数のコピーをもつ系統がある．これはなぜか，説明しなさい．

3. ショウジョウバエの雑種発生異常は，交雑の組合せによって結果が異なる．これはなぜか，説明しなさい．

4. トランスポゾンの転移活性を抑制する機構にはどのようなものがあるか，説明しなさい．

5. 半数体ゲノムあたりのDNA量をC値（C-value）という．C値と進化的複雑性は必ずしも相関があるわけではない．このことをC値パラドクスという．C値パラドクスは長い間謎であったが，現在では説明できるようになった．これを説明しなさい．

6. トランスポゾンはさまざまなストレスによってその転移が活性化されることが知られている．このことにはどのような意義があると考えられるか，論じなさい．

7. トランスポゾンの水平移行を証明するためにはどのような証拠を得る必要があるか，説明しなさい．

13章 細胞質遺伝とオルガネラゲノム

　真核生物の遺伝情報の圧倒的な部分は核に存在するが，細胞質内にある2種類の**小器官**(**オルガネラ**, organelle)，すなわちミトコンドリアと葉緑体にも遺伝情報が存在する．細胞質オルガネラが関与する非メンデル性の遺伝現象を**核外遺伝**，**母性遺伝**あるいは**細胞質遺伝**と呼ぶ．この章では，細胞質遺伝と，それをつかさどるオルガネラゲノムについて学ぶ．

13.1　母性遺伝と細胞質遺伝

　一般に正逆交雑[*1]で結果が異なり，F_1が常に母親の形質を表す場合，これを**母性遺伝**(maternal inheritance)と呼ぶ．ただし，母性遺伝という用語には二つの意味が含まれており，解釈には注意を要する．一つはカイコの卵色で最初に報告された特殊な遺伝現象で，**遅発遺伝**(delayed inheritance)とも呼ばれる．もう一つはトウモロコシなどの斑入りが母親から子孫に伝えられる場合で，次節で解説する細胞質遺伝がこれにあたる．

　遅発遺伝では，一見して子孫の分離がメンデルの遺伝法則に従わないように見える．しかし，顕性遺伝子の発現が1世代ずつ遅れて現れると考えると，この現象が実はメンデル遺伝の範疇にあることを理解できる．このタイプの母性遺伝の格好の例は，スターテバントらが解析したモノアラガイの貝殻の**巻き性**(**左右性**)で見られる(図13.1)．右巻きの雌(s^+/s^+)と左巻きの雄(s/s)を交配すると，F_1(s^+/s)はすべて右巻きである．ところがF_2(遺伝子型は$s^+/s^+ : s^+/s : s/s = 1 : 2 : 1$)では3:1の分離が見られず，すべてが右巻きとなる．さらにF_3では，F_2の四分の一で分離する遺伝子型s/sの子孫だけが左巻きとなる．一方，逆交雑では，F_1(s/s^+)は左巻きであるが，F_2はすべて右巻きで，F_3では，F_2の四分の一で分離するs/sの子孫が左巻きとなる．この例では，右巻きを決める対立遺伝子(アレル)のs^+は，左巻きを決めるsに対して顕性であるが，母親がs^+をもつときにのみ顕性形質を表す．s対立

[*1] reciprocal cross. 相反交雑ともいう．ある交雑の後に，雌雄を入れ換えて行う交雑．あるいはこの2組の交雑を合わせて正逆交雑と呼ぶ．

13章　細胞質遺伝とオルガネラゲノム

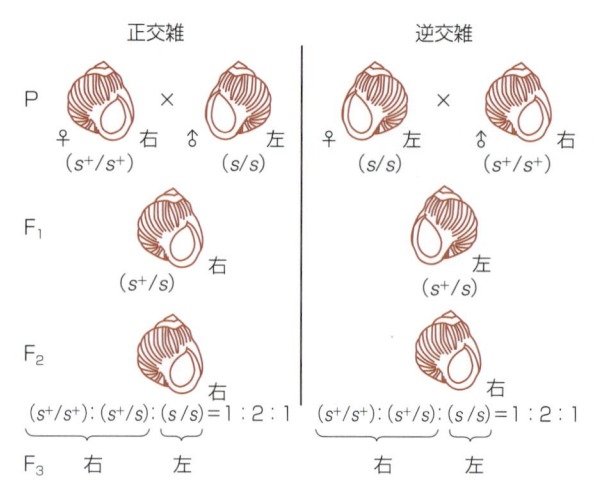

```
              正交雑                          逆交雑
P      ♀右    ×   ♂左              ♀左    ×   ♂右
     ($s^+/s^+$)    ($s/s$)          ($s/s$)    ($s^+/s^+$)

F₁         右                            左
        ($s^+/s$)                    ($s^+/s$)

F₂         右                            右

   ($s^+/s^+$):($s^+/s$):($s/s$)=1:2:1   ($s^+/s^+$):($s^+/s$):($s/s$)=1:2:1
F₃    右              左              右              左
```

図 13.1 モノアラガイの巻き性の遺伝様式

遺伝子（s アレル）はそれ自身で巻き性を決定できず，ホモ接合 s/s でも母親が s^+ をもてば右巻きとなる．子の巻き性は，子の遺伝子型ではなく母親の遺伝子型によって支配されている．

13.2　細胞質遺伝

細胞質（cytoplasm）が遺伝現象に関与するという事実，すなわち**細胞質遺伝**（cytoplasmic inheritance）の発見は古く，メンデルの遺伝法則の再発見者の一人，コレンス[*2]による 1909 年の報告にまでさかのぼる．コレンスは，オシロイバナ（*Mirabilis jalapa*）の**斑入り現象**（variegation phenomena，**アルビノモザイク現象**）を発見した．表 13.1 にコレンスの実験データを示す．

黄色と表示した変異体は異常な葉緑体（chloroplast）をもち，葉が黄色を呈する．斑入りと表示した変異体の葉は，正常な葉緑体と異常な葉緑体が混ざっ

[*2] コレンスは，チェルマク，ド・フリースと互いに独立にメンデルの法則を再発見した（p.28 のコラム参照）．

表 13.1 異なる表現型をもつオシロイバナの雌しべと花粉の交配で生じる子孫の表現型

花粉の提供親	受粉用の雌しべの提供親	子孫の表現型
黄色	黄色	黄色
	斑入り	黄色，緑，斑入り
	緑	緑
斑入り	黄色	黄色
	斑入り	黄色，緑，斑入り
	緑	緑
緑	黄色	黄色
	斑入り	黄色，緑，斑入り
	緑	緑

た斑入りを示す．緑は野生型である．コレンスは，これら3種類の植物から得た花粉を，それぞれ同じあるいは別の3種類の植物の雌しべに受粉させた．花粉親がどれであっても結果は同じで，子孫の表現型はすべて母親の表現型と同じだった．このデータからわかるように，オシロイバナの葉の表現型は母親によって決まる．その後，クロロフィル生合成に関する変異体がミドリムシ（*Euglena*），クラミドモナス（*Chlamydomonas reinhardii*）などで見いだされた．一般に独立栄養生物にとって葉緑体の変異は致死的であり，緑色植物では葉緑体に関する変異体がめったに得られない．ただし，これらの原始的な真核生物は，機能のある葉緑体をもたなくても酢酸を炭素源として生存できることから，変異体の選抜が可能であった．

　ミトコンドリア（mitochondria）の機能が損なわれた変異体は，1952年にミッチェル（M. B. Mitchell）らによって発見されたアカパンカビの**ポーキー変異体**（poky mutant）が最初であった．ポーキーはミトコンドリア機能の一部を欠いており，増殖速度が遅く，培地上で小型のコロニーをつくる．翌年には，エフルッシ（B. Ephrussi）が出芽酵母で**プチ変異体**（petit mutant）を分離した．プチは，シトクロム酸化酵素，クエン酸脱水素酵素，リンゴ酸脱水素酵素などのミトコンドリア酵素の活性を欠いた呼吸機能の欠損株であった．これらはすべて**条件致死変異体**（conditional lethal mutant）であり，グリセロール培地で酸素の存在下では生存できないが，グルコース培地で無酸素条件下ではアルコール発酵によりATPを生産して生存できる．プチ変異体の大半は野生型と交配したとき非メンデル遺伝様式を示した．これらの変異体は，ミトコンドリアDNAを完全に欠くか，あるいは一部を欠く呼吸欠損株であった．

13.3 オルガネラDNAの発見とゲノムの解読

　葉緑体およびミトコンドリアは固有のゲノムをもつ．**葉緑体DNA**（chloroplast DNA）は，1963年にセイガー（R. Sager）と石田政弘[*3]によってクラミドモナスから，1972年にコロドナー（R. Klodner）とテワリ（K. Tewari）によってエンドウから初めて単離・精製された．塩化セシウムの平衡密度勾配遠心分離で精製し，電子顕微鏡で観察すると，オルガネラDNAは二本鎖の閉環状DNA分子であった．

　色素体（plastid）は，緑色組織にある葉緑体，貯蔵組織にあってデンプンを含むアミロプラスト（amyloplast），緑色以外の色素を含むクロモプラスト（chromoplast）など多様な形態をとりうるが，同一種ではこれらのゲノムはすべて共通である．葉緑体DNAの大きさは，植物では例外を除いて120～160 kbの範囲にあるが，藻類では大きな差異があり，85～2000 kbである．どの植物種でも葉緑体DNAはほぼ同じ遺伝子のセットをもっているが，そ

*3　（1926～2000）．1951年京都大学理学部卒業．細胞核以外の場所である光合成器官としての葉緑体にもDNAが存在することを明らかにした．この発見ならびにドイツの生化学者ミーシャー（F. Miescher）による細胞核DNAの発見（1869年）にちなんでミーシャー・石田賞が国際エンドサイトバイオロジー学会によって制定されている．

の並びは逆位(5.2.3項参照)などのため種により大きく異なる場合がある．葉緑体DNA上には，① 葉緑体のタンパク質合成にかかわる遺伝子群(RNAポリメラーゼのサブユニット，リボソームのサブユニット，rRNA, tRNA)と，② 光合成の構成要素である光化学系Ⅰ，Ⅱおよび電子伝達系をコードする遺伝子群が存在する．植物の葉緑体DNAは，それらが由来したと考えられるラン藻(blue-green algae)の一種であるシアノバクテリアのゲノムDNAに比べて大きさが20から30分の1であり，進化の過程で多くの遺伝子が核ゲノムに移ったと考えられる(一部はミトコンドリアDNAに移っている．図13.6参照)．実際に，葉緑体で働くタンパク質の圧倒的多数は核ゲノムにコードされており，細胞質のリボソーム上で翻訳された後に葉緑体へ運搬される．葉緑体へ運搬されるタンパク質のアミノ末端には**トランジットペプチド**(transit peptide)と呼ばれる配列がある．この配列は葉緑体内へ運搬される際の荷札の役割を果たし，葉緑体内に取り込まれる際に除かれる．葉緑体で機能するタンパク質の多くは，そのサブユニットがそれぞれ核遺伝子と葉緑体遺伝子のどちらかでコードされている．現在までに，いくつかの植物種で葉緑体DNAの全構造が解読されており，代表的なものを表13.2に示す．日本人研究グループの活躍の様子がわかる．

表13.2　葉緑体DNAのゲノム解読が完了した代表的な植物

植物種	葉緑体DNAの大きさ(bp)	解読者	完了年
ゼニゴケ(*Marchantia polymorpha*)	121,024	大山ら	1986
タバコ(*Nicotiana tabacum*)	155,844	篠崎ら	1986
イネ(*Oryza sativa*)	134,525	平塚ら	1989
クロマツ(*Pinus thunbergii*)	119,707	若杉ら	1994
トウモロコシ(*Zea mays*)	140,387	Maierら	1995
パンコムギ(*Triticum aestivum*)	134,540	荻原ら	2002

　葉緑体DNAの多くは，二つの逆方向反復(inverted repeat: IR)配列と，それらにはさまれたSSC(small single copy)領域およびLSC(large single copy)領域をもつ．図13.2にパンコムギの葉緑体ゲノムの構造を示す．パンコムギの葉緑体ゲノムは，20,702 bpの二つのIRにはさまれた12,789 bpのSSC領域と80,347 bpのLSC領域をもつ．16 S, 23 S, 5 S, 4.5 SのrDNAが他の植物種と同様，IRに存在する．tRNA遺伝子が30種類，光合成に関与する遺伝子が41種類(NADH脱水素酵素遺伝子が11種類)，RNAポリメラーゼ遺伝子を含む転写に関与する遺伝子が5種類，翻訳に関与するリボソーム遺伝子が21種類，その他のタンパク質遺伝子が3種類と，五つの機能不明なタンパク質をコードするオープンリーディングフレーム(open reading frame: ORF)[*4]が存在する．このほか，20種類のアミノ酸に対応した30種類のtRNA遺伝子が存在する．

[*4] タンパク質をコードする可能性がある塩基配列を含むゲノム上の部分をORFと呼ぶ．ORFは開始コドンと停止コドンではさまれる領域である．

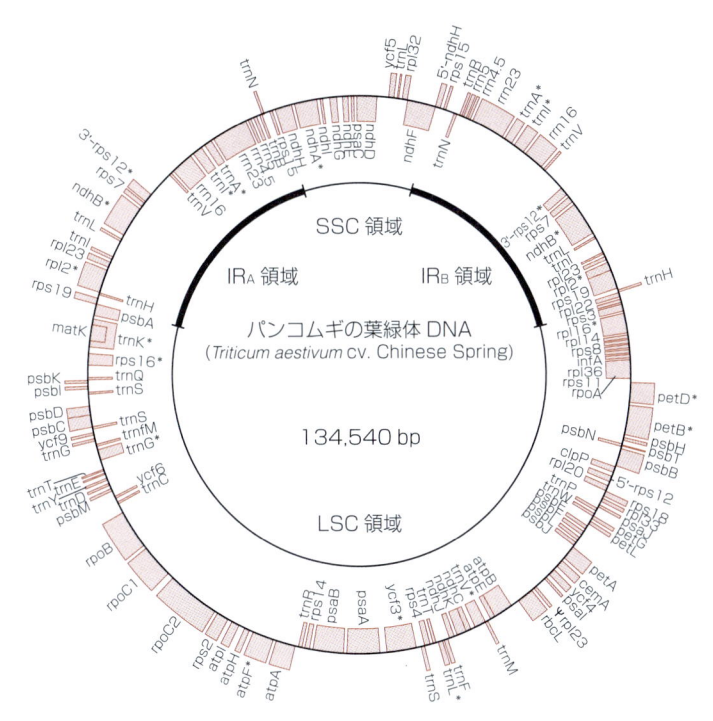

図 13.2 パンコムギの葉緑体ゲノムの構造
二つの IR と SSC および LSC 領域からなる．環状ゲノムの内側の遺伝子は時計回りに転写され，外側の遺伝子は反時計回りに転写される．

　ミトコンドリアは，1964 年にウィーン大学の研究者らによって，葉緑体 DNA と同様の方法でエンドウから単離・精製された．ミトコンドリアには，トリカルボン酸（TCA）回路とともに，酸化的リン酸化と共役した電子伝達系が存在する．ATP の主要な生産経路であるシトクロム経路は動植物に共通であるが，植物や酵母にはシアン耐性鎖あるいはオルタナティブ経路と呼ばれる第二の電子伝達経路が存在する．オルタナティブ経路は ATP 合成と共役（coupling）せず，電子は直接に酸素を還元して水を生じ，エネルギーは熱として奪われるが，その生物学的役割には不明な点が多い．動植物を通じてミトコンドリアゲノムは，核ゲノムと比べてきわめて小さく，わずかな数の構造遺伝子しかもっていないが，細菌とよく似たリボソーム，rRNA, tRNA, アミノアシル tRNA 合成酵素からなるタンパク質合成装置の遺伝子をもっている．ミトコンドリアゲノムの大きさは生物種間で差異が大きく，たとえば哺乳類では約 16.5 kbp，出芽酵母では約 86 kbp，トウモロコシでは約 570 kbp である．ミトコンドリアゲノムの数（DNA のコピー数）は細胞の種類によって異なり，ミトコンドリアあたりで数十個，細胞あたりでは数千から数万個にも及ぶ．哺乳類の卵細胞では，全ゲノムの三分の一をミトコンドリア DNA が占めるといわれる．

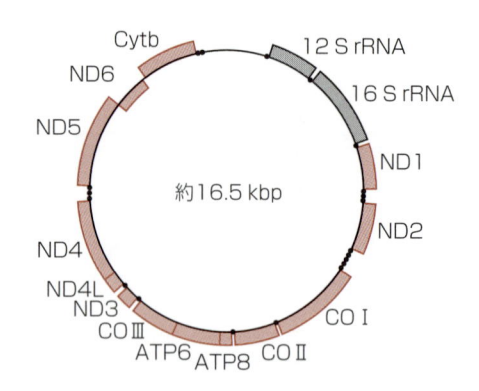

図 13.3 哺乳動物ミトコンドリアゲノムの共通構造
ヒト，マウス，ウシの平均的な構造を示す．ND：NADH 脱水素酵素サブユニット，CO：シトクロム c 酸化酵素サブユニット，ATP：ATP 合成酵素サブユニット，Cytb：シトクロム b．環状ゲノムの内側の遺伝子は時計回りに転写され，外側の遺伝子は反時計回りに転写される．

ミトコンドリアゲノムの全塩基配列の決定は，1981年にまずヒトでなされ，その後マウス，ウシ，ショウジョウバエなど多くの動物でなされた[*5]．ヒト，マウス，ウシのミトコンドリアゲノムは，それぞれ 16,569 bp，16,275 bp，16,338 bp からなる．これらの3種を統合してつくった哺乳動物ミトコンドリアゲノムの共通した構造を図13.3に示す．哺乳動物のミトコンドリアゲノムは小型で，12S rRNA 遺伝子と 16S rRNA 遺伝子，13種類のORFと22種類のtRNA遺伝子をもっている．機能未知のORFはURF (unidentified reading frame) と呼ばれる．出芽酵母のミトコンドリアゲノムは比較的大きく (86 kb)，その構成は哺乳類のそれとよく似ている．出芽酵母では植物と同様，ミトコンドリア遺伝子にイントロンが存在する．一方，高等植物のミトコンドリアゲノムは，動物のそれと比べて巨大 (200〜2400 kb) である (表13.3)．

植物ミトコンドリアゲノムには，哺乳動物や糸状菌などのそれより多数の遺伝子が存在する．たとえばパンコムギには，電子伝達系にかかわる遺伝子が35種類，発生にかかわる遺伝子が5種類，リボソームタンパク質遺伝子

[*5] ヒトでは，ウィルソン (A. Wilson) ら分子人類学研究グループが147の胎盤からミトコンドリアDNAを抽出し，RFLP多型に基づき系統樹を作成して，「現世人類の祖先であるホモ・サピエンスは約20万年前のアフリカにいたただ一人の女性から派生した」と発表した．これはミトコンドリア・イブ説と呼ばれる．

表 13.3 ミトコンドリア DNA のゲノム解読が完了した代表的な植物

植物種	ミトコンドリア DNA の大きさ (bp)	解読者	完了年
シロイヌナズナ (*Arabidopsis thaliana*)	366,924	Unseld ら	1997
テンサイ (*Beta vulgaris*)	368,799	久保ら	2000
イネ (*Oryza sativa*)	490,520	野津ら	2002
ナタネ (*Brassica napus*)	221,853	半田ら	2003
トウモロコシ (*Zea mays*)	569,630	Clifton ら	2004
パンコムギ (*Triticum aestivum*)	452,528	荻原ら	2005
タバコ (*Nicotiana tabacum*)	430,597	杉山ら	2005

が12種類，スプライシングにかかわる遺伝子が1種類の他に，3種類の rRNA 遺伝子，12種類の tRNA 遺伝子，9種類の ORF が存在することが知られている．

13.4 オルガネラ遺伝子の発現

オルガネラ遺伝子の発現機構は，基本的に原核生物遺伝子のそれとよく似ている(9章参照)．しかし葉緑体では，たとえば光による転写制御など独自の機構を進化させている．葉緑体の RNA ポリメラーゼには，葉緑体ゲノムにコードされている原核生物型(PEP)と，核ゲノムにコードされている T7 バクテリオファージ型(NEP)の2種類が知られている．プロモーターにも各ポリメラーゼに対応する2種類が存在し，巧妙に使い分けられている．オルガネラ遺伝子の多くは，複数の ORF が連結したポリシストロン性 mRNA (9.2.2項参照)として転写され，さまざまな転写後調節を受けて成熟した mRNA になる．このうち主として植物のミトコンドリアで観察される**RNA編集**(10.3節参照)は，いったん転写された mRNA が塩基の校正を受けて別の塩基に変化するユニークな現象である．多くは C(DNA)から U(mRNA) への変換である．植物のミトコンドリアにおける RNA 編集は，1989年に三つの研究室で同時に発見された[*6]．たとえば，アルギニンのコドンである CGG は UGG に変換されてトリプトファンをコードするようになる．もともとトリプトファンをコードする UGG コドンもミトコンドリアゲノムに存在する．こうした事実は，成熟した mRNA から逆転写酵素を利用して得た cDNA 配列と，それをコードするミトコンドリア DNA の配列を比較することで明らかとなった．RNA 編集が起こる部位とその頻度は，種や遺伝子によって大きく異なり，イントロン内部でも起こる．RNA 編集はなぜ必要なのか，なぜ初めからゲノムに正しい塩基配列が書かれていないのか．この疑問に対する答えはまだ見つかっていないが，オルガネラ遺伝子の機能発現を調節する機構の一つなのかもしれない．最近，RNA 編集やその他の RNA 修飾に関与する候補タンパク質として，35アミノ酸からなる反復配列をモチーフにもつ PPR(pentatricopeptide repeat)と呼ばれる核コードのタンパク質ファミリーが同定されている．PPR の一つが雄性不稔の回復に関与する事実が明らかになり，雄性不稔と稔性回復を利用した一代雑種の育成技術に新しい道を拓く可能性が注目されている．

編集以外の RNA 修飾機構としては，3′末端へのポリ(A)鎖やステムループ構造の付加，ポリシストロン性 mRNA の切断，シス-トランススプライシングなどいくつかの重要な転写後の RNA 修飾機構がある．このうち，ポリ(A)鎖の付加は mRNA の分解に，ステムループ構造の付加は mRNA の安定性に関与すると考えられている．

[*6] カナダのダルハウジー大学のグレイ(Gray)グループ，フランスのルイ・パスツール大学のガルベルト(Gualberto)グループ，西ドイツの遺伝生物学研究所のヒーセル(Hissel)グループにより同時発見された．

13.5 オルガネラの進化

ミトコンドリアは，15〜22億年前に，酸化的リン酸化能力の高い真正細菌（eubacteria）が，真核細胞の母体となった細胞に**共生**（symbiosis）をして進化したと考えられている．実際，真正細菌のうちリゾバクテリア，アグロバクテリアやリケッチアは，現在でも真核生物の細胞に隣接したり細胞内に共生したりして生活している．しかし，真核細胞にミトコンドリアを提供した細胞がどのような生物種であったかは不明である．一方，葉緑体は，高い光合成能力をもったシアノバクテリアが細胞内に共生して進化したと考えられる．葉緑体が細胞内共生で生じた経過は次のように考えられている．まず原核細胞型のシアノバクテリアが，すでに細胞内共生でミトコンドリアを勝ちとっていた真核細胞内に入り込み，第一次の細胞内共生が起こった．このうち一つの系譜は，クロロフィル a, b と緑色の葉緑体をもつ緑藻に進化した後に，2通りの進化を行った．すなわち，一方は直接に陸生の緑色植物へ進化したが，他方はユーグレノイドなどの宿主細胞に第二次の細胞内共生を行い，ユーグレナへ進化した．もう一つの系譜では，クロロフィル a，フィコビリン，赤色のプラスチドをもつ紅藻に進化した後に，第一次の系譜と同様に2通りの進化を行った．すなわち，一方は直接に現在の真核型植物プランクトンであるダイアトムやディノフラゲラタへ進化したが，もう片方は第三次の細胞内共生を経て別のディノフラゲラタへ進化した．藻類の**クリプトモナド**（cryptomonad）は細胞内共生の面白い一例である．クリプトモナドは，350 Mb の核ゲノム，48 kb のミトコンドリアゲノムの他に 121 kb の葉緑体ゲノムをもつ．驚くべきことに，葉緑体中には**ヌクレオモルフ**（nucleomorph）と呼ばれる構造があり，551 kb のゲノムが存在している（図 13.4）．ヌクレオモルフは二次的な細胞内共生によって生じた構造だと考えられる．すなわち，第一次の細胞内共生でシアノバクテリアが共生し，真核細胞が生じた後に，

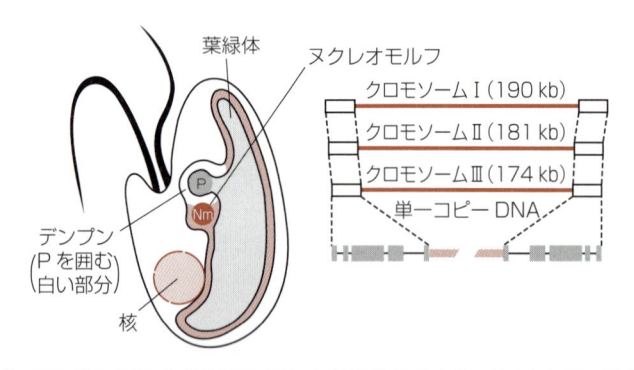

図 13.4 二次的な細胞内共生で生じたと考えられるクリプトモナドの細胞構造
ヌクレオモルフ（Nm）には3種類の染色体（I, II, III）が存在する．単一コピーDNA領域の両側は反復配列で，両末端にはテロメアが存在する．P はピレノイド（pyrenoid）と呼ばれる葉緑体の部分である．

第二次の細胞内共生が起こったことを示唆している．

オルガネラで機能するタンパク質の多くは，核とオルガネラの遺伝子でコードされるサブユニットから構成されている．図13.5には，葉緑体で働くATP合成酵素（ATPアーゼ）の構造モデルを示す．この酵素では，膜に埋まったF_0因子（CF_0）の4種類のサブユニットのうち，一つが核コード，三つが葉緑体コードであり，F_1 ATPアーゼ（CF_1）の5種類のサブユニットのうち二つが核コードで三つがオルガネラコードである．オルガネラ遺伝子によってコードされる情報は，オルガネラ内で転写・翻訳される．一方，核遺伝子によってコードされる情報は核内で転写され，細胞質で修飾・翻訳された後に標的オルガネラへ輸送され，オルガネラコードのサブユニットと会合して機能的なタンパク質が構成される．葉緑体にあって，光合成でCO_2の取り込みを触媒する**RuBisCO**（ribulose-1,5-bisphosphate carboxylase/oxygenase）[*7]も同様で，小サブユニットは核ゲノムに，大サブユニットは葉緑体ゲノムにそれぞれコードされている．オルガネラへの輸送には，特定のトランジットペプチドと呼ばれるN末端の配列が重要な役割を果たしている．進化的なタイムスケールでは，ミトコンドリアや葉緑体から核へのDNAの移行，および葉緑体からミトコンドリアへのDNAの移行が見られる（図13.6）．これらの事実は，核ゲノムとオルガネラゲノムが相互依存的に機能し，かつ共進化していることを裏づける証拠である．

[*7] 炭酸固定反応（明反応）に関与する唯一の酵素で，地球上に最も多量に存在するタンパク質とされる．

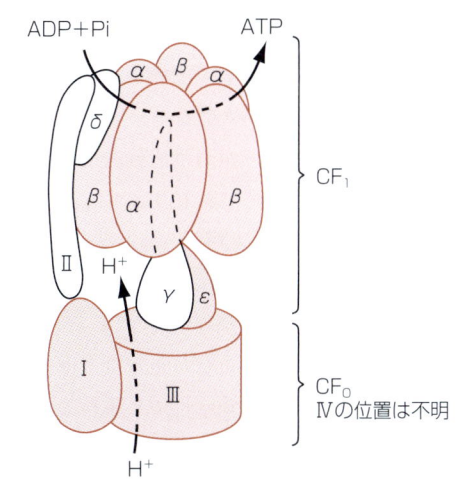

図13.5 葉緑体ATP合成酵素の構造

二重膜で囲まれた内部空間であるストロマ（stroma）側に突出した領域をCF_1，チラコイド（thylakoid）膜に埋め込まれた領域をCF_0と呼ぶ．CF_1はATP合成の触媒部位，CF_0はプロトンが膜を透過するチャンネルとしての機能をもち，前者は五つ（α，β，γ，δ，ε），後者は少なくとも四つ（I，II，III，IV）の異なるサブユニットから構成されている．このうちα（*atpA*），β（*atpB*），ε（*atpE*）およびI（*atpF*），III（*atpH*），IV（*atpI*）が葉緑体ゲノムにコードされている（赤色）．

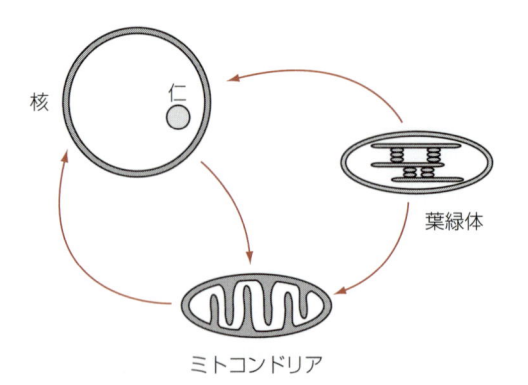

図 13.6 核ゲノムとオルガネラゲノム間の遺伝子の移行
葉緑体やミトコンドリアにあった遺伝子の大部分は，進化の過程で核ゲノムに移行している．一方，植物のミトコンドリアゲノムには，葉緑体あるいは核のDNAと相同的な配列が見いだされる．

13.6　核-オルガネラ間の遺伝情報交換

　細胞が正常に発達するため，あるいは**恒常性**(homeostasis)を保つためには，核遺伝子とオルガネラ遺伝子の発現が協調的に進む必要がある．細胞はどのような仕組みで両者の協調的な発現を制御しているのだろうか．オルガネラがその生理的な状況を核に伝達し，核コードの遺伝子の発現を制御する仕組みを**レトログレード調節**(retrograde regulation)という．レトログレード調節は核ゲノムとオルガネラゲノムの相互作用の要であるが，これを理解するには，オルガネラタンパク質をコードする核遺伝子を同定し，それらの遺伝子発現がオルガネラとの対話を通じてどのように制御されるかを明らかにする必要がある．オルガネラタンパク質をコードする核遺伝子を同定するには，次の三つの方法が考えられる．一つは直接的な方法で，オルガネラを精製し，さまざまな解析手法を用いて，存在するすべてのタンパク質の構造を解析する．オルガネラの**プロテオーム解析**(proteome analysis, 15.3節参照)と呼ばれるこの方法は，優れた解析法ではあるが，オルガネラタンパク質の多くは膜結合型で不溶性であり，解析が容易でない．二つめの方法は，オルガネラタンパク質がアミノ末端にトランジットペプチドをもつことを利用する．トランジットペプチドは，一般に疎水性で正電荷をもつアミノ酸からなること，αヘリックス構造をもつこと，熱ショックタンパク質の一つであるHsp70の結合部位をもつことなどの共通の性質をもつ．ゲノム情報が蓄積した生物種では，データベースからこれらの性質に基づき候補遺伝子を探索し，レポーター遺伝子を融合したキメラ遺伝子を用いて，タンパク質産物のオルガネラ輸送を解析できる．三つめはマイクロアレイ(DNAチップ, 15.2.3項参照)を用いる方法で，核遺伝子をスライド上にブロットしたマイクロアレ

イを用意し，葉緑体やミトコンドリアの特定機能が阻害された，または阻害した細胞や組織からRNAを抽出して発現遺伝子を探索すれば，オルガネラが置かれた特定条件下で特異的に発現誘導を受ける核遺伝子を同定できる．

最後に，核細胞質相互作用を解析するうえでユニークな実験材料である**核細胞質雑種**(nucleocytoplasm hybrid)について解説する．核細胞質雑種(核置換雑種あるいは細胞質置換雑種とも呼ばれる)は，核ゲノムと細胞質ゲノムを人為的に置換した雑種である．こうした雑種は，除核した細胞に，別の細胞から得た核を移植することで直接につくることができる．実際，大きな卵をもち，発生の人為的な制御が比較的簡単なカエルのような両生類では，顕微鏡下での受精卵の脱核と核移植，その後の発生追跡が可能である．クローニング技術を用いれば，哺乳類を含む動物細胞でも核細胞質雑種を育成できる．一方，卵細胞が胚珠内に埋もれた状態で存在する顕花植物では核移植が困難であり，核細胞質雑種の育成には，もっぱら**反復戻し交雑**(recurrent backcross)という技術が用いられてきた．反復戻し交雑法は，細胞質ゲノムが母性遺伝をするという原則に基礎を置いている．今，α細胞質ゲノムとA核ゲノムをもつ種を父親に，β細胞質ゲノムとB核ゲノムをもつ種を母親にした交配を行えば，β細胞質ゲノムと二分の一ずつのAB核ゲノムをもつ雑種F_1が得られる(図13.7)．この雑種F_1を母親に，父親を花粉親として反復戻し交雑を行えば，母親由来のB核ゲノムが毎代半減して父親由来のA核ゲノムで置き換えられ，細胞質はβゲノムで，核はAゲノムからなる核細胞質雑種ができる．木原 均(5章の注3参照)は，1951年に初めて野生種(*Aegilops caudata*)の細胞質で置換したパンコムギ雑種を育成し，これが雄性不稔を示すことを明らかにした．その後，京都大学の常脇恒一郎[*8]らが，46種の野生コムギがもつ細胞質ゲノムを12系統のパンコムギ核ゲノムと組み合わせた，552系統にも及ぶ核細胞質雑種シリーズを完成した．パンコム

[*8] (1930～)．1953年京都大学農学部卒業．コムギの進化，とくにその起源と分化を明らかにするため，コムギ属とそれに近縁なエギロプス属を対象に，広範な比較遺伝子分析とプラスモン(plasmon)分析を行った(プラスモンとは，葉緑体ゲノムとミトコンドリアゲノムを統合したオルガネラゲノムの総称)．コムギの起源と分化に関する多くの独創的かつ先駆的な業績は，国の内外で高く評価され，日本農学賞(1978年)，遺伝学会木原賞(1992年)，紫綬褒章(1995年)，日本学士院賞(1997年)を受賞．国際的には日本人として初めてアメリカ農学会名誉会員に推薦され(1990年)，さらに米国科学アカデミー外国人会員にも選出されている(1996年)．

Column

謎に包まれた核とオルガネラの起源

真核生物と原核生物を隔てる最大の特徴は，前者が脂質二重層からなる核膜に囲まれた核をもつこと，核膜に核孔が存在することである．核孔があって初めて，核内の遺伝子から転写された転写産物が，タンパク質合成の場である細胞質へ出ることが可能になる．それでは，核はいつ頃どのようにして生じたのか．細胞内共生でオルガネラゲノムが細胞内に共存する以前に，核孔をもつ核膜に囲まれた核をもつ真核細胞が存在していたと考えられる．しかしながら，細胞膜に孔をもつような単細胞生物種はいまだ見つかっていない．生命の起源と直接に関係する細胞の起源，すなわち核の起源とオルガネラの起源は，生物学で最も興味を誘うテーマの一つであるが，いまだ謎に包まれている．

13章 細胞質遺伝とオルガネラゲノム

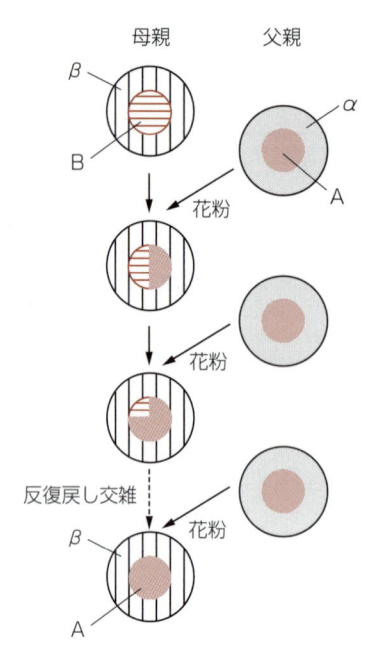

図13.7 反復戻し交雑法を用いた核細胞質雑種の育成
逆方向の反復戻し交雑を用いれば，細胞質が α ゲノムで核ゲノムが B である核細胞質雑種ができる．

ギで完成した核細胞質雑種シリーズは，細胞質ゲノムの分化や系統関係および核細胞質ゲノム間の相互作用を解析するための貴重な実験材料を提供している．

練習問題

1 どのような現象から細胞質遺伝が発見されたか．
2 ミトコンドリアの突然変異は酵母やアカパンカビで最初に発見された．これはなぜか．
3 葉緑体ゲノムの一般的な特徴を説明しなさい．
4 ミトコンドリアゲノムの一般的特徴，さらに動物と植物のミトコンドリアゲノムの違いを述べなさい．
5 オルガネラゲノムは細胞内共生で生じたと考えられている．その理由を説明しなさい．
6 オルガネラタンパク質は核ゲノムとオルガネラゲノムの両方でコードされているものが多い．核ゲノムにコードされるオルガネラタンパク質には，どのような特徴があるか．
7 核細胞質雑種の育成法を説明しなさい．この育成法はどのような原理に基づいているか．
8 パンコムギで育成された核細胞質雑種は，どのような研究に利用されているか．

14章 集団の遺伝学

生物種はすべてある大きさの集団(**個体群**, population)を形成しており,その中で交配し子孫を残すことで種を存続させている.**集団遺伝学**(population genetics)は,生物集団の遺伝的構成の変化によって起こる進化を遺伝学的に考える基礎となるものである.集団遺伝学は,ダーウィンの進化論,メンデルの遺伝学と確率論や統計学が融合し,20世紀初頭にホールデン(J. B. S. Haldane),フィッシャー(R. A. Fisher),ライト(S. Wright)によって理論的基礎が確立された.この章では集団遺伝学の基礎を学ぶ.

14.1 任意交配
14.1.1 遺伝子頻度

集団遺伝学は,**メンデル集団**(Mendelian population)という交配可能な個体群を対象とする.集団の遺伝的構成を記述する量が**遺伝子頻度**(gene frequency)[*1]である.遺伝子は突然変異がないかぎり世代を越えて変化せず,自然選択,移住や突然変異がなければ,遺伝子頻度も変化しない.一方,個体(**接合体**, zygote)の頻度(**遺伝子型頻度**, genotype frequency)[*2]は交配様式の影響を受けて世代ごとに変化し,対立遺伝子(アレル)の数が増えると遺伝子型の数も急速に増える.

二倍体種のある遺伝子座に二つの対立遺伝子(アレル)Aとaがあるとき,集団中には三つの遺伝子型AA, Aa, aaが存在する.これら遺伝子型の個体数をN_{11}, N_{12}, N_{22}とすると,総個体数は$N = N_{11} + N_{12} + N_{22}$となる.遺伝子型頻度は,$P = N_{11}/N$, $Q = N_{12}/N$, $R = N_{22}/N$である.AA個体は二つ,Aa個体は一つのA遺伝子をもつから,この集団のA遺伝子の総数は$2N_{11} + N_{12}$となり,集団中の遺伝子の総数$2N$で割算すれば,A遺伝子の頻度を推定できる.

$$A\text{遺伝子の頻度} \; p = (2N_{11} + N_{12})/2N = P + Q/2 \tag{14.1}$$

[*1] ある遺伝子座に二つ以上存在する多型的な対立遺伝子(アレル)の頻度.

[*2] ある集団において特定の遺伝子型をもつ個体の頻度.

すなわち，遺伝子頻度はホモ接合体頻度とヘテロ接合体頻度の半分の和として求められる．同様に

$$a \text{遺伝子の頻度 } q = (N_{12} + 2N_{22})/2N = Q/2 + R \tag{14.2}$$

となる．当然 $p + q = P + Q + R = 1$ である．

14.1.2　ハーディ-ワインベルグの平衡

集団中の遺伝子型頻度は遺伝子頻度と交配様式によって決定される．最もよく研究されている**任意交配**(random mating)では，ある雄は集団中のすべての雌と同一の確率で交配可能であると仮定する．言い換えると，二つの遺伝子型の交配頻度がそれぞれの遺伝子型頻度の積であるような交配様式である．

14.1.1 項の条件下で，任意交配後の次世代の遺伝子型頻度を考える．9 種類の交配が可能である（表 14.1）．任意交配は

$$\begin{aligned}&♀(P\,AA + Q\,Aa + R\,aa) \times ♂(P\,AA + Q\,Aa + R\,aa) \\&= (P\,AA + Q\,Aa + R\,aa)^2\end{aligned} \tag{14.3}$$

という接合体系列の積を展開したものと考えられる．表 14.1 から次世代の AA 遺伝子型頻度 P' を求める．AA 遺伝子型は 4 種類の交配から出現し

$$P' = P^2 + PQ/2 + QP/2 + Q^2/4 = (P + Q/2)^2 = p^2 \tag{14.4}$$

となり，同様に Aa 遺伝子型と aa 遺伝子型の頻度は，それぞれ

$$\begin{aligned}Q' &= PQ/2 + PR + QP/2 + Q^2/2 + QR/2 + RP + RQ/2 \\&= 2(P + Q/2)(Q/2 + R) = 2pq\end{aligned} \tag{14.5}$$

$$R' = Q^2/4 + QR/2 + RQ/2 + R^2 = (Q/2 + R)^2 = q^2 \tag{14.6}$$

表 14.1　任意交配後の子孫の頻度

交配 ♀ ♂	頻度	次世代の子孫		
		AA	Aa	aa
$AA \times AA$	P^2	P^2	0	0
$AA \times Aa$	PQ	$PQ/2$	$PQ/2$	0
$AA \times aa$	PR	0	PR	0
$Aa \times AA$	QP	$QP/2$	$QP/2$	0
$Aa \times Aa$	Q^2	$Q^2/4$	$Q^2/2$	$Q^2/4$
$Aa \times aa$	QR	0	$QR/2$	$QR/2$
$aa \times AA$	RP	0	RP	0
$aa \times Aa$	RQ	0	$RQ/2$	$RQ/2$
$aa \times aa$	R^2	0	0	R^2

となる．ここで次世代の遺伝子頻度は

$$p' = P' + Q'/2 = p^2 + 2pq/2 = p(p+q) = p \qquad (14.7)$$
$$q' = Q'/2 + R' = 2pq/2 + q^2 = q(p+q) = q \qquad (14.8)$$

となり，変化しない．すなわち任意交配が続くと，接合体系列が変化せずに

$$p^2 AA + 2pq\, Aa + q^2 aa \qquad (14.9)$$

という形で遺伝子型頻度が遺伝子頻度によって表現される．このような遺伝子頻度と遺伝子型頻度の変化がない状態をハーディ-ワインベルグの平衡（Hardy-Weinberg equilibrium）と呼び，$p^2 : 2pq : q^2$ を **HW比** と呼ぶ．1回の任意交配があれば，次世代でただちにHW平衡が成立する．

このとき式(14.9)は，次の配偶子系列の積で表現でき，遺伝子が任意に組み合わさっていることを意味する．

$$♀(pA + qa) \times ♂(pA + qa) = (pA + qa)^2 \qquad (14.10)$$

式(14.3)で表現された任意交配という個体（接合体）レベルでの現象が，遺伝子レベルで見ると遺伝子の任意結合であることがわかる．

14.1.3 二遺伝子座のHW平衡

遺伝子座の数が増えると，HW平衡はどのように表現されるだろうか．二遺伝子座二対立遺伝子（アレル）の場合を考える．ある遺伝子座に対立遺伝子

> **Column**
>
> ### ハーディ-ワインベルグ平衡の検定
>
> ある日本人集団（合計1482人）のMN血液型を調べたところ，MM，MN，NNの個体数がそれぞれ406，744，332であった．この遺伝子座においてHW平衡が成立しているか調べてみよう．
>
> 検定には統計学でよく知られた χ^2 検定を用いる．まず，この集団のMおよびN遺伝子の頻度を推定する．式(14.1)と式(14.2)から
>
> $p_M = (2 \times 406 + 744)/(2 \times 1482) = 0.525$
> $p_N = (744 + 2 \times 332)/(2 \times 1482) = 1 - p_M$
> $\quad = 0.475$
>
> HW平衡のもとで期待される個体数は，式(14.9)のHW比から
>
> MM　$1482 \times p_M^2 = 408.4$
> MN　$1482 \times 2 p_M p_N = 739.1$
> NN　$1482 \times p_N^2 = 334.4$
>
> これらから，次の自由度1の χ^2 値を得られる．
>
> $\chi^2_{df=1} = (406 - 408.4)^2/408.4 + (744 - 739.1)^2$
> $\qquad /739.1 + (332 - 334.4)^2/334.4$
> $\qquad = 0.064$
>
> これは5%レベルの値（$\chi^2_{df=1} = 3.84$）より小さく，HW平衡が成立しているとみなすことができる．

（アレル）A と a が頻度 p と q で，他の遺伝子座に対立遺伝子（アレル）B と b が頻度 r と s で存在すると仮定する．一遺伝子座では，対立遺伝子（アレル）と配偶子は同じものとして取り扱うことができる．しかし二遺伝子座では，対立遺伝子（アレル）の組合せから，AB, Ab, aB, ab 4種類の配偶子があることになる．任意交配集団では接合体の交配が頻度の積として起こり，平衡では遺伝子（配偶子）がその頻度に従って結合している．この考え方によれば，二遺伝子座の平衡での配偶子の頻度は，二つの遺伝子座の対立遺伝子（アレル）頻度の積になることが予測される．平衡では

$$pr\,AB + ps\,Ab + qr\,aB + qs\,ab \tag{14.11}$$

という配偶子系列が成立する．注目すべき点は，**同等**あるいは**相引配偶子**（coupling gamete, AB と ab）[*3] の頻度の積と**相反配偶子**（repulsion gamete, Ab と aB）[*3] の頻度の積が等しいことである．つまり

$$AB \text{ の頻度} \times ab \text{ の頻度} = Ab \text{ の頻度} \times aB \text{ の頻度} = pqrs \tag{14.12}$$

平衡では四つの配偶子頻度は変化せず，一遺伝子座四対立遺伝子（アレル）の場合と同じである．二遺伝子座のHW平衡は式(14.11)を展開したものとなる．

$$(pr\,AB + ps\,Ab + qr\,aB + qs\,ab)^2 = p^2r^2\,AABB + 2p^2rs\,AABb + 2pqr^2\,AaBB + 4pqrs\,AaBb + p^2s^2\,AAbb + 2pqs^2\,Aabb + q^2r^2\,aaBB + 2q^2rs\,aaBb + q^2s^2\,aabb \tag{14.13}$$

次に，任意の配偶子頻度から始まった集団が平衡に達する過程を考える．現世代の配偶子 AB, Ab, aB, ab の頻度が x_1, x_2, x_3, x_4 である任意交配集団を考えると，次のようになる．

$$\text{配偶子頻度の和} \quad x_1 + x_2 + x_3 + x_4 = 1 \tag{14.14}$$

$$\begin{aligned} A \text{ 遺伝子の頻度} \quad (p) &= x_1 + x_2 \\ a \text{ 遺伝子の頻度} \quad (q) &= x_3 + x_4 \\ B \text{ 遺伝子の頻度} \quad (r) &= x_1 + x_3 \\ b \text{ 遺伝子の頻度} \quad (s) &= x_2 + x_4 \\ \text{遺伝子頻度の和} \quad p + q &= r + s = 1 \end{aligned} \tag{14.15}$$

平衡集団では，式(14.12)から次の量 d は 0 になる．

$$d = x_1 x_4 - x_2 x_3 \tag{14.16}$$

この d を**連鎖不平衡**（linkage disequilibrium）と呼び，$d = 0$ でない二つの遺伝子座は「連鎖不平衡の状態にある」という．もし0でないとき，任意交配を行う集団で d の変化がわかれば，平衡への過程が明らかになる．式(14.14)と式(14.15)から

[*3] 一般に連鎖した二つの対立遺伝子（アレル）が AB あるいは ab であるとき，この位置関係を相引またはシス配置といい，Ab あるいは aB のときは相反またはトランス配置の位置関係にあるという．ただしここでは，連鎖関係を問わずに一般化して扱っている．

$$\begin{aligned}
d &= x_1(1 - x_1 - x_2 - x_3) - x_2 x_3 \\
&= x_1 - (x_1^2 + x_1 x_2 + x_1 x_3 + x_2 x_3) \\
&= x_1 - (x_1 + x_2)(x_1 + x_3) \\
&= x_1 - pr
\end{aligned} \qquad (14.17)$$

となる.pr は平衡での AB 配偶子の頻度であり,d は現実集団と平衡集団の AB 配偶子頻度の差である.同様に現実集団の四つの配偶子頻度は,平衡頻度と d によって次のように表せる.

$$\begin{aligned}
x_1 &= pr + d \\
x_2 &= ps - d \\
x_3 &= qr - d \\
x_4 &= qs + d
\end{aligned} \qquad (14.18)$$

この集団の任意交配は,配偶子の任意結合として

$$(x_1 AB + x_2 Ab + x_3 aB + x_4 ab)^2 \qquad (14.19)$$

と表せる.次世代の遺伝子型と頻度を表 14.2 にまとめる.

表 14.2 二遺伝子座二対立遺伝子の任意交配

配偶子頻度	AB x_1	Ab x_2	aB x_3	ab x_4
AB x_1	AB/AB x_1^2	AB/Ab $x_1 x_2$	AB/aB $x_1 x_3$	AB/ab $x_1 x_4$
Ab x_2	Ab/AB $x_2 x_1$	Ab/Ab x_2^2	Ab/aB $x_2 x_3$	Ab/ab $x_2 x_4$
aB x_3	aB/AB $x_3 x_1$	aB/Ab $x_3 x_2$	aB/aB x_3^2	aB/ab $x_3 x_4$
ab x_4	ab/AB $x_4 x_1$	ab/Ab $x_4 x_2$	ab/aB $x_4 x_3$	ab/ab x_4^2

次世代の AB 配偶子の頻度を求める.遺伝子座間の組換え率を c とする.AB 配偶子をつくる遺伝子型は $AB/AB, AB/Ab, AB/aB, AB/ab, Ab/aB$ である.最初の三つからは組換えの有無にかかわらず AB 配偶子がつくられ,その頻度は $x_1^2, x_1 x_2, x_1 x_3$(1 番めがつくる配偶子のすべてと,2 番めと 3 番めがつくる配偶子の半分)となる.4 番めからは組換えしなかったものの半分 $(1-c)x_1 x_4$ が,5 番めからは組換えしたものの半分 $c x_2 x_3$ が AB である.AB 配偶子の頻度は式 (14.14),式 (14.16),式 (14.17) から

$$\begin{aligned}
x_1' &= x_1^2 + x_1 x_2 + x_1 x_3 + (1-c) x_1 x_4 + c\, x_2 x_3 \\
&= x_1(x_1 + x_2 + x_3 + x_4) - c(x_1 x_4 - x_2 x_3) = x_1 - cd \\
&= x_1 - c(x_1 - pr) = (1-c)x_1 + cpr
\end{aligned} \qquad (14.20)$$

となる．これは次世代の AB 配偶子が，前世代の組換えを起こさなかった AB 配偶子と組換えのもとで任意交配より生じる AB 配偶子からなることを意味する．同様に Ab 配偶子の頻度は $x_2' = (1-c)x_2 + cps$ となり，次世代の A 遺伝子の頻度は式(14.15)から次のようになり，変化しない．

$$\begin{aligned}p' &= x_1' + x_2' = \{(1-c)x_1 + cpr\} + \{(1-c)x_2 + cps\} \\ &= (1-c)p + cp = p\end{aligned} \quad (14.21)$$

式(14.17)と式(14.20)から，次世代の d' は

$$\begin{aligned}d' &= x_1' - pr = (1-c)x_1 + cpr - pr = (1-c)(x_1 - pr) \\ &= (1-c)d\end{aligned} \quad (14.22)$$

となる．$n =$ 世代数とすると

$$d_n = (1-c)^n d_0 \quad (14.23)$$

と表現され，毎世代 c だけ減少する．連鎖不平衡の状態にある二つの遺伝子座も，長い時間がたてば組換えによって平衡 ($d = 0$) に達する．

14.2　近親交配

任意交配ではない交配様式のうち，遺伝学的に最も重要なものが**近親交配**(inbreeding)[*4]である．近縁な個体は共通の祖先をもち，共通の遺伝子をもつ可能性が高い．近縁個体同士の交配が起こると，任意に選ばれた個体間よりホモ接合体が出現する傾向が強くなる．すなわち，近親交配がある集団ではホモ接合体が増え，ヘテロ接合体が減少する．

14.2.1　近交係数

近親交配の集団に対する影響を評価するために，何らかの理由で自殖を始めた集団を考える(表14.3)．自殖によって毎世代ヘテロ接合体の頻度が半減して，半減したぶんの半分ずつホモ接合体の頻度が増える．長い時間が経過した後では，ホモ接合体のみが存在することになる．ここで，ホモ接合体には遺伝的性質の異なる2種類，すなわち自殖個体がもっていた遺伝子のうちの同じ対立遺伝子(アレル)が組み合わさった接合体と，違う対立遺伝子(アレル)からなる接合体があることに注意する．前者を**同祖接合**(autozygous)と呼び，相同遺伝子は同じ祖先遺伝子から由来する．後者は**異祖接合**(allozygous)と呼ばれ，相同遺伝子は性質や状態が同じである．第一世代の AA 遺伝子型のうち，$D/2 + H/4$ は同祖接合で，$D/2$ は異祖接合である．ヘテロ接合の Aa 遺伝子型は異祖接合である．世代が経過すると同祖接合の割合が増え，最後は全個体が同祖接合になる．このような近親交配の程度を表

[*4] 集団から任意に選ばれた2個体よりも遺伝的に近縁な2個体同士の交配．

表 14.3 自殖集団の遺伝子型頻度の変化

世代	遺伝子型			近交係数(F_t)
	AA	Aa	aa	
0	D	H	R	0
1	$D + H/4$	$H/2$	$R + H/4$	$1/2$
2	$D + 3H/8$	$H/4$	$R + 3H/8$	$3/4$
3	$D + 7H/16$	$H/8$	$R + 7H/16$	$7/8$
⋮	⋮	⋮	⋮	⋮
t	$D + \{1-(1/2)^t\}H/2$	$(1/2)^t H$	$R + \{1-(1/2)^t\}H/2$	$1-(1/2)^t$
⋮	⋮	⋮	⋮	⋮
∞	$D + H/2$	0	$R + H/2$	1

現するものが**近交係数**(inbreeding coefficient, *F*)であり，個体の二つの相同遺伝子が同一の祖先遺伝子から由来した確率として定義される．集団の近交係数は，任意に選んだ個体の近交係数の平均であり，同祖接合個体の頻度の和となる．表 14.3 の第一世代では次のようになる．

$$F_1 = 同祖 AA 個体の頻度 + 同祖 aa 個体の頻度$$
$$= (D/2 + H/4) + (H/4 + R/2) = 1/2 \tag{14.24}$$

ある集団の近交係数が F のとき，ホモ接合体のうち F の部分は同祖遺伝子が結合しており，$(1-F)$ の部分は異祖接合である．そこで遺伝子型頻度は

遺伝子型	異祖接合	同祖接合	
AA	$(1-F)p^2$	$+\ Fp$	$= p^2 + Fpq$
Aa	$(1-F)2pq$		
aa	$(1-F)q^2$	$+\ Fq$	$= q^2 + Fpq$

$$\tag{14.25}$$

と表現される．近親交配により減少したヘテロ接合体のぶんだけホモ接合体頻度が増加している．$F = 0$ のときは HW 比が成立する．

近親交配がある集団の遺伝子頻度は，表 14.3 と式(14.25)から

$$p = D + \{1-(1/2)^t\}H/2 + \{(1/2)^t H\}/2$$
$$= (p^2 + Fpq) + (1-F)2pq/2 = p \tag{14.26}$$

となり，変化しない．交配様式は遺伝子の組合せ方(遺伝子型頻度)に影響するだけである．

14.2.2 系図からの近交係数の計算方法

系図から近交係数を計算できる．**半同胞交配**(half-sib mating)を例として(図 14.1)，個体 I の近交係数を求める．個体 I の近交係数 F_I は，I の相同遺伝子 i_1 と i_2 が同一の祖先遺伝子から由来する確率であり

$$F_\mathrm{I} = \mathrm{Prob}(i_1 \equiv i_2) \tag{14.27}$$

と表現される．この関係が成立するには，I の共通祖先である A の同じ遺伝子が伝達されなければならない．その確率は，共通祖先をめぐる I–B–A–C–I という配偶子の経路が成立する確率であり，$F_\mathrm{I} = \mathrm{Prob}(b = a) \times \mathrm{Prob}(a \equiv a') \times \mathrm{Prob}(a' = c)$ である．$\mathrm{Prob}(b = a)$ は，B が A から受けとった遺伝子が I に伝達される確率であり，$\mathrm{Prob}(b = a) = 1/2$ と表され，同様に $\mathrm{Prob}(a' = c) = 1/2$ である．$\mathrm{Prob}(a \equiv a')$ を個体 A の相同遺伝子の関係で示すと

$$\begin{aligned}\mathrm{Prob}(a \equiv a') = &\,\mathrm{Prob}(a = a_1, a' = a_1, a_1 \equiv a_1) + \mathrm{Prob}(a = a_1, a' = a_2, \\ &\, a_1 \equiv a_2) + \mathrm{Prob}(a = a_2, a' = a_1, a_2 \equiv a_1) + \mathrm{Prob}\,(a = \\ &\, a_2, a' = a_2, a_2 \equiv a_2)\end{aligned} \tag{14.28}$$

となる．右辺の個々の確率は，三つの事象が同時に起こる確率である．たとえば $\mathrm{Prob}(a = a_1)$ は，A から B へ伝えられる遺伝子 a が相同遺伝子 a_1 である確率を示す．$\mathrm{Prob}(a = a_1) = \mathrm{Prob}(a = a_2) = \mathrm{Prob}(a' = a_1) = \mathrm{Prob}(a' = a_2) = 1/2$, $\mathrm{Prob}(a_1 \equiv a_1) = \mathrm{Prob}(a_2 \equiv a_2) = 1$, $\mathrm{Prob}(a_1 \equiv a_2) = \mathrm{Prob}(a_2 \equiv a_1) = F_\mathrm{A}$ だから

$$\begin{aligned}\mathrm{Prob}(a \equiv a') = &\,(1/2) \times (1/2) \times 1 + (1/2) \times (1/2) \times F_\mathrm{A} + (1/2) \times (1/2) \\ &\, \times F_\mathrm{A} + (1/2) \times (1/2) \times 1 = (1 + F_\mathrm{A})/2\end{aligned} \tag{14.29}$$

となる．したがって次のようになる．

$$F_\mathrm{I} = \mathrm{Prob}(i_1 \equiv i_2) = (1/2) \times (1 + F_\mathrm{A})/2 \times (1/2) = (1/2)^3 (1 + F_\mathrm{A}) \tag{14.30}$$

$F_\mathrm{A} = 0$ のとき，$F_\mathrm{I} = 1/8$ となるが，これはゲノム全体を考えると，全遺伝子

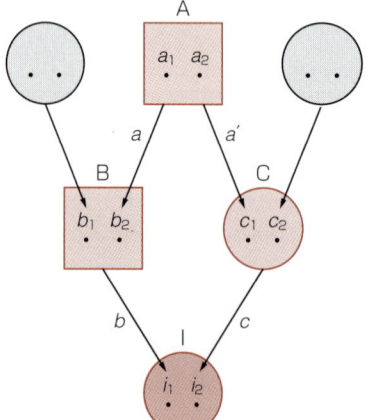

図 14.1 半同胞交配の系図
伝達される遺伝子は英小文字で示す．

のうち八分の一が同祖接合であることを意味する．

　一般には，共通祖先をめぐる経路にある個体の数を n とすると，共通祖先の近交係数 F_A を用いて

$$F_I = (1/2)^n(1 + F_A) \tag{14.31}$$

と表される．もし複数 m の共通祖先がある場合，それぞれの共通祖先をめぐる経路にある個体数 n_i と共通祖先の近交係数 F_i を用い，それぞれの経路が成立する確率の和として次のようになる．

$$F_I = \Sigma (1/2)^{n_i}(1 + F_i) \quad i = 1 \sim m \tag{14.32}$$

14.3　突然変異と自然選択

突然変異(mutation)と**自然選択**(natural selection)が遺伝子頻度にいかに影響するかを考える．突然変異によって生じる対立遺伝子(アレル)間の差が表現型に反映され，表現型の違いに自然選択が働けば，集団の遺伝子頻度が変化する．突然変異は進化の素材を生みだし，自然選択は環境のもとで進化の方向を決めると考えられる．

14.3.1　突然変異

　ある遺伝子座の対立遺伝子(アレル) A が a に変わる突然変異率を毎世代 μ (ミュー)とする．各対立遺伝子(アレル)の頻度を p, q とすると，次世代の A 遺伝子の頻度は

$$p' = p - \mu p = (1 - \mu)p \tag{14.33}$$

となり，毎世代 μ だけ減少する．1世代あたりの遺伝子頻度の変化は

$$\Delta p = p' - p = -\mu p \tag{14.34}$$

となる．初期頻度が p_0 のとき，$\Delta p/\Delta t = dp/dt = -\mu p$ という近似から，t 世代後の頻度は

$$p_t = p_0 \exp(-\mu t) \tag{14.35}$$

と表される．式(14.35)から，遺伝子頻度の変化に必要な時間は

$$t = -(1/\mu)\log_e(p_t/p_0) \tag{14.36}$$

となる．$p_t = p_0/2$ とすると $t = 0.69/\mu$ が得られる．遺伝子の突然変異率は1世代あたり 10^{-5} 程度と推定されており，突然変異のみで遺伝子頻度を半減するためには約7万世代必要である．人間の1世代(子を産む年齢)を約20年とすると140万年，ショウジョウバエの場合は2週間とすると約2500年

かかる．突然変異だけでは，遺伝子頻度はきわめてゆっくりしか変化しない．

次にa遺伝子からAへの復帰突然変異も起こる場合を考える．突然変異率がv（ウプシロン）のとき，次世代のA遺伝子の頻度と1世代あたりの変化は

$$p' = (1-\mu)p + vq \tag{14.37}$$
$$\Delta p = p' - p = -\mu p + v(1-p) = v - (\mu+v)p \tag{14.38}$$

と表される．$\Delta p = 0$となる平衡が存在し，平衡頻度は

$$p_{eq} = v/(\mu+v) \tag{14.39}$$

となる．たとえば$\mu = 10^{-5}$，$v = (1/2) \times 10^{-5}$とすると，平衡頻度は$p_{eq} = 1/3$となる．A遺伝子の頻度が平衡頻度からdだけずれているとき（$p = p_{eq} + d$），式(14.38)から$\Delta p = v - (\mu+v)\{v/(\mu+v) + d\} = -(\mu+v)d$が得られる．次世代の頻度（$p' = p + \Delta p$）は，集団の$A$対立遺伝子（アレル）の頻度が平衡頻度より低ければ（$d < 0$）上昇し，高ければ（$d > 0$）減少する．つまり平衡頻度にもどるように遺伝子頻度は変化する．このような平衡頻度は「安定である」と呼ばれる．

14.3.2　自然選択

自然選択は，遺伝的要因（変異）と環境の影響によって生じる表現形質（生存力，妊性や稔性など）に作用する．遺伝的変異があっても表現形質に現れなければ，変異に自然選択は作用しない（中立的）．表現形質に遺伝子型による差が現れ，次世代に残す子孫の数に影響するように自然選択は働き，遺伝子頻度が変化する．

自然選択の作用を表す概念が**適応度**（fitness）であり，個体の対立遺伝子（アレル）が次世代に伝達する能力と定義される．通常の生物の生活環では，自然選択が作用する時期は，配偶子と接合体の二つの時期に大きく分けられる．配偶子選択は**遺伝子**（ハプロイド，haploid）**選択**とも呼ばれ，その適応度は精子（花粉）や卵子（胚嚢）の受精能力と考えられる．一方，接合体選択の適応度は，受精卵が成熟した個体まで成長する生存力と次世代に子供を残す生殖力の積と考えられる．表14.4にさまざまな自然選択のモデルをまとめる．

(1) 配偶子選択

自然選択を受ける前の対立遺伝子（アレル）Aの頻度をp，対立遺伝子（アレル）aの頻度をqとする（$p+q=1$）．自然選択後，遺伝子頻度系列は$pw_1 A + qw_2 a$に変化する．$w_1 = w_2 = 1$でないかぎり，遺伝子頻度の和は1ではなく，このままでは次世代の遺伝子頻度とならない．頻度の和を1にするためには，選択後の対立遺伝子（アレル）頻度を

表 14.4 自然選択モデルの適応度

	遺伝子型		
配偶子選択	A	a	
絶対適応度	w_1	w_2	
相対適応度	1	$1-s$	
接合体選択	AA	Aa	aa
絶対適応度	w_{11}	w_{12}	w_{22}
相対適応度	1	$1-hs$	$1-s$
潜性 ($h=0$)	1	1	$1-s$
相加的 ($h=1/2$)	1	$1-s/2$	$1-s$
顕性 ($h=1$)	1	$1-s$	$1-s$
超顕性 ($s_1, s_2 > 0$)	$1-s_1$	1	$1-s_2$
負の超顕性 ($s_1, s_2 < 0$)	$1-s_1$	1	$1-s_2$

$$\overline{w} = pw_1 + qw_2 \tag{14.40}$$

で補正する必要がある．$\overline{w}$ は**集団の平均適応度**(average fitness)と呼ばれ，集団全体の適応度に対する異なる遺伝子型〔対立遺伝子（アレル）〕の相対的な貢献の和である．補正すると，次世代の対立遺伝子（アレル）頻度は

$$\begin{aligned} p' &= pw_1/(pw_1+qw_2) = pw_1/\overline{w} \\ q' &= qw_2/(pw_1+qw_2) = qw_2/\overline{w} \end{aligned} \tag{14.41}$$

となり，$p' + q' = 1$ である．1世代あたりの遺伝子頻度の変化は

$$\Delta q = q' - q = qw_2/\overline{w} - q = q(w_2 - \overline{w})/\overline{w} \tag{14.42}$$

と表される．

どれか一つの遺伝子型を基準とした相対適応度（表14.4）を用いると，集団の平均適応度，次世代の遺伝子頻度および遺伝子頻度の変化は

$$\overline{w} = p \times 1 + q \times (1-s) = 1 - qs \tag{14.43}$$
$$q' = q(1-s)/\overline{w} \tag{14.44}$$
$$\Delta q = -sq(1-q)/\overline{w} \tag{14.45}$$

となる．対立遺伝子（アレル）a の自然選択における有害さの度合いを表すパラメータ s を**選択係数**(selection coefficient)と呼ぶ．

(2) 接合体選択

接合体選択における遺伝子頻度の変化は，配偶子選択に比べて少し複雑である．任意交配後に接合体が形成され，自然選択が作用すると考える．任意交配後の遺伝子型の頻度は HW 比となる．自然選択後の接合体系列は $p^2w_{11}AA + 2pqw_{12}Aa + q^2w_{22}aa$ に変化する．次世代の遺伝子頻度を求める

ためには，集団の平均適応度

$$\overline{w} = p^2 w_{11} + 2pq w_{12} + q^2 w_{22} \tag{14.46}$$

を用いて，選択後の遺伝子型頻度を補正する必要がある．すなわち，AA 遺伝子型の頻度 $= p^2 w_{11}/\overline{w}$, Aa 遺伝子型の頻度 $= 2pq w_{12}/\overline{w}$, aa 遺伝子型の頻度 $= q^2 w_{22}/\overline{w}$ となり，遺伝子型頻度の和は 1 である．遺伝子頻度は，ホモ接合体頻度とヘテロ接合体頻度の半分の和として

$$p' = (p^2 w_{11} + pq w_{12})/\overline{w} \tag{14.47}$$

$$q' = (pq w_{12} + q^2 w_{22})/\overline{w} \tag{14.48}$$

と表される．1 世代あたりの遺伝子頻度の変化は次のようになる．

$$\begin{aligned}\Delta q = q' - q &= (pq w_{12} + q^2 w_{22})/\overline{w} - q \\ &= pq\{(pw_{12} + qw_{22}) - (pw_{11} + qw_{12})\}/\overline{w} = pq(w_2 - w_1)/\overline{w}\end{aligned} \tag{14.49}$$

相対適応度(表 14.4)を用いて上の関係を表現すると，次の式が得られる．

$$\overline{w} = 1 - sq(2hp + q) \tag{14.50}$$

$$q' = \{pq(1 - hs) + q^2(1 - s)\}/\overline{w} \tag{14.51}$$

$$\Delta q = (-sq)\{q + h(p - q)\}/\overline{w} \tag{14.52}$$

特徴的な選択係数や顕性の度合い h をもつ選択モデルには特定の名前がある(表 14.4)．a 遺伝子の効果がヘテロ接合体で完全に隠される潜性選択($h = 0$)，a 遺伝子の数によって適応度が決まる相加的選択($h = 1/2$)，a 遺伝子の効果がヘテロ接合体で完全に現れる顕性選択($h = 1$)の場合の遺伝子頻度と集団の平均適応度の変化を図 14.2 に示す．$s = 0.1$ であるから適応度は

選択モデル	AA	Aa	aa
潜性	1	1	0.9
相加的	1	0.95	0.9
顕性	1	0.9	0.9

となり，モデル間の差は小さく思われる．どの場合も遺伝子頻度は減少し，集団の平均適応度は上昇するが，変化の曲線はかなり異なっており，顕性の度合いの効果が現れている．顕性選択の場合，遺伝子頻度と平均適応度がなかなか変化しない．これはヘテロ接合体が強い選択を受けるため，A と a が集団から同時に除去されるからである．また潜性選択の場合，遺伝子頻度は急激に減少し，200 世代くらいで減少の度合いが鈍る．これは，頻度の減った a 遺伝子がヘテロ接合体に隠され，選択が有効に作用しないためである．しかしいずれの場合も，突然変異による頻度変化に比べると自然選択では速

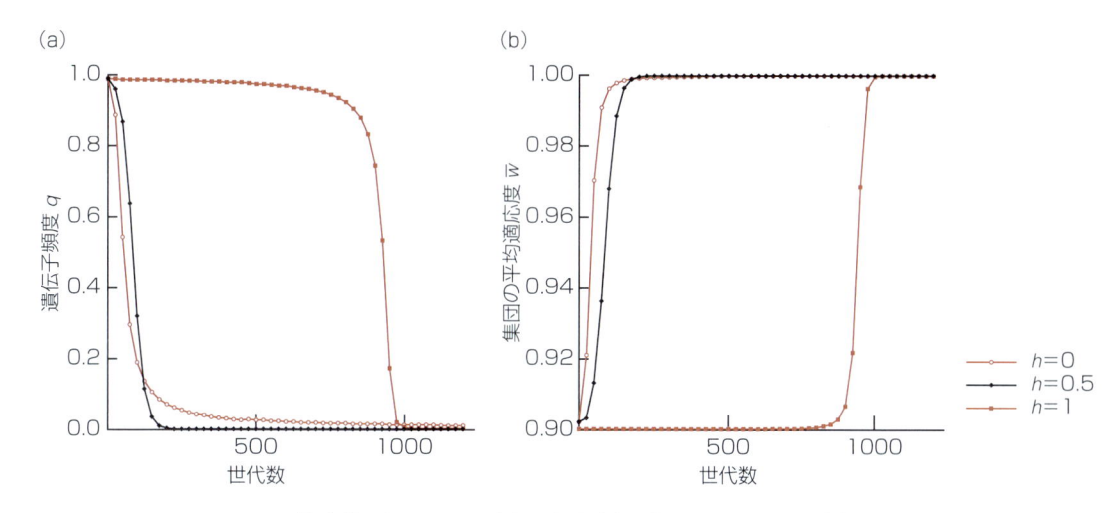

図 14.2 接合体選択における遺伝子頻度(a)と集団の平均適応度(b)の変化
$s = 0.1$

い変化が起こっており，自然選択が遺伝子頻度を変化させるためにきわめて有効であることがわかる．

図 14.3 に a 対立遺伝子(アレル)の頻度 q と集団の平均適応度や世代あたりの遺伝子頻度の変化量との関係を示す．自然選択に不利な a 対立遺伝子(アレル)の頻度が高いと平均適応度は低い．ここでも顕性の度合いの差が見られる．平均適応度はホモ接合で選択を受ける潜性選択が高く，ヘテロ接合体で強い選択を受ける顕性選択が最も低い．相加的選択では直線的に減少している．遺伝子頻度の変化はどの頻度でも負であり，a 遺伝子は常に減少し，集団の平均適応度が最大($\overline{w} = 1, q = 0$)になるように集団は進化する．これまで考えてきた自然選択のモデルでは，有害な a 対立遺伝子(アレル)が集団から除去されて A 遺伝子のみになる．このような自然選択を**純化選択**(purifying selection)と呼ぶ．

14.3.3 フィッシャーの自然選択の基礎定理

これまで考えてきた自然選択のモデルの共通点は，集団中に中間頻度の対立遺伝子が共存しなければ自然選択は作用しないこと，および自然選択が作用すると集団の平均適応度が上昇することである．これらをまとめて表現するのが**フィッシャーの自然選択の基礎定理**(Fisher's fundamental theorem of natural selection)である．簡単のために配偶子選択を例に解説する．

ある遺伝子座に n 個の対立遺伝子があり，配偶子選択における i 番めの対立遺伝子の適応度を w_i とする．式(14.40)と式(14.41)から集団の平均適応度と次世代の頻度は $\overline{w} = \Sigma p_i w_i$, $p' = p_i w_i / \overline{w}$ となり，次世代の集団の平均適応度は $w' = \Sigma p'_i w_i = \Sigma (p_i w_i / \overline{w}) w_i = \Sigma p_i w_i^2 / \overline{w}$ となる．集団の平均適応

(a) 集団の平均適応度 $\bar{w}$ 　(b) 遺伝子頻度の変化量 Δq

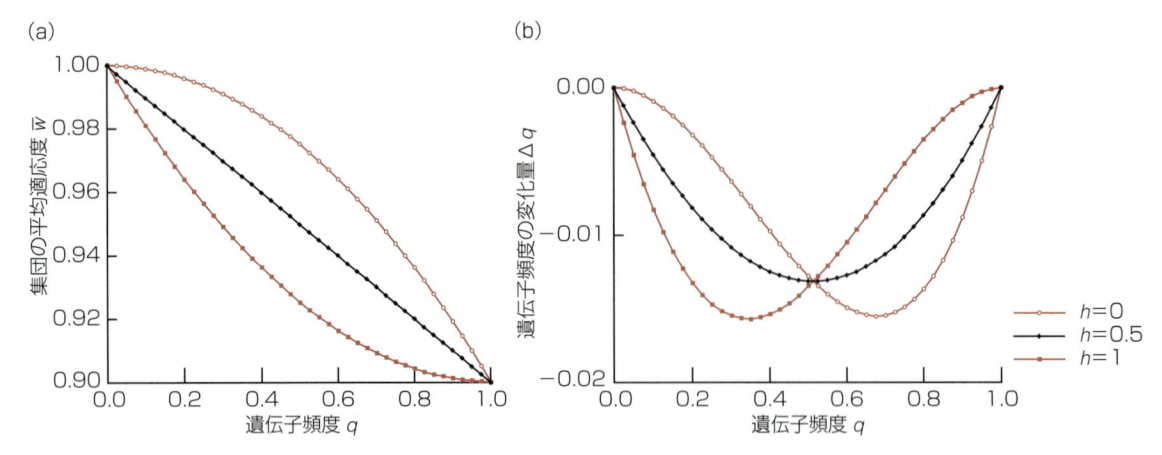

$h=0$
$h=0.5$
$h=1$

図 14.3 接合体選択における集団の平均適応度と遺伝子頻度との関係(a)および遺伝子頻度の変化量と遺伝子頻度の関係(b)
$s = 0.1$

度の変化は

$$\Delta \bar{w} = \bar{w}' - \bar{w} = \sum p_i w_i^2 / \bar{w} - \bar{w} = (\sum p_i w_i^2 - \bar{w}^2)/\bar{w} = \sigma_w^2 / \bar{w} \tag{14.53}$$

と表現され，適応度の分散σ_w^2に比例している．分散は0より大きいから，自然選択が作用すると集団の平均適応度が上昇する．また自然選択による変化の程度（進化の速度）は，集団中の適応度の分散が大きいほど大きくなる．逆に集団中に変異がなければ，自然選択は作用しない．接合体選択についても同様の結果が得られる．

14.4　有限集団の特性

これまでは個体数の大きな（無限大の）集団を考えてきたが，現実の生物集団の大きさは有限である．有限さのゆえに，集団は変化する可能性をもつ．そのような効果について紹介する．

14.4.1　遺伝的浮動

*5　一定の地理的な範囲に生息する同種の個体の集まりを集団というが，集団が広範囲にわたるとき，これを分集団に分けるのが有効である．一般に，分集団の中では交配が自由に起こると考える．

N個体からなる仮想的な**分集団**(subpopulation)[*5]が数多くある状態を考える．一つの遺伝子座のA遺伝子とa遺伝子の頻度がpとqであるとする．個々の分集団では，それぞれの個体が数多くの配偶子（**遺伝子プール**, gene pool）をつくる．遺伝子プールへのすべての個体の貢献は等しいとする．そのなかから$2N$個の配偶子が任意に抽出され，任意に組み合わされて次世代のN個体が形成される．注目すべきことは，次世代をつくるために配偶子を抽出した際に，遺伝子頻度が変化している可能性があることである．もし

A 遺伝子が $2Np$ 個抽出されれば，遺伝子頻度は変化しない．実際に抽出される配偶子の数には $0, 1, \cdots, i, \cdots, 2N-1, 2N$ という $2N+1$ 通りの場合が考えられ，$2Np$ 個以外の A 遺伝子が抽出されると次世代の遺伝子頻度は変化する．選ばれた A 遺伝子の数が 0 であれば次世代の遺伝子頻度は 0 であり，$2N$ 個であれば 1 となる．何個の遺伝子が抽出されるかは偶然によって支配され，配偶子の任意抽出による遺伝子頻度の変化を**遺伝的浮動**(random genetic drift)と呼ぶ．突然変異や自然選択では次世代の遺伝子頻度を予測できた．一方，遺伝的浮動では次世代の遺伝子頻度を予測することはできないが，遺伝子頻度の確率分布を計算することは可能である．$2N$ 個の遺伝子から頻度 p の A 遺伝子を i 個抽出すると次世代の遺伝子頻度は $p' = i/2N$ となり，その確率は

$$\text{Prob}(p' = i/2N) = 2N!/\{i!(2N-i)!\}p^i q^{2N-i} \tag{14.54}$$

によって与えられる．この分布の平均値は p，分散は $p(1-p)/2N$ である．

次に，数多くある分集団全体での遺伝子頻度の変化を考える．世代 0 における A 遺伝子の頻度を p とし，すべての分集団で同じとする．ある分集団の A 遺伝子の次世代頻度を p' とすると，集団全体の平均頻度(期待値)は式(14.54)の平均値であり

$$\text{E}(p') = p \tag{14.55}$$

となり，集団全体の遺伝子頻度の平均は変化しない．記号 E は期待値(分布の平均値)を求めるという意味である．一方，世代 0 では分集団間の遺伝子頻度のばらつきはないが，各集団での配偶子の任意抽出によって，次世代の分集団間に遺伝子頻度のばらつきが生じる．第一世代のばらつきの程度は式(14.54)の分散であり

$$\text{Var}(p') = p(1-p)/2N \tag{14.56}$$

で与えられる．配偶子の任意抽出が続くと，分集団間の分散は増加する．t 世代後の遺伝子頻度の平均値と分散は

$$\text{E}(p_t) = p \tag{14.57}$$
$$\text{Var}(p_t) = p(1-p)\{1 - (1 - 1/2N)^t\} \tag{14.58}$$

となり，長い時間が経過すると $(t = \infty)$

$$\text{E}(p_\infty) = p \tag{14.59}$$
$$\text{Var}(p_\infty) = p(1-p) \tag{14.60}$$

となる．これは，長時間の遺伝的浮動によって個々の分集団の遺伝子頻度が

変化し，全体集団のpの部分はA遺伝子の頻度が1となり（A遺伝子が固定），$1-p$の部分は頻度が0となること（消失）を意味する．個々の有限分集団では最後にヘテロ接合体は失われ，どちらかのホモ接合体のみの集団になってしまう．どちらになるかは初期の遺伝子頻度によって決定される．しかし，全体の平均遺伝子頻度は変化していない．ある分集団では遺伝子頻度が増加するが，別の分集団では頻度が減少し，全体として相殺されるためである．

集団の有限性による遺伝的浮動は，突然変異や自然選択のように，次世代の遺伝子頻度や集団の進化の方向を予測することはできないが，遺伝子頻度を変化させ，遺伝的に分化した集団が成立することになる．もし遺伝的分化が生殖のような形質にかかわっていれば，種分化のような生物進化における大きな変化すら可能である．遺伝的浮動は，遺伝子頻度を変化させるという点で，自然選択と同様に生物進化に重要な役割を果たすと考えられる[*6]．

*6 この章では，任意交配，近親交配，突然変異，自然選択，遺伝的浮動について解説した．これらは集団遺伝学において最も基本的で重要な事柄である．任意交配と近親交配では遺伝子頻度の変化は起きないが，集団の静的な状態を見た．残りの三つは，遺伝子頻度を変える要因として集団の動的な状態をつくりだし，その作用が生物進化にとって影響をもつことを示した．しかし個々の要因を単独に考えただけであり，現実の生物集団では多くの要因がすべて同時に作用している．この章では，突然変異と自然選択の平衡，遺伝的浮動と自然選択を同時に考慮した場合や，最近の分子レベル（タンパク質やDNA）の集団遺伝学については取り上げなかった．これらの事柄は，より専門的な集団遺伝学の教科書を参照してほしい．

練習問題

1. 雌雄の遺伝子頻度が違うとき，1世代の任意交配ではHW平衡に達しないことを示しなさい．

2. 4種類の配偶子AB, Ab, aB, abの頻度がx_1, x_2, x_3, x_4であるとき，任意交配後，個々の遺伝子座ではHW平衡に達していることを示しなさい．

3. 下図に示されたヒト集団におけるさまざまな近親婚で生じた個体Iの常染色体遺伝子に関する近交係数を求めなさい．ただしI以外の個体の近交係数は0とする．

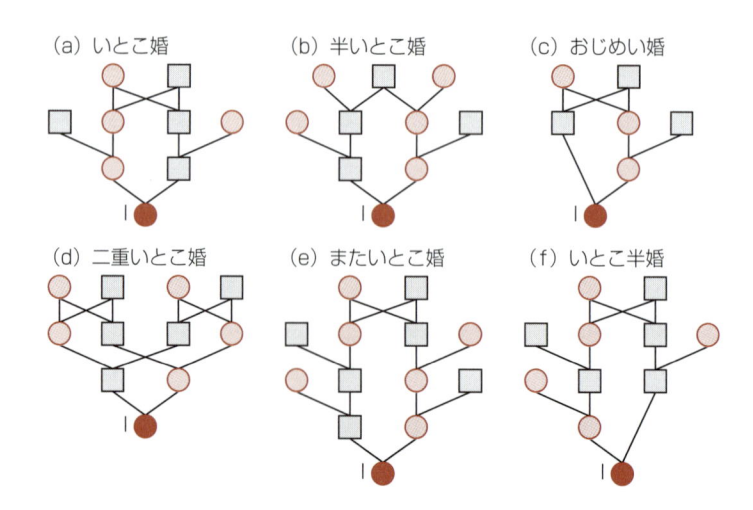

(a) いとこ婚　　(b) 半いとこ婚　　(c) おじめい婚

(d) 二重いとこ婚　　(e) またいとこ婚　　(f) いとこ半婚

15章 ゲノム科学の発展と未来

　ゲノム（genome）とは，遺伝子の gene と「全体」を意味する ome を組み合わせた言葉で，一般には，生物がもつすべての遺伝情報を意味する．ゲノムに関する研究領域を**ゲノミクス**（genomics）という．20世紀末，ヒトゲノム計画をはじめ，モデル生物を対象としたゲノム解読が急速に進んだ．すべての遺伝子の機能を明らかにし，生命システムの全貌を分子レベルで理解するために，遺伝情報の流れに沿って，各段階ですべての生体分子を網羅的に解析する○○ ome（オーム）解析が展開されるようになり，生命科学は**ポストゲノム**（post genome）**時代**を迎えた（図15.1）．さらに，各オーム解析で得られる膨大なデータを効果的に解析して，生命システム全体の理解を目指す，生命科学と情報科学の融合した**バイオインフォマティクス**（bioinformatis）[*1]と呼ばれる分野が生まれた．この章では，ゲノム科学の発展と未来について学ぶ．

[*1]「生命情報科学」や「生物情報科学」などと訳される．広義には，コンピュータを用いた生命科学研究を意味する．類義語として，コンピューテーショナルバイオロジー，インシリコバイオロジー，計算生物学，情報生物学などがある．

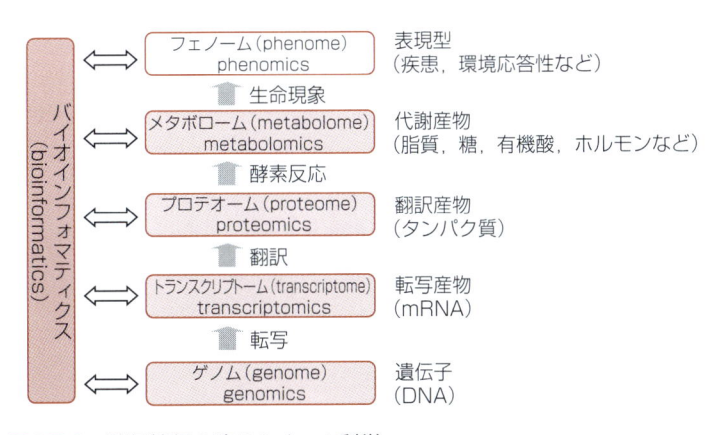

図15.1　遺伝情報の流れとオーム科学
遺伝情報の流れに沿って，それぞれのオーム科学が設定されている．それぞれで得られる知見を解析したり統合したりするために，バイオインフォマティクスが必要となる．

バイオインフォマティクス（bioinformatics）

- フェノーム（phenome）／phenomics　表現型（疾患，環境応答性など）
  - ↑ 生命現象
- メタボローム（metabolome）／metabolomics　代謝産物（脂質，糖，有機酸，ホルモンなど）
  - ↑ 酵素反応
- プロテオーム（proteome）／proteomics　翻訳産物（タンパク質）
  - ↑ 翻訳
- トランスクリプトーム（transcriptome）／transcriptomics　転写産物（mRNA）
  - ↑ 転写
- ゲノム（genome）／genomics　遺伝子（DNA）

15章　ゲノム科学の発展と未来

15.1　ゲノム解析
15.1.1　ゲノム塩基配列決定

　2003年4月，ヒトゲノムの解読完了が宣言された．ワトソンとクリックによるDNAの二重らせん構造の発見(1.3節参照)から50年めにして，人類は32億塩基対にのぼる自らの設計図を手にした．**ヒトゲノム計画**(Human Genome Project)は，日米英仏独中の6か国を中心とした**国際ヒトゲノム解読チーム**(International Human Genome Sequencing Consortium：**IHGSC**)のもとに遂行された生命科学史上最大のプロジェクト研究であった．1998年に登場したキャピラリー式自動シークエンサー(配列決定装置)は塩基配列解読の効率を飛躍的に向上させ，また，コンピュータ演算性能の向上とインターネット技術の普及もゲノム解読に大きく貢献した．一方1998年には，IHGSCとは別に，ベンター(J. C. Venter)がセレラ・ゲノミクス社を設立し，解読競争に参入した．2001年2月に，両者はヒトゲノムの概要配列を，それぞれ*Nature*誌と*Science*誌に発表した[*2]．両者とも32億塩基対のうち26億あまりを解読し，ヒトゲノム上の遺伝子の総数は3〜4万[*3]と推定された．その後，予測された遺伝子がコードするすべてのタンパク質(**プロテオーム**, 15.3節参照)について，機能の予測と分類が行われた(図15.2)．現在，さまざまな生物種でゲノム計画が進められている(表15.1)．ゲノム配列の解読が完了あるいは完了しつつある生物では，ゲノムにコードされている遺伝子がどのように働いて多様な生命現象を実現しているかを明らかにする機能解析や遺伝子ネットワークの解明が次の目標である．

J. C. ベンター
(1946〜)

[*2]　IHGSCは，ゲノム地図によって整列化されたBACクローンを断片化して配列決定する階層的ショットガン法を用いた．セレラ社は，全ゲノムを断片化して配列決定した大量の断片を末端配列の相同性によってつなぎ合わせる全ゲノムショットガン法を用いた．

[*3]　最終版では，ヒトゲノムに含まれるタンパク質をコードする遺伝子が22,287個であることが示された(IHGSC, 2004年)．

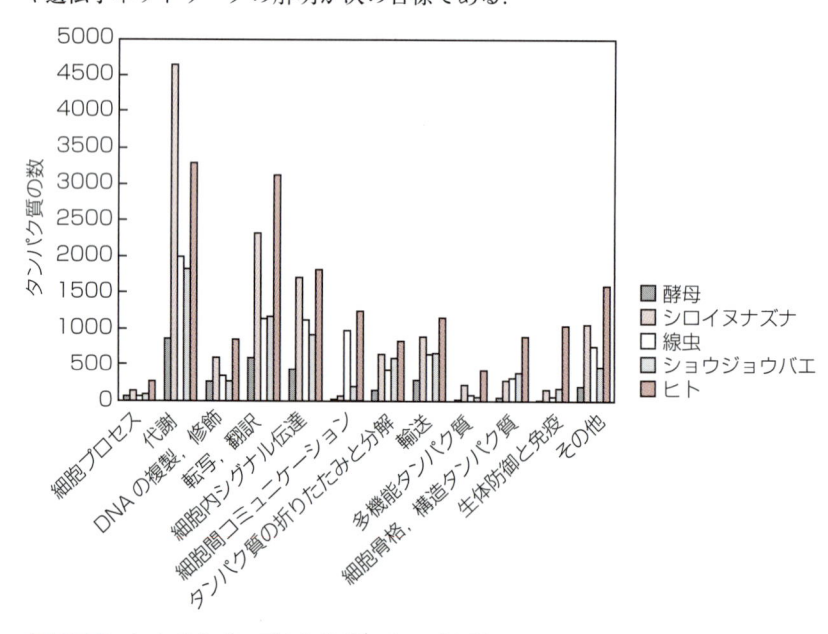

図15.2　ヒトおよびモデル生物種のタンパク質をコードする遺伝子の機能別比較
IHGSC(2001年)より抜粋．

15.1 ゲノム解析

表 15.1 ゲノム計画の状況

分類		進行中	ドラフト	完了	計
原核生物	古細菌	400	407	561	1368
	バクテリア	27	3	46	76
真核生物	動物	55	43	4	102
	植物	36	2	5	43
	菌類	22	38	10	70
	原生生物	25	15	7	47
計		565	508	633	1706

2007年7月現在. http://www.ncbi.nlm.nih.gov/genomes/static/gpstat.html を参考に作成.

15.1.2 多型解析

塩基配列多型と表現型多型との関係を見いだすことは，遺伝子機能を明らかにするための鍵となる．ゲノム上には，**マイクロサテライト**(microsatellite)あるいは**単純反復配列**(simple sequence repeat: **SSR**)と呼ばれる，数塩基単位のDNA配列が繰り返す領域が散在している．この領域は，個体間で繰返し数の違いによる多型に富むため，個体間のゲノムDNAの多型を網羅するマーカーとして用いられる．ゲノム上の特定領域について，個体間でDNAの塩基配列を比べたとき，塩基が一つ異なる**一塩基多型**(single nucleotide polymorphism: **SNP**)も有効である(図 15.3)．SNPの頻度は高く，国際SNPマップワーキンググループは，ヒトゲノムの概要配列上に平均2kbに一つの割合で約142万のSNP[*4] を同定している．

[*4] 遺伝子のエキソン領域でアミノ酸置換を生じるSNPは，タンパク質の立体構造に変化を及ぼす可能性がある．また，プロモーターなど調節領域に同定されるSNPは，遺伝子発現の個体差を生じる可能性がある．

```
gi|456259|emb|X77751.1     CTACTGAGTTTCTGTTATAGTGTTTTTAATATATATAGTATTATATA 50
gi|3064066|gb|AF057296.1   CTACTGAGTTTCTGTTATAGTGTTTTTAATATATATAGTATTATATA 50
gi|5070437|gb|AF140632.1   CTACTGAGTTTCTGTTATAGTGTTTTTAATATATATAGTATTATATA 50
gi|3064065|gb|AF057295.1   CTACTGAGTTTCTGTTATAGTGTTTTTAATATATATAGTATTATATA 50
                           ***********************************************

gi|456259|emb|X77751.1     TATAGTGTTATATATATAGTGTTTTAGATAGATAGATAGGTAGATAGA 100
gi|3064066|gb|AF057296.1   TATAGTGTTATATATATAGTGTTTTAGATAGATAGATAGGTAGATAGA 100
gi|5070437|gb|AF140632.1   TATAGTGTTATATATATAGTGTTTTAGATAGATAGATAGGTAGATAGA 100
gi|3064065|gb|AF057295.1   TATAGTGTTATATATATAGTGTTTTAGATAGATAGATAGGTAGATAGA 100
                           ************************************************

gi|456259|emb|X77751.1     TAGATAGATAGATAGATAGATAGATAGATAGATAGATAGATA----TAGT 146
gi|3064066|gb|AF057296.1   TAGATAGATAGATAGATAGATAGATAGATAGATA------------TAGT 138
gi|5070437|gb|AF140632.1   TAGATAGATAGATAGATAGATAGATAGATAGATAGATAGATATAGT 150
gi|3064065|gb|AF057295.1   TAGATAGATAGATAGATAGATAGATA----------------TAGT 134
                           **************************                ****

gi|456259|emb|X77751.1     GACACTCTCCTTAACCCAGATGGACTCCTTGTCCTCACTACATGCCAT 194
gi|3064066|gb|AF057296.1   GACACTCTCCTTAACCCAGATGGACTCCTTGTCCTCACTACATGCCAT 186
gi|5070437|gb|AF140632.1   GACACTCTCCTTAACCCAGATGGACTCCTTGTCCTCACTACATGCCAT 198
gi|3064065|gb|AF057295.1   GACACTCTCCTTAACCCAGATGGACTCCTTGTCCTCACTACATGCCAT 182
                           ************************************************
```

図 15.3 ヒトゲノム DYS19 座に見られるマイクロサテライト多型
GATAの4塩基が縦列反復している．4種類の配列で繰返し数の違いが見られる．ClustalW によるマルチプルアラインメント[*5]．

[*5] 塩基配列やアミノ酸配列をその相同性に基づいて並べたものをアラインメントという．アラインメントを作成するためにClustalWなどのソフトウェアが利用される．アラインメントの作成は，配列間で似ている領域と異なる領域を見いだすことに利用される．

15.1.3　比較ゲノム解析

　生物種の特徴を決定する要因は，ゲノムのどこに記されているのだろうか．さまざまな生物種のゲノム配列情報が蓄積され，生物種間でゲノム配列を全体として比較し，相違点と共通点を見いだす**比較ゲノム研究**(comparative genomics)が展開されるようになった．2004年，国際コンソーシアムがチンパンジーの22番染色体を完全解読し，構造の類似性が認められるヒトの21番染色体と比較したところ，ヒトの偽遺伝子がチンパンジーでは機能している場合があることが明らかになった．こうした比較から，同祖遺伝子や代謝物の発現プロファイルの比較に研究が進んでいる．

15.2　トランスクリプトーム解析

　トランスクリプトーム(transcriptome)とは，転写産物を意味するトランスクリプトとオームをつなぎ合わせた言葉で，細胞内のすべての転写産物を意味する．ゲノム配列の解読により，ゲノム中の遺伝子の種類は予想外に少なく，複雑な生命現象は遺伝子の使われ方の多様性によることが示唆された．どんな遺伝子がいつ，どこで，どれくらいの量で働いているだろうか．ゲノム全域の解析から遺伝子の使われ方を理解することがトランスクリプトーム解析の目標である．

15.2.1　包括的な cDNA 解析

　細胞から抽出した mRNA から cDNA ライブラリーを作成し，個々の塩基配列を決定することで，発現遺伝子の情報を網羅的に収集できる．**cDNA**(complementary DNA，**相補的 DNA**)の配列情報はゲノム解析でも重要な情報を提供する．すなわち，cDNA の配列と相同な配列をゲノム上で検索することで，ゲノム中の遺伝子領域を同定できる[*6]．また，ゲノムが長大で容易にゲノム解読を進められない生物でも，網羅的に収集された cDNA の配列情報は，ゲノム上に散らばった遺伝子の配列情報を効率よく収集し，全体の遺伝子数を見積もったり，ゲノム解読が先行している生物種のデータと比較することに役立つ．クローニングされた cDNA 断片の配列情報を**発現配列タグ**(expressed sequence tag：**EST**)と呼ぶ．NCBI(National Center for Biotechnology Information)が提供する配列情報データベースの一つ dbEST は，それぞれの生物種で得られた EST の配列情報を提供している(図15.4)．とくに**完全長 cDNA** は，転写される mRNA の全長(ORF[*7]と非翻訳領域)を含んでいるため，開始コドンと終止コドンから ORF を同定すれば，翻訳されるべきタンパク質のアミノ酸配列を容易に知ることができる．ゲノム配列と比較することで，遺伝子の転写単位の同定が可能になるほか，選択的スプライシングによって生じる多様な転写産物の解析にも有効である．ま

[*6] この情報は，ゲノムプロジェクトによりゲノム配列の決定が進められている生物では，配列決定後に待っている遺伝子領域の同定とその構造決定を効果的に行うために有用である．

[*7] オープンリーディングフレーム．13章の注4参照．

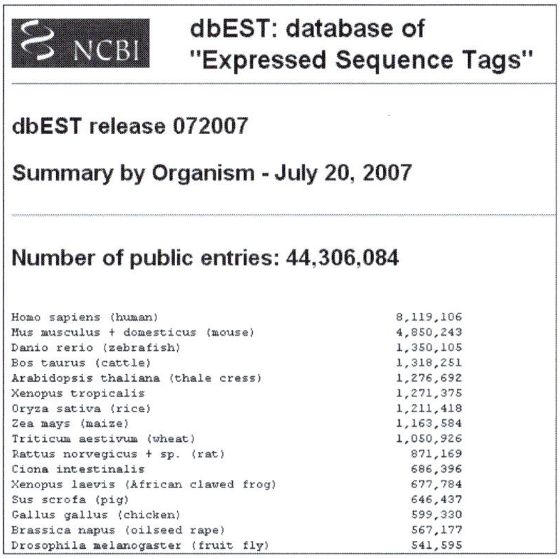

図 15.4 NCBI dbEST の EST エントリー情報を公開しているウェブページ
http://www.ncbi.nlm.nih.gov/dbEST/dbEST_summary.html

た，タンパク質の機能解析や構造決定にも重要なリソースであるなど，完全長 cDNA 解析はゲノム科学の研究基盤として期待されている．

15.2.2 網羅的な遺伝子発現解析手法

遺伝子がいつ，どこで，どれだけ発現しているかという情報(**遺伝子発現プロファイル**，gene expression profile)を得ることは，遺伝子機能の多様性とその制御機構を理解するトランスクリプトーム解析の基本である．

特定の組織から抽出した mRNA から cDNA ライブラリーを作成し，ランダムに選んだ多数の cDNA クローンについて EST を収集する．EST の出現頻度は cDNA ライブラリーの作成に供した細胞のトランスクリプトームを反映していると考えられ，遺伝子発現プロファイルが得られる[*8]．特殊な例として，cDNA の 3′ 末端側の 10 数 bp をつなげたコンカテマー(鎖状体)をクローニングして配列決定し，配列の出現頻度から発現量を見積もる **SAGE 法**(serial analysis of gene expression)が開発されている[*9]．

cDNA 断片を非特異的なプライマーを用いて PCR 増幅し，増幅断片を電気泳動などによってサイズごとに分離し，その量比を測定することで遺伝子発現量の情報を得る方法として，**ディファレンシャルディスプレイ法**(differential display method)がある(図 15.5)．この方法には，遺伝子の配列情報を必要としないため，未知遺伝子の発現量の変動もモニターできるという利点がある．ただし，その増幅断片がどのような遺伝子であるかを調べるためには，分離後の増幅断片を回収し，配列を決定する必要がある．

[*8] ヒト遺伝子の解剖学的な発現パターンを示す「ボディマップ」がある．http://okubolab.genes.nig.ac.jp/bodymap_i/

[*9] *Nla*III などの 4 塩基認識の制限酵素で処理することで，poly(A)とは反対側に突出末端を生じさせる．次に，タイプIIS 制限酵素である *Bsm*FI の認識部位をもつアダプターを突出末端に付加する．*Bsm*FI は認識部位から 10〜14 塩基下流で切断するので，アダプターに 10 数塩基の cDNA が結合したタグ(SAGE タグ)が得られる．

15章 ゲノム科学の発展と未来

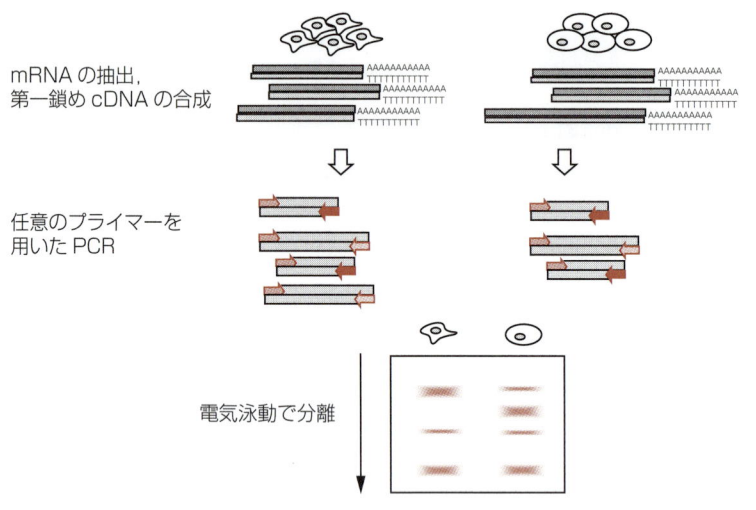

図 15.5 ディファレンシャルディスプレイ法の原理

15.2.3　DNA マイクロアレイ

　1995 年，アメリカ・スタンフォード大学のブラウン（O. Brown）らは，細胞から抽出した mRNA を蛍光色素で標識し，ガラス基盤上にスポットした多数の cDNA とハイブリダイゼーションすることによって，それぞれの遺伝子の発現量をモニターする **DNA マイクロアレイ技術**（DNA microarray technique）を開発した．発現量を調べたい遺伝子の DNA 配列を，ガラス基盤などに固定して DNA マイクロアレイを作成する．マイクロアレイ上に固定される配列を**プローブ**（probe）と呼ぶ[*10]．発現量を調べたい細胞から抽出した RNA を鋳型として，蛍光色素で標識した cRNA を合成する．標識された RNA を**ターゲット**（target）と呼ぶ．続いて，プローブに対してターゲットのハイブリダイゼーションを行い，ガラス基盤を洗浄後，蛍光スキャナーで各プローブの蛍光強度を測定する．蛍光の強いプローブに対応する遺伝子ほど RNA を抽出した細胞で強く発現する．DNA マイクロアレイ解析には，実験手法に一色法と二色法がある．一色法では，遺伝子発現プロファイルを調べたいサンプルの RNA を，たとえば Cy3 など 1 色の蛍光色素で標識し，ターゲットごとに別個にハイブリダイゼーションを行い，各アレイ間で蛍光強度を比較する．これは，経時的な遺伝子発現パターンを調べる解析などに有効である（図 15.6）．二色法は，比較したい 2 種類の細胞に由来する RNA をそれぞれ別の蛍光色素，たとえば Cy3 と Cy5 で標識し，それらを等量混合した試料をターゲットとして，1 枚のアレイに対してハイブリダイゼーションを行い，2 色の蛍光強度比からサンプル間の相対的な発現量の違いを算定する．
　近年，DNA マイクロアレイ技術は，その応用範囲を拡大している．全ゲ

[*10] プローブとなる DNA を基盤上にスポットする方法には，DNA 溶液をピンでスポットする方法，インクジェットプリンターの技術を用いて塩基を吹きつけて基盤上で合成する方法，半導体製造技術の光リソグラフィーを利用する方法など，さまざまな方法が開発されている．

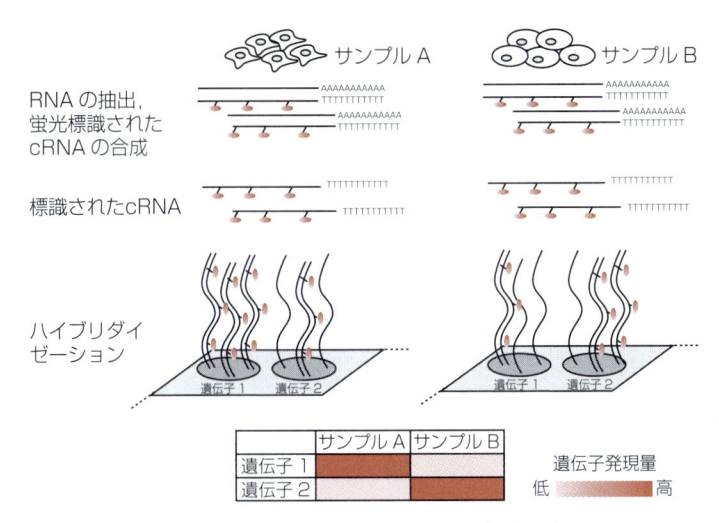

図15.6 マイクロアレイの原理（一色法）

ノムの解読が終了したヒト，マウスおよびシロイヌナズナについて，全ゲノム配列を等間隔でプローブとして搭載した**タイリングアレイ**（tiling array）[11]が作成された．タイリングアレイに対してターゲットのRNAをハイブリダイゼーションすることで，ターゲットに含まれるすべての転写産物をゲノム配列上にマッピングすることができる．これによりタンパク質−ゲノム相互作用のマッピング[12]も可能になり，転写因子と結合するプロモーター領域を探索する有効な手法となっている．

15.3　プロテオーム解析

プロテオーム（proteome）とはタンパク質のproteinとオームを合わせた造語で，ゲノム上の遺伝子から発現する全タンパク質を指す．タンパク質は，発生段階や環境条件などに応じて発現が変動することに加え，修飾を受け，複合体を形成したりするので，プロテオームはきわめて動的である．プロテオーム解析，すなわち**プロテオミクス**（proteomics）は，発現するすべてのタンパク質について，① 発現プロファイル，② 立体構造，③ 分子間相互作用および④ 修飾を網羅的かつ体系的に解析し，タンパク質の機能を明らかにすることを目的としている．

15.3.1　発現プロテオミクス

発現プロファイルから見たプロテオミクスを**発現プロテオミクス**（expression proteomics）という．発現プロテオミクスでは，タンパク質の分離精製，同定と定量を高効率で行なわなければならない．現在，タンパク質の分離精製には，二次元電気泳動と多次元液体クロマトグラフィーを用いる

[11] Affymetrix社から発売されたヒトタイリングアレイ（1.0R）では，全ゲノム配列について25塩基のプローブを10塩基対の間隔を空けて設計しており，14枚のアレイでヒトゲノム全体をカバーする．

[12] ChIP-chip法が用いられる．この方法は，タンパク質複合体とDNAを架橋結合する試薬（ホルムアルデヒド）で細胞を処理し，架橋されたクロマチンを抽出して断片化する．目的のタンパク質の特異的抗体で免疫沈降を行い，結合したDNA断片を精製し，標識してハイブリダイゼーションを行う．

方法が用いられている.

二次元電気泳動法(two-dimentional electrophoresis, **2DE**)では，一次元めに固定化 pH 勾配等電点電気泳動を行い，二次元めに SDS-PAGE(SDS-ポリアクリルアミドゲル電気泳動)を行う方法が広く用いられている(図 15.7)．染色後，分離されたタンパク質のスポット部分を回収する．回収したゲルにトリプシンなどのプロテアーゼ溶液を加えて，ゲル中でタンパク質をペプチドに消化(ゲル内消化)し，その後の質量分析装置によるタンパク質の同定に供される．1975 年に開発された後，分解能や再現性，検出法が改良され，現在，1 枚のゲルで数千のタンパク質の分離が可能なことから，プロテオーム解析におけるタンパク質分離精製のための中心的な手法となっている[*13]．

*13 ただし，高分子量のタンパク質，塩基性タンパク質などの分離が困難であること，自動化が難しいことが課題である．

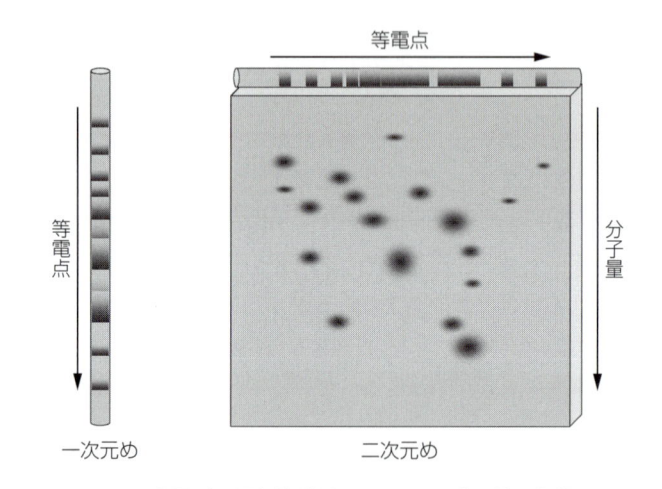

図 15.7 二次元ゲル電気泳動法によるタンパク質の分離
一次元めに固定化 pH 勾配等電点電気泳動，二次元めに SDS-PAGE を行う．

抽出したタンパク質をプロテアーゼで消化した後，たとえば一次元めにイオン交換カラム，二次元めに逆相カラムを用いたクロマトグラフィーによってペプチド混合液を分離する**多次元液体クロマトグラフィー**(multidimentional liquid chromatography)も広く用いられるようになった．2DE が有効でないタンパク質の分離に適しているとされる．

2DE で分離後のタンパク質の同定と発現量の定量は，**質量分析法**(**マスペクトロメトリー**, **MS**)により行われる．質量分析装置[*14]の発達が発現プロテオミクスの進展を支えているといってよい．質量分析装置は，ペプチド断片の① 質量スペクトルによるタンパク質同定，② アミノ酸配列決定，③ 定量的プロテオーム解析，④ 翻訳後修飾の解析に威力を発揮する．

*14 質量分析法(mass spectrometry)とは，イオン化した化合物をその質量電荷比の違いで分離し，検出する方法．質量分析装置は，化合物をイオン化するイオン源，質量電荷比の違いで分離する質量分離部，イオンを検出するイオン源から構成される．

(1) ペプチド断片の質量スペクトルによるタンパク質同定

ペプチドマスフィンガープリンティング法(peptide mass fingerprinting：**PMF**)は，2DEで分離されたタンパク質をゲル内消化によって分解し，ペプチド混合物について質量スペクトルを得る方法である．質量スペクトルの取得にはMALDI-TOF MSが用いられることが多い(図15.8)．得られた質量スペクトルデータを，既知のアミノ酸配列をもとに計算される理論的な質量スペクトルのデータベースに対して検索し，タンパク質や遺伝子を同定する．

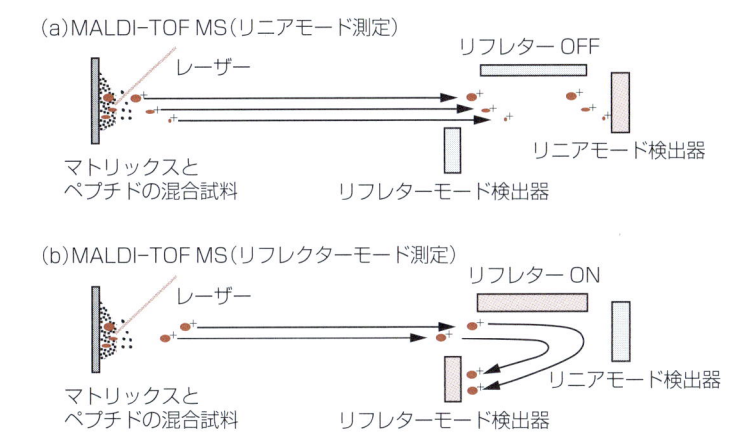

図15.8 MALDI-TOF MSの概略

MALDI(matrix assisted laser desorption ionization，マトリックス支援レーザーイオン化)法は，マトリックスと測定試料の混合試料にレーザーを照射し，マトリックスもろとも試料をイオン化する方法である．イオンが一定距離の飛行に要する時間で質量を測定する飛行時間型(time of flite：TOF)質量分析計と組み合わせたMALDI-TOF MSが，プロテオーム解析に広く用いられる．リニア測定モードは，イオンを検出器まで直線的に飛行させて測定し，高感度の測定に適する．リフレクターモードでの測定は，リフレクターによってイオンを反転させることで，初期運動エネルギーのばらつきが収束され，高精度の測定が可能になる．

(2) 質量分析によるペプチド断片のアミノ酸配列決定

2DE，ゲル内消化によって調整されたペプチド混合試料を質量分析装置で解析することで，アミノ酸配列決定を行う．トリプル(三連)四重極(QqQ)型MSやQ-TOF MSなどのMS/MS測定を用いて，フラグメントピークをアミノ酸配列に帰属させる(図15.9)．

(3) ディファレンシャルディスプレイ法による定量的プロテオーム解析

比較したい試料から抽出したタンパク質混合液をそれぞれ別の蛍光色素で標識し，混合した後，1枚のゲルを用いた2DEにより分離する．それぞれの蛍光の検出に適当な励起波長でゲルをスキャンし，タンパク質のスポットを検出することで，組織特異的に発現変動を示すタンパク質を同一の泳動像の上で検出する．特異的なタンパク質スポットは質量分析などで同定する．ま

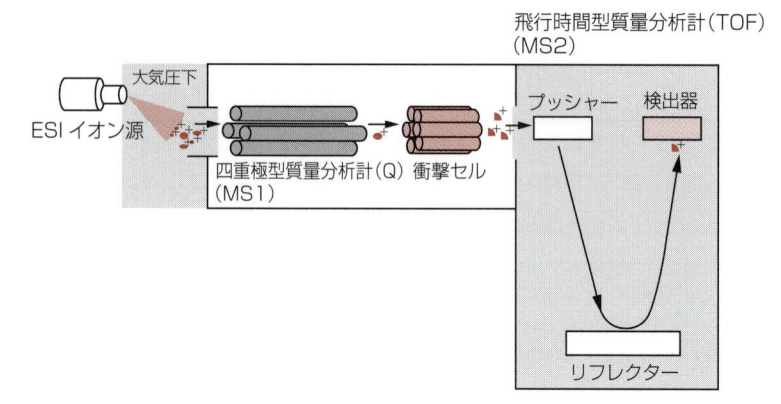

図 15.9　Q-TOF 型質量分析装置の概略
ESI（electron spray ionization，エレクトロスプレーイオン化）法を用いる ESI-MS の例．イオンを一つめの四重極型質量分析計で分離し，選択したイオンを衝撃セルでフラグメントイオンに分解し，次の飛行時間型質量分析計で測定する．

た，タンパク質を同位体標識することによって，質量分析装置を用いたディファレンシャルディスプレイ法が開発されている．一方，$in\ vivo$ 標識法としては，^{15}N を用いた安定同位体標識が行われている．^{15}N の添加および無添加培地でそれぞれ培養した細胞からタンパク質を抽出し，両試料を混合して 2DE により分離後，質量分析を行うことで，試料間でのタンパク質の相対量を比較する．

（4）翻訳後修飾の解析

ほとんどのタンパク質は翻訳後に何らかの修飾を受け，その活性や局在の調節を受ける．PMF 法で得られた質量スペクトルと，アミノ酸配列データから計算される理論的な質量スペクトルを比較することで，質量分析したペプチドの**翻訳後修飾**（posttranslational modification）を知ることができる．また，MS/MS 解析によってアミノ酸配列を決定すれば，修飾基をもつアミノ酸の同定もできる．安定同位体で標識した試料から MS スペクトルを得ることで，修飾基をもつペプチド断片の相対的な定量も行える．

15.3.2　タンパク質間相互作用解析

酵母ツーハイブリッド法（yeast two hybrid system：Y2H）は，タンパク質間相互作用の解析法である（図 15.10）．転写因子 GAL4 を欠損した酵母に，タンパク質 A と GAL4 の DNA 結合領域をもつ融合タンパク質を発現するベクターと，タンパク質 B と GAL4 の転写活性化領域をもつ融合タンパク質を発現するベクターを導入し，タンパク質 A と B が結合すれば，GAL4 の転写活性化領域と DNA 結合領域によってレポーター遺伝子である β-ガラクトシダーゼの発現が誘導されることを利用している．

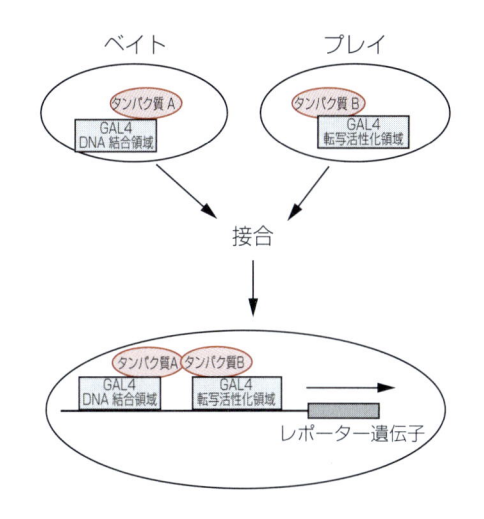

図15.10 酵母ツーハイブリッド法の原理
魚釣りにたとえて，餌にする特定のタンパク質をベイト（bait），相互作用によって釣れるタンパク質をプレイ（prey）と呼ぶ．

15.3.3 構造プロテオミクス

タンパク質は，折りたたまり，立体構造をとることで，正しく機能する．タンパク質の立体構造を知ることは機能の理解に直結する可能性がある．現在，タンパク質は10万種類あると予想されており，立体構造の類似性によって約1万のファミリーに分類できると想定されている．それぞれのファミリーの代表的タンパク質の立体構造を決定し，その機能を明らかにすることが**構造プロテオミクス**（structural proteomics）の当面の目標となっている．

タンパク質の立体構造を決定するには，結晶化したタンパク質を**X線結晶構造解析法**（X-ray crystallography）で決定するか，溶液中のタンパク質を**核磁気共鳴法**（nuclear magnetic resonance；**NMR**）で決定するのが主流[*15]である．両解析法の向上により，PDB（Protein Data Bank）に登録されるタンパク質立体構造のエントリー数は急激に増えている（図15.11）．タンパク質の立体構造がわかることで，その分子機能が示唆される例は少なくない．

[*15] PDBに登録されている構造情報（2007年8月現在44,926）のうち，X線結晶構造解析によるものは約85%，NMR法によるものは約14%，残りは電子顕微鏡などによる構造決定である．

15.4 メタボローム解析

細胞内のさまざまな代謝活動によってつくられる代謝産物（メタボライト）の網羅的かつ体系的な解析を行い，細胞内のすべての代謝反応を理解することが，**メタボローム解析**（metabolome analysis），すなわち**メタボロミクス**（metabolomics）の目標である．

15.4.1 メタボライトの網羅的測定

メタボローム解析では，代謝物の混合試料をさまざまな質量分析装置やNMR装置を用いて網羅的に測定することで，代謝物プロファイリングが行われる．質量分析装置で分子量を測定し，どのような代謝物がどれだけ存在するかがわかる．また，混合試料をさまざまなクロマトグラフィーやキャピ

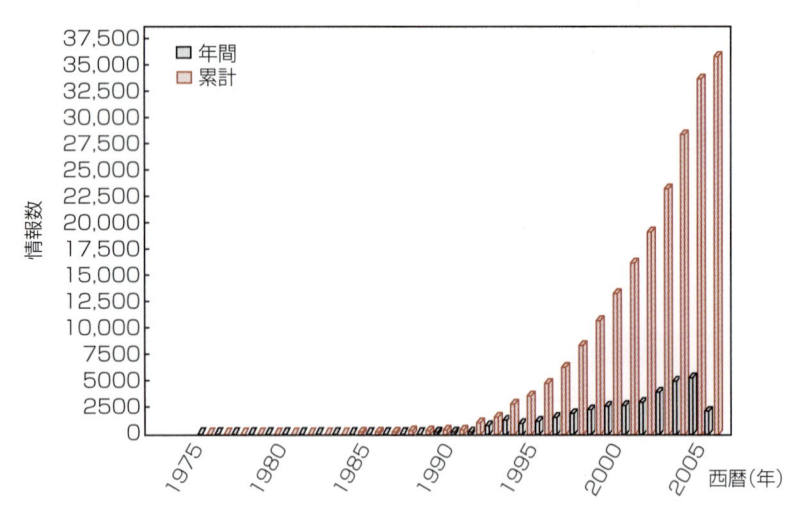

図 15.11　PDB に登録されているタンパク質の立体構造情報の推移
http://www.rcsb.org/

ラリー電気泳動で分離してから質量分析装置で測定する手法が広く用いられている．たとえば，**ガスクロマトグラフィー質量分析**（gas chromatography-mass spectrometry，**GC/MS**）を用いて，代謝物の定量を行える．**キャピラリー電気泳動質量分析**（capillary electrophoresis-mass spectrometry，**CE/MS**）を利用すれば，代謝物中のイオン性化合物の荷電量によって分離した試料中の物質を測定できる．多くの代謝物はイオン性化合物なので，代謝物の解析に威力を発揮する．液体クロマトグラフィーで分離し，質量分析を行う LC/MS（liquid chromatography-mass spectrometry）も利用されている．質量分析装置を用いる代謝プロファイルのほか，NMR 法を用いて，抽出溶液中の代謝物計測だけでなく，不溶性画分や非破壊組織中の代謝物プロファイルを得る方法も開発されつつある．

15.4.2　メタボローム解析の応用

　質量分析装置や NMR を用いた体系的な代謝物プロファイリングは，代謝物の発現変動を**バイオマーカー**（biomarker）として用いた医療，作物育種などへの応用が期待されている．すでに多くの代謝物が疾病のバイオマーカーとして発見されている．メタボローム解析では，尿や唾液中の代謝物について代謝物プロファイルを得られるので臨床診断への応用が期待される．また，植物のフラボノイドやアントシアニンなどの機能性成分や油脂成分，その他の栄養成分について，変異系統や遺伝資源を対象に代謝物の**フェノタイピング**（phenotyping，**表現型解析**）を行うことで，新機能性作物開発への応用が考えられている．

15.5 バイオインフォマティクス

オミクス分野で日々蓄積される膨大な解析データを *in silico*（コンピュータ上）で解析し，データを効果的に統合しなければ，網羅的かつ体系的な理解は不可能である．具体的なバイオインフォマティクスの役割は，① 核酸配列あるいはアミノ酸配列について，類似配列や特徴を検索する，② タンパク質の立体構造を予測あるいは決定する，③ 遺伝子間の相互作用ネットワークを解明し生命現象をシミュレーションする，の3点といわれている．

15.5.1 生命科学のデータベース

おもな生命科学関連のデータベースを次にまとめる．

(1) 配列情報データベース

膨大な数の塩基配列情報が，DDBJ（DNA Data Bank of Japan，国立遺伝学研究所），GenBank（NCBI），EMBL（Europian Bioinformatics Institute：EBI）の三つのデータベースに登録されている．自分が知りたい核酸やアミノ酸の配列が登録されているかどうかは，配列データ固有のアクセッション番号や遺伝子名などのキーワードで検索する．塩基配列やアミノ酸配列をもとに相同性検索を行い，相同配列の情報を取得することもできる．BLAST（basic local alignment search tool）は広く用いられる相同性検索用アルゴリズム[16, 17]である（表15.2）．BLASTは，クエリー（query，検索項目）配列からデータベースを検索するための文字列リストを作成し，リストの文字列をデータベースで検索し，ヒットした文字列から相同性の高い範囲を決定する，という手順で相同性検索結果を出力する[18]．ヒトやマウスをはじめ，全ゲノム解読が完了または完了しつつある生物種では，生物種ごとに，ゲノム配列上のどこが何という遺伝子なのかといった情報を整理して閲覧・検索可能なデータベースが作成されている（図15.12）．

表15.2 BLASTの基本的なプログラム

プログラム	クエリー		データベース	
blastn	核酸		核酸	
blastx	核酸	翻訳	アミノ酸	
blastp	アミノ酸		アミノ酸	
tblastn	アミノ酸		核酸	翻訳
tblastx	核酸	翻訳	核酸	翻訳

(2) 遺伝子発現パターンデータベース

マイクロアレイやSAGEなど，遺伝子発現プロファイル情報もデータベース化が進んでいる．GEO（Gene Expression Omnibus，NCBI）やArrayExpress（EBI）には，発現プロファイルデータが登録され，公開されている．また，生物種ごとにマイクロアレイ実験の結果を公開したデータベー

[16] DDBJ，GenBank，EMBLとも，BLASTによる相同性検索ができるウェブサービスを行っている．

[17] BLASTの相同性検索プログラムは，NCBIなどからダウンロードして自身のコンピュータに導入することで，任意の配列セットをデータベースとして検索できる．

[18] どの程度の配列類似性があれば相同性があると見なすかどうかは，BLASTのいくつかのパラメータによって調節する．

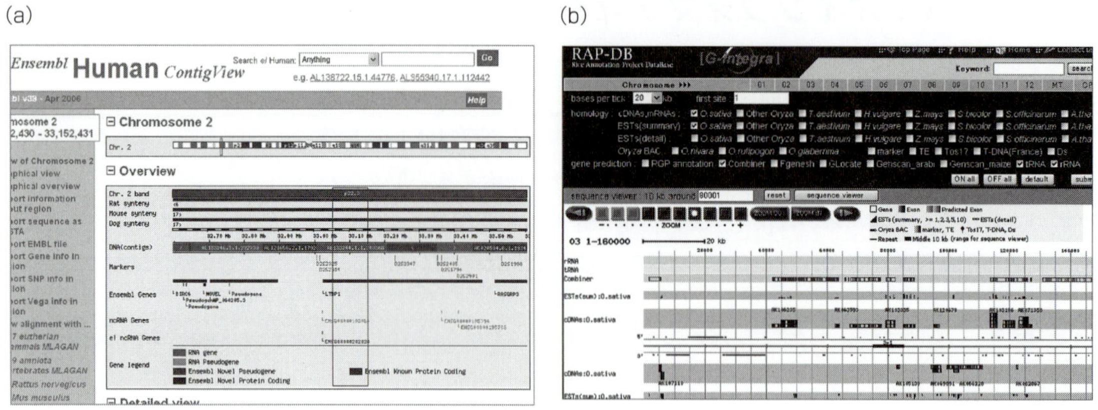

図15.12 ゲノム上のさまざまな情報を提供するデータベース
(a)Ensembl(ヒトゲノム)http://www.ensembl.org/Homo_sapiens/index.html, Hubbard, T. *et al.*, Ensembl 2007, Nucleic Acid Research, Vol. 35, Database issue D610-D617. (b)RAP-DB(イネゲノム)http://rapdb.lab.nig.ac.jp/

スも利用できる．これらのデータベースから発現プロファイルデータをダウンロードし，自身の解析結果と比較する．

(3) タンパク質のモチーフデータベース

複数のタンパク質の配列を比較したとき，部分配列の特徴的な共通パターンのことを**モチーフ**(motif)という．モチーフはタンパク質の構造と機能を反映するので，これを検索することで，タンパク質の機能を推定することに役立つ．既知のモチーフを収録したデータベースとともに，それらを効果的に検索する手法の開発が進められている．

(4) 立体構造データベース

PDBには，X線結晶構造解析やNMR法で決定されたタンパク質の立体構造が登録・公開されている(15.3.3項参照)．タンパク質分子を構成する原子の配置を知ることができ，タンパク質の構造類似性や機能を調べるために重要なデータベースである．

(5) 相互作用データベース

生体内のさまざまな反応を担う物質間のつながりを**パスウェイ**(pathway)という．KEGG(Kyoto Encyclopedia of Genes and Genomes)では既知のパスウェイに関するデータをすべて収録し，それを図によって閲覧できるようになっている．

(6) 系統情報データベース

生命科学の研究には生物材料そのものが重要である．大規模に作成される突然変異系統やタグライン，自然界に存在する生態型などを体系的に整理・保存するとともに，その表現型や系統関係などを検索できるデータベースが作成されている(図15.13)．

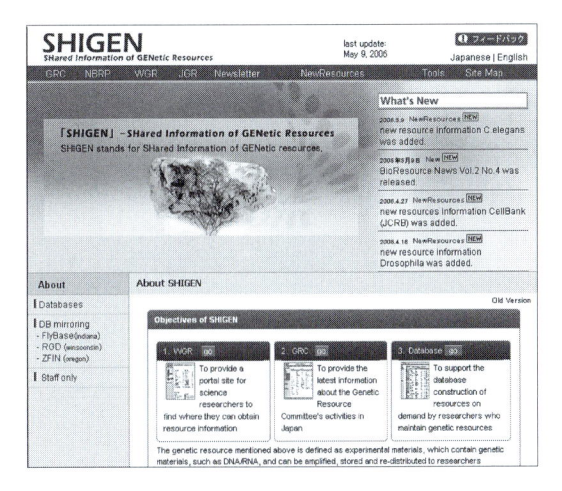

図 15.13　生物遺伝資源のデータベースの例
国立遺伝学研究所の SHIGEN は培養細胞や実験動物，実験植物などの
データベースのポータルサイトである．http://www.shigen.nig.ac.jp/

15.5.2　構造インフォマティクス

(1) タンパク質の立体構造予測

　タンパク質の立体構造予測法は，**ホモロジーモデリング法**（homology modeling）と *ab initio* 法（「最初から」の意味）に大別される．ホモロジーモデリング法は，アミノ酸配列の類似したタンパク質は立体構造も似ているという経験から，構造が既知のタンパク質との相同性検索とアラインメント（整列）を行い，立体構造のモデリングを行う方法である[19]．*ab initio* 法では，

[19] 自動的にホモロジーモデリングを行うウェブサービスや，既知アミノ酸配列について可能なかぎりモデリングを行った情報を提供するデータベースもある．

Column

メタゲノム研究の展開

　環境中に存在する微生物群はきわめて多様で，たった 1 g の土の中にも数千から 1 万種類もの微生物が存在すると推定されている．微生物群は新奇で有用な遺伝子資源といえる．

　自然界の微生物の 99％ は培養ができないとされている．しかし，さまざまな環境中から DNA を抽出し，その DNA のライブラリーを作成して塩基配列を決定するとともに，大腸菌などで発現させて機能のある遺伝子を探索することで，その環境に存在する微生物群に由来する新しい酵素などを発見したり，その環境の生態系を構成する微生物叢を明らかにしたりする研究が進められている．これをメタゲノム（metagenome）研究という．たとえばベンター（15.1.1 項参照）は，アメリカ東南沖のサルガッソー海の海水について約 1 G（ギガ，10^9）bp の塩基配列を解析し，新奇と推定される 148 の菌種を含む 1800 種に由来することを報告している．

　現在，メタゲノム研究は，南極の氷中，熱水，深海などの極限環境や，ヒトの健康や病気と密接な腸内細菌叢にも展開され，新しいゲノム研究領域となっている．

まったく構造が未知のタンパク質のアミノ酸配列から，コンピュータでエネルギーの最適化シミュレーションを行い，構造を予測する．

(2) タンパク質の分子間相互作用予測

タンパク質の立体構造情報を用いて，タンパク質−低分子間，あるいはタンパク質同士の相互作用を解析する手法が開発されつつある[20]．低分子リガンド（ligand）とタンパク質が結合部位でどのように結合しているかを，タンパク質表面の構造や物理化学的性質，ファンデルワールス力，静電力や水素結合を考慮して予測する．

15.5.3 ネットワークとシステムバイオロジー

遺伝子やタンパク質，代謝産物の発現プロファイルやタンパク質相互作用の情報が集積されるにつれて，それらの情報を統合するとともに，生体内の機能分子が構成するネットワークの実像を知ることが大きなテーマとなり，**システムバイオロジー**（system biology）と呼ばれる分野が登場している．遺伝子の発現制御，代謝反応，信号伝達や細胞構造についての網羅的な測定データから，ネットワーク構造の予測と同定が試みられている[21]．

15.6 ゲノム科学の未来

ゲノム科学は，ナノテクノロジーや情報科学などとも融合して進展を続けている．これまでのゲノム科学がそうであったように，生命現象を俯瞰することで初めて得られる知見や異分野との融合が，予想外の研究領域や産業を発展させる可能性がある．ヒトでは，オーダーメイド医療に向けて個人レベルのオミクス解析[22]や生理活性物質の体系的探索が進められようとしている．植物では作物や樹木のゲノム科学が進み，地球環境や健康に有効な植物開発を目指したゲノム育種が加速するだろう．各オーム科学を高速・高効率に統合し，生命システムの理解を人類の未来に応用する時代がすぐそこに来ている．

[20] タンパク質−低分子間の相互作用予測は，創薬研究における in silico スクリーニングに利用され始めている．

[21] コンピュータ上で生物学的なネットワークを記述するための共通の言語（system biology markup language：SBML）などの規格が整備されている．

[22] 個人レベルのゲノム解析を目指して技術開発が進んでいる．全ゲノム解読のコストを1000ドルまで下げることを将来の目標として，塩基配列決定法の新手法（454 Life Sciences の 454 テクノロジーや Illumina 社の Solexa など）が登場している．

練習問題

1. SSR 多型と SNPs について，それぞれ説明しなさい．
2. EST を説明しなさい．
3. DNA マイクロアレイとはどのようなものか．またその用途を説明しなさい．
4. 酵母ツーハイブリッド法を説明しなさい．
5. タンパク質の立体構造を決定する方法をあげなさい．
6. ペプチドマスフィンガープリンティング法を説明しなさい．
7. 核酸やアミノ酸配列の相同性検索を説明しなさい．
8. PDB に収録されている情報はどのようなものか，説明しなさい．

参考図書

1) D. L. ハートル，E. W. ジョーンズ著，布山喜章，石和貞男監訳，『エッセンシャル遺伝学』，培風館(2005)
2) T. A. ブラウン著，西郷 薫監訳，『ブラウン分子遺伝学』，第3版，東京化学同人(1999)
3) J. F. クロー著，木村資生，太田朋子訳，『遺伝学概説』，培風館(1991)
4) B. レーウィン著，菊池韶彦，榊 佳之，水野 猛，伊庭英夫，紅 順子訳，『エッセンシャル遺伝子』，東京化学同人(2007)
5) P. バーグ，M. シンガー著，岡山博人監訳，『分子遺伝学の基礎』，東京化学同人(1994)
6) B. レーウィン著，菊池韶彦，榊 佳之，水野 猛，伊庭英夫訳，『遺伝子』，第8版，東京化学同人(2006)
7) M. シンガー，P. バーグ著，新井賢一，正井久雄監訳，『遺伝子とゲノム(上・下)』，東京化学同人(1993)
8) T. A. ブラウン著，村松正實監訳，『ゲノム：新しい生命情報システムへのアプローチ』，第2版，メディカル・サイエンス・インターナショナル(2003)
9) J. F. クロー著，安田徳一訳，『基礎集団遺伝学』，培風館(1989)
10) 石田寅夫著，『ノーベル賞からみた遺伝子の分子生物学入門』，化学同人(1998)
11) 山口彦之著，『遺伝学：大学の生物学』，改訂版，裳華房(1992)
12) J. D. ワトソン，T. A. ベーカー，S. P. ベル，A. ガン，M. レーヴィン，R. M. ローシック著，中村桂子監訳，『遺伝子の分子生物学』，東京電機大学出版局(2006)
13) F. J. Ayala, J. A. Kiger, Jr., "Modern Genetics", Benjamin-Cummings (1980)
14) E. J. Gardner, M. J. Simmons, D. P. Snustad, "Principles of Genetics", 8th edition, John Wiley & Sons (1991)
15) A. J. F. Griffiths, W. M. Gelbart, R. C. Lewontin, J. H. Miller, "Modern Genetic Analysis: Integrating Genes and Genomes", 2nd edition, W. H. Freeman (2002)
16) B. Pierce, "Genetics: A Conceptual Approach", 2nd edition, W. H. Freeman (2004)
17) P. W. Hedrick, "Genetics of Populations", 3rd edition, Jones & Bartlett Publishers (2004)

索引

アルファベット

A 部位	19
ab initio 法	217
ABO 式血液型	29
Ac（アクチベーター）	159
Alu I 因子	170
AMV（トリ骨髄胚芽ウイルス）	155
AP エンドヌクレアーゼ	97
ArrayExpress	215
ARS（自律複製配列）	55
ATP 合成酵素（ATP アーゼ）	183
BAC	58
Bar（棒眼遺伝子）	35, 61
BLAST	215
5-BU（5-ブロモウラシル）	98
5-BUdR（5-ブロモデオキシウリジン）	91
cI 遺伝子	84, 156
CAAT ボックス	15
cAMP（サイクリック AMP）	126
CAP	126
cDNA（相補的 DNA）	154, 206
cDNA ライブラリー	206
CE/MS（キャピラリー電気泳動質量分析）	214
CEN 配列	50
CF_1（F_1ATP アーゼ）	183
CF_0（F_0 因子）	183
CHIP-chip 法	209
cis（シス）	81
ClB 染色体	35
ClB 法	34
cM（遺伝距離）	36, 37, 147
CRP	126
CsCl（塩化セシウム）	89, 177
Cy3	208
Cy5	208
D ループ	54
dam メチル化酵素	147
DDBJ（DNA Data Bank of Japan）	215
ddNTP	152
2DE（二次元電気泳動法）	210
DN アーゼ	3, 46
DNA	1, 3
DNA 依存性 RNA 合成酵素（ポリメラーゼ）	14, 129
DNA オートシークエンサー	152
DNA 型トランスポゾン	160
DNA 結合ドメイン	137
DNA-ヒストンタンパク質複合体	45
DNA 分解酵素	3, 46
DNA ポリメラーゼⅠ（polⅠ）	91
DNA マイクロアレイ技術	208
DNA メチルトランスフェラーゼ遺伝子（*Dnmt1*）	169
DNA ラダー	47
Dnmt1（DNA メチルトランスフェラーゼ遺伝子）	169
dNTP	152
Ds（切断）	159
dsRNA（二本鎖 RNA）	142, 169
EBI（Europian Bioinformatics Institute）	215
*Eco*RⅠ	146
EMBI	215
EST（発現配列タグ）	206
F（近交係数）	193, 195
F 因子	75, 76
F' プラスミド	118
F_1ATP アーゼ（CF_1）	183
F_0 因子（CF_0）	183
G_1 期	21
G_2 期	21
gag	164
GC 含量	6
GCMS（ガスクロマトグラフィー質量分析）	214
GenBank	215
GEO	215
GFP（緑色蛍光タンパク質）	173
GU-AG ルール	133
³H（トリチウム）	14, 90
Hb（ヘモグロビン）	9
HeLa 細胞	55
Hfr	75
hfr 株	156
*Hind*Ⅱ	146
*Hind*Ⅲ	146
HNO_2（亜硝酸）	98
HW 比	189
IHGSC（国際ヒトゲノム解読チーム）	204
in silico	215
in situ	110
in vitro	109, 129
in vitro 標識法	212
in vivo	110, 129
IPTG（イソプロピルチオガラクトシド）	117, 118, 151
IR（反復配列）	54, 178
IS（挿入配列）	160
K12(λ)株	106
lac プロモーター（*lacP*）	127
lacA	118
lacI⁺	119
lacI⁻	119
*lacI*ˢ	120
lacO⁺	120
*lacO*ᶜ	120
lacP（*lac* プロモーター）	127
lacP⁻	120
lacY	118
lacZ	118
lazZ⁺	118
lacZ⁻	118
LC/MS	214
LINE	164
LSC 領域	178
LTR（長い末端繰返し配列）	163
LTR 型レトロトランスポゾン	163
M 期	21
M 系統	165
M 細胞質タイプ	167
MALDI（マトリックス支援レーザーイオン化法）	211
MALDI-TOF MS	211
mariner	171
miRNA	143
MoMLV（ネズミ白血病ウイルス）	155
mRNA（メッセンジャー RNA）	14
MS（質量分析法，マススペクトロメトリー）	210
Mutator ファミリー	169
¹⁵N	212
NCBI（National Center for Biotechnology Information）	206, 215
NMR（核磁気共鳴法）	213
ORC（複製起点認識複合体）	56
ORF（オープンリーディングフレーム）	166, 178, 206
ori（複製起点，複製開始点）	55, 95, 149
P1 ファージ	85
P 因子	165
P 系統	165
P 細胞質タイプ	167
P 部位	19
pBR322	57, 150
PCR 法	153
PDB（Protein Data Bank）	213
PMF（ペプチドマスフィンガープリンティング法）	211
pol	164
polⅠ（DNA ポリメラーゼⅠ）	91
polⅡ 複合体	130, 138
PPi（ピロリン酸）	19
PPR	181
*Pst*Ⅰ	146

索引

PTGS（転写後の遺伝子発現抑制）	169	Ty3/gypsy 型	51	アロステリック変化	120
rⅡ 遺伝子座	105	Ty3/gypsy ファミリー	164	暗号	16
RF（解離因子）	113	URF	180	アンチコドン	18
RF（終結因子）	19	USP（ユニバーサルプライマー）	153	アンチセンス鎖	14
RFLP（制限断片長多型）	147	uvrABC 切り出しエンドヌクレアーゼ	97	アンバー	80
RFLP 分析法	147	x（基本数）	64	アンピシリン耐性遺伝子	57, 150
RFLP マーカー	149	X 線結晶構造解析法	213	鋳型	14
RIP	168	X 線照射	74	石田政弘	177
RISC	142	X 染色体	31	異質染色質	48, 59
RN アーゼ	3	YAC（酵母人工染色体）	57, 173	異質倍数性	64
RNA	1, 5	YAC ベクター	57	異数性	66
RNA 型トランスポゾン	160	Y2H（酵母ツーハイブリッド法）	212	異数体	23, 66
RNA 干渉（RNAi）	142, 169	α サテライト	51	異祖接合	192
RNA 修飾機構	181	α ヘリックス	137	イソプロピルチオガラクトシド（IPTG）	117, 118, 151
RNA-タンパク質複合体	16	α ヘリックス構造	184	一遺伝子一酵素仮説	12, 72
RNA 分解酵素	3	β-gal（β-ガラクトシダーゼ）	117, 151	一塩基多型（SNP）	205
RNA 編集	135, 181	θ 型複製	84	一次狭窄	50
RNA ポリメラーゼ	129, 181	λ gt10	156	一次情報	14
RNA ポリメラーゼ遺伝子	178	λ gt11	156	一染色体性（的）	67
RNA-DNA 雑種分子	156	λ ファージ	82	一代雑種	181
RNAi（RNA 干渉）	142, 169			一倍体	22, 64
rRNA（リボソーム RNA）	14	**あ**		一色法	208
RT-PCR	154	アカパンカビ	10, 39	一般形質導入ファージ	84
RuBisCO	183	アガロースゲル電気泳動	46	一本鎖 DNA 結合タンパク質	94
s（選択係数）	197	アクチベーター（Ac）	159	一本鎖プラスセンス RNA	164
S 期	21	アクリジン系色素	98	一本鎖への変換	153
SAGE タグ	207	アグロバクテリア	182	イディオグラム	59
SAGE 法	207	亜硝酸（HNO₂）	98	遺伝暗号	105
SDS-PAGE（SDS-ポリアクリルアミドゲル電気泳動）	210	アダプター	207	遺伝暗号の解読問題	105
SINE	164	アダプター分子	16	遺伝暗号表	112
siRNA	142, 169	アテニュエーション	123	遺伝距離（cM）	36, 37, 147
siRNA-RISC 複合体	143	アデニル酸シクラーゼ	126	遺伝子	1, 24, 203
SNP（一塩基多型）	205	アデニン	6	遺伝子組換え操作	40
SOS 修復機構	98	アナログ	91	遺伝子型	26
SSC 領域	178	アニーリング	153	遺伝子型頻度	187
SSR（単純反復配列）	205	アーバー，W.	146	遺伝子工学	145
Su⁺（サプレッサー遺伝子）	80	アフィニティークロマトグラフィー	158	遺伝子診断	154
Sxl 遺伝子	141	アポトーシス	55	遺伝子選択	196
T4 ファージ	105	アポ誘導物質	127	遺伝子操作	40
T4 ファージの rⅡ 遺伝子座	81	アポリプレッサー	122	遺伝子発現プロファイル	207, 208
T ループ	54	アミノアシル tRNA	18	遺伝子発現抑制（TGS）	168
Taq DNA ポリメラーゼ	154	アミノアシル tRNA 合成酵素	179	遺伝子頻度	187
TATA ボックス	16, 130	アミノ酸	13	遺伝子プール	200
TBP	130	アミノ酸配列	105	遺伝子変換	103
tetᴿ（テトラサイクリン耐性遺伝子）	149	アミロプラスト	177	遺伝地図	37
TFⅡD 複合体	138	アラインメント	205, 217	遺伝的浮動	201
TGS（遺伝子発現抑制）	168	アラニン tRNA（tRNAᵃˡᵃ）	17, 145	遺伝的分化	202
Thermus aquaticus	154	アルカプトン	9	遺伝の染色体説	27
TMV（タバコモザイクウイルス）	5	アルカプトン尿症	8	易変遺伝子	159
trans（トランス）	81	アルギニン（オルニチン）合成経路	12	イモチ病菌	168
tRNA（トランスファーRNA）	14	アルキル化剤	98	インスレーター	137, 139
tRNAᵃˡᵃ（アラニン tRNA）	17, 145	アルコール発酵	177	インテグラーゼ	84
Ty1/copia ファミリー	164	アルビノモザイク現象	176	インデューサー	115

(221)

索　引

イントロン	131, 132, 180	核外遺伝	175	共挿入体	162
ウィルキンズ, M. H. F.	7	核型	59	共直線性	108
動く遺伝因子	159	核ゲノム	185	共役	179
腕	59	核細胞質雑種	185	供与菌	78
エイムス, B. N.	100	核細胞質相互作用	185	共抑制	142
エイムス試験	100	核酸	1	共抑制物質	115
栄養核	53	核酸－タンパク質複合体	45	局在型セントロメア	50
栄養共生	74	核磁気共鳴法(NMR)	213	極性	118
栄養素要求性	11	核相交代	21	許容宿主	145
栄養素要求性突然変異体	11, 72	核置換雑種	185	許容条件	72, 80
エキソヌクレアーゼ	91	核内低分子 RNA	134	切り出し酵素	84
エキソン	132	核内低分子リボ核タンパク質	134	切り出し修復機構	96
エキソンのかき混ぜ	171	核膜	22	切り貼り転移	162
エノール型	98	核様体	45	近交係数(F)	192, 195
エピジェネティック	141	ガスクロマトグラフィー質量分析(GC/MS)	214	近親交配	192
エピジェネティック(後成的)な制御	168	活性化ドメイン	137	均等分裂	22
エーブリー, O. T.	2	可動因子	159	グアニル酸転移酵素	131
エフルッシ, B.	177	カノコカビ	103	グアニン	6
塩化セシウム(CsCl)	89, 177	鎌状赤血球	154	クエリー配列	215
塩基	6	鎌状赤血球貧血	9	組換え	87, 101
塩基置換	147	可溶性 RNA	16	組換え DNA 技術	145
塩基の類似体	98	ガラクトース	117	組換え型	36
塩基配列情報	14	間期	21	組換え体	37
エンハンサー	137, 173	還元分裂	22	組換え頻度	147
エンハンサートラップ法	173	干渉	38	組換え率(価)	36, 40
エンベロープ	164	環状染色体	78	組込み	102
オーカー	80	環状四価染色体	62	クラミドモナス	177
岡崎フラグメント	93	完全培地	11, 72	グラム陰性	100
雄株	74	完全連鎖	36	クリック, F. H. C.	6
オシロイバナ	176	寒天培地	70	クリプトモナド	182
オチョア, S.	109	キアズマ	40	グルコース	117
オートラジオグラフィー	14, 90, 148	偽遺伝子	161	グループⅠイントロン	135
オパール	80	偽顕性	34, 60	グループⅡイントロン	135
オープンリーディングフレーム(ORF)	167, 178, 206	寄生体	145	クローニング	206
オペレーター	120	キネトコア	50	クローバー葉	18
オペロンモデル	117	機能的ヘテロクロマチン	48	クロマチン	46
オミクス解析	218	木原　均	65, 185	クロマチン構造	129
オーム科学	203	基本数(x)	64	クロマチン再構築複合体	139
オリゴ(dT)プライマー	156	基本転写因子	129	クロマチンの再構築	143
オリゴデオキシチミジン(dT)	155	キメラ	159	クロモプラスト	177
オルガネラ	175	逆位	35, 62, 101, 170	クロロフィル a	182
オルガネラ遺伝子	181	逆交配	31	クロロフィル b	182
オルガネラゲノム	175	逆転写	20	ケアンズ, J.	90
オルガネラタンパク質	184	逆転写酵素	20, 154, 155, 164, 170, 181	形質転換	2, 150
オルタナティブ経路	179	キャップ形成	131	形質導入ファージ	84
温度感受性変異体	80	キャピラリー式自動シークエンサー	204	血液凝固	29
穏和ファージ	82	キャピラリー電気泳動質量分析(CE/MS)	214	欠失	60, 99, 101, 107, 170
か		キャプシド	164	欠失突然変異	105
開始 tRNA	113	共顕性	25, 29	血清型	1
開始前複合体	130	共顕性マーカー	149	ケト型	98
ガイド RNA	54, 135	共生	182	ゲノミクス	203
解離因子(RF)	113	狭セントロメア逆位	62	ゲノム	203
				ゲノムインプリンティング	140
				ゲノム科学	203

項目	ページ
ゲノム進化	168
ゲノムライブラリー	148, 173
ゲル内消化	210
原栄養体	11
原栄養体回復試験	73
原核生物	15, 129, 145
原子嚢殻	39
減数分裂	21～23
原生動物	52
顕性	25
顕性遺伝子	25
顕性選択	198
顕性の法則	24
検定交配	26, 31
コア酵素	15
コア配列	51
コアヒストン	46
コアプロモーター	130
光学系Ⅰ	178
光学系Ⅱ	178
後期	22
後期遺伝子群	84
抗原抗体反応	29
交互分離	62
交叉	23, 101
校正活性	91
後成的	141
構成的	119
構成的酵素	115
構成的ヘテロクロマチン	48
抗生物質耐性遺伝子	40
合成ポリヌクレオチド	110
構造遺伝子座	118
構造プロテオミクス	213
交配様式	187
酵母人工染色体(YAC)	57, 173
酵母ツーハイブリッド法(Y2H)	212
コーエン, S.	149
個眼（あるいは小眼）	61
呼吸欠損株	177
国際SNPマップワーキンググループ	205
国際ヒトゲノム解読チーム(IHGSC)	204
国立遺伝学研究所(DDBJ)	215
コサプレッション	142
個体群	187
五炭糖	6
コドン	16
互変異性変換	98
コラーナ, H. G.	110
コリプレッサー	115
コレンス, C. E.	28, 176
コロドナー, R.	178
コロニー	1, 76
コンカテマー	84, 207
混合コポリマー	110
コンセンサス配列	56
コーンバーグ, A.	91
コーンバーグの酵素	91
コンフリクト仮説	140

さ

項目	ページ
座位	37
細菌	69
細菌・ウイルス遺伝学	69
細菌叢	1
サイクリックAMP(cAMP)	126
サイクリン-CDK複合体	21
再構成実験	6
最少培地	10, 72
細胞質	176
細胞質遺伝	175, 176
細胞質オルガネラ	175
細胞質ゲノム	185
細胞質タイプ	167
細胞質置換雑種	185
細胞質分裂	23
細胞周期	21
細胞説	21
細胞内オルガネラ	136
細胞内器官	16
細胞内共生	182
サイレンシング	139
サザンハイブリダイゼーション法	148
鎖状体	207
雑種発生異常	165
雑種崩壊	165
サブユニット	9
サプレッサー	80
サプレッサーtRNA	113
サプレッサー遺伝子(Su^+)	80
サプレッサー突然変異	80, 105
左右性	175
サルモネラ菌	100
三因子交配	38
サンガー, F.	152
酸化的リン酸化	179, 182
三鎖二重交叉	41
三染色体シリーズ	67
三染色体性	67
三染色体的	67
三倍体	64
三量体	47
シアノバクテリア	178, 182
シアン耐性鎖	179
紫外線	96
自家受粉	24
色素体	177
自己スプライシング	135
シス(cis)	81
システムバイオロジー	218
シス-トランススプライシング	181
シストロン	81
シス配列	130
シス優性	120
自然選択	195
自然突然変異	69
質量分析法(MS)	210
ジデオキシチェーンターミネーション法	152
シトクロム経路	179
シトシン	6
子嚢	11, 39
子嚢胞子	11, 39
姉妹染色分体	22, 49
姉妹染色分体間の交換	90
ジャイレース	94
ジャコブ, F.	76
シャトルベクター	55, 56
シャルガフ, E.	6
終期	22
終結因子(RF)	19
終止コドン	19
修飾	131, 145
集団遺伝学	187
集団の平均適応度	197, 199
修復	87
縦列型反復配列	51
宿主	145
宿主特異性	145
縮退	113
数珠玉状	46
受精能力	62
受精卵	22
出芽酵母	50
種分化	202
受容菌	78
純化選択	199
純系	24
上位性	29
小核	53
小眼	35
小器官	175
条件致死	106
条件致死突然変異	80
条件致死変異体	177
娘細胞	22
小サブユニット	183
ショウジョウバエ	31
常染色体	32, 141
小胞体	15
初期遺伝子群	84
ショ糖平衡密度勾配遠心	46

索　引

項目	ページ
自律的因子	160
自律複製配列(ARS)	55
進化	187
真核生物	15, 129
真核微生物	145
ジンクフィンガードメインモチーフ	138
真正細菌	182
真正染色質	48, 59
真の復帰突然変異	105
水素結合	7, 216
水平移行	171
スキャフォールド	48
スターテバント, A. H.	37
スタール, F. W.	88
スターン, C.	41
ステムループ構造	181
ストレプトマイシン	76
ストロマ	183
スプライシング	131, 133, 181
スプライシング抑制タンパク質	167
スプライソソーム	134
スポット試験	82
スミス, H. O.	146
刷り込み	140
セイガー, R.	177
正逆交雑	175
制限	145
制限酵素	146
制限宿主	106, 145
制限条件	72, 80
制限断片長多型(RFLP)	147
静止期	21
成熟分裂	22
生殖核	53
生殖系列組織	166
性染色体	32, 141
正の制御	127
正倍数体	64
生物情報科学	203
生物進化	202
生命情報科学	203
セカンドメッセンジャー	126
接合	74
接合体	187
接合中断実験	77
接合中断法	76
切断	101
切断(Ds)	159
切断−融合−染色体橋サイクル	52, 63
セルロースカラム	155
前期	22
前駆体	14
染色質	45
染色体	45
染色体構造変異	165
染色体小粒	61
染色体不分離	24
染色体変異	60
染色体マッピング	78
染色分体型変異	60
前進突然変異	99
センス鎖	14
潜性	25
潜性遺伝子	25
潜性選択	198
選択係数(s)	197
選択的スプライシング	141, 166, 206
線虫	169
先天的代謝異常	8
セントラルドグマ	14, 20
セントロメア	23, 50
セントロメアパラドックス	51
セントロメア寄り	40
潜伏期	79
線毛	74
繊毛	74
相加的選択	198
早期溶菌	106
相互転座	62
相引配偶子	190
相同遺伝子	192
相同組換え	101
相同性検索	215
相同性検索用アルゴリズム	215
相同染色体	23
挿入	99, 102, 107
挿入配列(IS)	160
挿入不活化	151, 156, 170
相反配偶子	190
相補性グループ	81
相補性検定	81, 118
相補的	7, 81
相補的DNA(cDNA)	154, 206
疎水性	184
祖先遺伝子	192
ソルダリア	103

た

項目	ページ
大核	53
ダイサー	142
体細胞系列	53
体細胞分裂	22
体細胞有糸分裂	22
大サブユニット	183
代謝産物	213
代謝産物プロファイリング	213
対数増殖期	79
大腸菌	3
大腸菌のB株(野生型株)	106
タイプⅡ制限酵素	146
ダイマー	47
タイリングアレイ	209
ダーウィンの進化論	187
ダウン症候群	23, 67
多価染色体	64, 66
タグライン	216
多型	147
ターゲット	208
多次元液体クロマトグラフィー	210
多糸性	60
多重遺伝子族	16
多重栄養素要求株	74
唾腺染色体	60
脱ピリミジン化	98
脱プリン化	98
タバコモザイクウイルス(TMV)	5
単為生殖	66
単為発生	32
単純反復配列(SSR)	205
単数体	22, 64
単数−二倍体性	32
タンパク質の一次構造	105
タンパク質非翻訳領域	142
タンパク質分解酵素	3
タンパク質翻訳領域	142
単量体	47
チアミン要求性	72
チェイス, M.	3
チェイス実験	93
致死遺伝子	35
致死突然変異	105
遅発遺伝	175
チミン	6
チミンダイマー	96
中期	22
中心原理	14
中立的	196
超雌	33
調節DNA配列	136
調節タンパク質	137
調節タンパク質結合部位	136
調節要素	63, 159
重複	61, 170
直鎖状DNA	78
チラコイド膜	183
常脇恒一郎	185
抵抗性菌	71
ディファレンシャルディスプレイ法	207, 212
低分子リガンド	216
テイラー, J. H.	90
デオキシリボース	6

適応酵素	115	トランスポゾンタギング	172	配偶子系列	52, 189
適応度	196	トリ骨髄胚芽ウイルス(AMV)	155	配偶子選択	199
テスト交配	26	トリソミー	23, 67	配偶体	22
データベース	184	トリソミックシリーズ	67	倍数性	64
テータム, E. L.	9	トリチウム(^{3}H)	14, 90	配列決定装置	204
テトラサイクリン耐性遺伝子(tet^R)	149	トリプトファンオペロン	108, 123	ハウスキーピング遺伝子	115
テトラヒメナ	52	トリプレット	108	バクテリオファージ	3
テトラマー	47	トリプレット結合法	110	ハーシー, A. D.	3
テミン, H. M.	20	トリマー	47	梯子構造	47
デュプレックス	103	**な**		バー小体	48
デルブリュック, M.	69, 88	長い末端繰返し配列(LTR)	163	パッケージング	156
テロメア	52	投げ縄構造	134	発現配列タグ(EST)	206
テロメア概念	52	ナリソミック	68	発現プロテオミクス	209
テロメアリピート	54	ナンセンス突然変異	81, 113	発現ベクター	156
テロメラーゼ	54	二遺伝子座二対立遺伝子	189	発現誘導(オン)	115
テワリ, K.	178	二因子交配	36	発現抑制(オフ)	115
転位	19, 99, 113	二価染色体	23, 40	ハーディーワインベルグの平衡	189
転移	159, 172	二鎖二重交叉	41	パネットの方形	28
添加	99	二次狭窄	59	ハプロイド選択	196
転換	99, 113	二次元電気泳動法(2DE)	210	パリンドローム(回文)構造	127
転座	62, 170	二次情報	14	パルス実験	93
電子伝達系	178	二重組換え体	38	パルスチェイス標識実験	14
転写	14	二重交叉	38	伴性潜性突然変異	96
転写因子	137	二重らせん	6	半同胞交配	193
転写開始因子	129	二色法	208	反復配列(IR)	54, 178
転写開始点	130	二染色体性(的)	67	反復戻し交雑	185
転写開始部位	15	二セントロメア型染色体	63	半保存的複製	87
転写活性化因子	138	ニック	94	非LTR型レトロトランスポゾン	163
転写減衰	123	二倍体	64	比較ゲノム研究	206
転写後調節	170, 181	二倍体細胞	22	光回復酵素	96
転写後の遺伝子発現抑制(PTGS)	169	二本鎖RNA(dsRNA)	142, 169	非還元性配偶子	65
転写調節因子	129	二量体	47	非局在型セントロメア	50
点突然変異	98	ニーレンバーグ, M. W.	109	被子植物	64
電離放射線	96	任意交配	188, 192	微小管	50
同質倍数性	64	ヌクレオシド	6	非自律的因子	161
同祖接合	192	ヌクレオソーム	45	ヒストン	45
同祖的	66	ヌクレオソーム・コア粒子	47	ヒストンアセチル基転移酵素	139
同方向繰返し配列	161	ヌクレオチド	6	ヒストンコード	49
特殊形質導入ファージ	84	ヌクレオモルフ	182	非相互的組換え	102
独立の法則	24, 26	ネズミ白血病ウイルス(MoMLV)	155	非対立遺伝子間	29
独立分離	36	熱ショックタンパク質	184	非電離放射線	96
突然変異	69, 195	熱変性	153	ヒトゲノム計画	204
突然変異型	105	稔性	62	ビードル, G. W.	9
突然変異体 rII	106	稔性因子	75	非放射性の同位元素	88
ドメイン	16	稔性回復	181	非翻訳領域	132, 206
トランジション	99, 113, 168	ノーザンブロット	158	非誘導的	119
トランジットペプチド	178, 183	乗換え	23	表現型	13, 26
トランス($trans$)	81	**は**		表現型解析	214
トランスクリプトーム	206	肺炎双球菌	1	病原性ファージ	82
トランス顕性	119	バイオインフォマティクス	203	標識プライマー	153
トランスバージョン	99, 113, 168	バイオマーカー	214	標的部位複製(TSD)配列	161
トランスファーRNA(tRNA)	14	配偶子	22	ピリミジン	6
トランスポザーゼ	161			非両親型	36
トランスポゾン	159, 160			非レトロウイルス型レトロトランスポ	

索引

ン	163
ピロリン酸(PPi)	19
ファージ	69
ファージグループ	79
ファージ集合	84
ファージの一段増殖法	79
ファージの免疫	82
ファージベクター	156
フィッシャー, R. A.	187
フィッシャーの自然選択の基礎定理	199
部位特異的組換え	101, 102
部位特異的リコンビナーゼ	102
フィードバック阻害	120
斑入り	159
斑入り現象	176
フェノタイピング	214
不完全顕性	25
複眼	35
複製	87
複製起点(複製開始点, *ori*)	55, 95, 149
複製起点認識複合体(ORC)	56
複製型転移	162
複製後組換え修復機構	96
複製フォークのパラドックス	93
複対立遺伝子	29
複二倍体	65
プチ変異体	177
付着末端	82, 156
復帰体	100
復帰突然変異	73, 99, 105
物理距離	147
不等交叉	61, 101
負の制御	127
部分二倍体	75
部分二倍体化	118
不分離	33
プライマー	91
プライマーゼ	94
プライモソーム複合体	94
プラーク	79, 156
+鎖	164
プラス集団	157
プラスミド	75
フランクリン, R. E.	7
プリノーボックス	15
プリン	6
プレート	70
フレームシフト	99, 107
ブレンナー, S.	105
プロウイルス	165
プロウイルス誘導	165
プログラム細胞死	55
プロセシング	131, 170
プロセシング済み偽遺伝子	170

プロテアーゼ	3
プロテオミクス	209
プロテオーム	204, 209
プロテオーム解析	184
プローブ	148, 208
プロファージ	82
プロファージ誘導	84, 165
プロフラビン	107
5-ブロモウラシル(5-BU)	98
プロモーター	15, 130, 181
5-ブロモデオキシウリジン(5-BUdR)	91
分散型セントロメア	50
分散的	88
分子遺伝学	69
分集団	200
分性胞子	39
分別スクリーニング法	157
分離異常	165
分離の法則	24, 25
分裂酵母	51
ヘアピン構造	124
閉環状二本鎖 DNA 分子	150
平衡集団	190
平衡頻度	196
平衡密度勾配遠心分離	89, 177
併発率	38
ベクター	149
ヘテロクロマチン	48
ヘテロ接合	25
ヘテロ接合型	26
ヘテロ接合体	192
ペプチド結合	14
ペプチドマスフィンガープリンティング法(PMF)	211
ヘミ接合	32, 60
ヘモグロビン(Hb)	9
ヘリカーゼ	94
ヘリックス・ターン・ヘリックス構造	137
ヘリックス・ループ・ヘリックスモチーフ	138
ヘルパープラスミド	172
ベンザー, S.	81
ベンター, J. C.	204
偏動原体逆位	62
ペントース	6
ボイヤー, H.	149
棒眼遺伝子(*Bar*)	35, 61
芳香族アミノ酸	9
彷徨変異	70
胞子体	22
放射性同位元素	14
放出期	79
飽和期	79

ポーキー変異体	177
ポストゲノム時代	203
ホスホジエステラーゼ	126
母性遺伝	175
保存的	88
ボットスタイン, D.	147
ホメオドメインモチーフ	137
ホモゲンチジン酸	9
ホモ接合	32
ホモ接合体	192
ホモロジーモデリング法	217
ポリ(A)	155, 181
ポリ(A)ポリメラーゼ	131
ホリー, R. W.	17
ポリアクリルアミドゲル電気泳動法	152
ポリアデニル化	131
ポリシストロン性 mRNA	118, 181
ポリタンパク質	164
ポリヌクレオチドリン酸化酵素	109
ボルティモア, D.	20
ホールデン, J. B. S.	187
ホロ酵素	130
翻訳	18
翻訳後修飾	212
翻訳停止	80
翻訳停止暗号	80

ま

マイクロアレイ	184
マイクロサテライト	205
マイクロ染色体	58
マイナス集団	157
マーカー	205
マーカー遺伝子	40
巻き性	175
マクリントック, B.	42, 159
マススペクトロメトリー(MS)	210
マスタープレート	71
末端側	40
末端逆方向繰返し(TIR)配列	160
末端複製問題	52
マッピング	147
マトリックス支援レーザーイオン化法(MALDI)	211
マラー, H. J.	34, 96
マリス, K. B.	153
マルチクローニングサイト	151
ミクロソーム	100
ミスマッチ修復	102
ミッチェル, M. B.	177
ミトコンドリア	175, 177
ミドリムシ	177
ミュトン	81
無細胞タンパク質合成系	109

無セントロメア型染色体	63	抑制	115	レトロエレメント	51
雌株	74	抑制遺伝子	83	レトログレード調節	184
メセルソン, M. S.	88	抑制オペロン	122	レトロトランスポゾン	160
メタボライト	213	抑制酵素	115	レプリカプレート	71, 151, 158
メタボロミクス	213	ヨハンセン, W. L.	24	レプリカプレート法	71
メタボローム解析	213	読み枠のずれ	99, 107	レプリコン	55
メチオニン要求性	72	四鎖二重交叉	41	レプリソーム	94
メチル化感受性	147	四量体	47	レポーター遺伝子	173, 184
メチル化酵素	146			連鎖	36
メチル基転移酵素	131	ら		連鎖群	45
メッセンジャーRNA(mRNA)	14	ライゲーション	150	連鎖地図	37, 148
メロディプロイド	75	ライト, S.	187	連鎖不平衡	190
メンデル, G. J.	24	ラウス, P.	20	ロイシンジッパードメインモチーフ	138
メンデル集団	23, 187	ラウス肉腫ウイルス	20	ロバートソン型融合	63
メンデルの遺伝学	187	ラギング鎖	93	ローリング・サークル型複製	75
メンデルの法則	21	ラクトース	117		
モザイク	159	裸子植物	64	わ	
モチーフ	216	ラリアット構造	134	ワトソン, J. D.	6
モデル植物	66, 203	ラン藻	178	ワトソン・クリック型塩基対	7
戻し交配	107	ランダムプライマー	156		
モノソミックシリーズ	68	リガーゼ	94		
モノマー	47	リケッチア	182		
モルガン, T. H.	31	リゾバクテリア	182		
		リゾルバーゼ	162		
や		リーダーペプチド	123		
薬剤耐性遺伝子	160	リーディング鎖	93		
野生型	105	リプレッサー遺伝子	83		
ヤノフスキー, C.	108	リプレッサー−コリプレッサー複合体	122		
融合	101				
融合タンパク質	157	リプレッサータンパク質	167		
雄性不稔の回復	181	リプレッサー−誘導物質複合体	122		
有性生殖	23	リボザイム活性	135		
雄性不稔	181	リボソーム	15		
誘導	115	リボソーム RNA(rRNA)	14		
誘導遺伝子	115	リボソーム遺伝子	178		
誘導酵素	115	リボヌクレオタンパク質	54		
誘導的	119	両親型	36		
誘導物質	115	量的形質	24		
誘発突然変異	69	緑色蛍光タンパク質(GFP)	173		
ユーグレナ	182	緑色植物	182		
ユーグレノイド	182	リラックス型	150		
ユークロマチン	48	リンカーヒストン	46		
ユニバーサルプライマー(USP)	153	リン酸	6		
ゆらぎ	113	類似体	91		
溶菌	69	ループ	16		
溶菌サイクル	82	ループ構造体	48		
溶菌斑	79	ルリア, S. E.	69		
溶原化	156	零染色体	68		
溶原菌	82	零染色体性(的)	67		
溶原サイクル	82, 121	レコン	81		
葉緑体	175, 176	レーダーバーグ夫妻	71		
葉緑体 DNA	177	レトロウイルス	20		
抑圧遺伝子	80	レトロウイルス型レトロトランスポゾン	163		
抑圧遺伝子感受性変異体	80				

編著者略歴

中村　千春（なかむら　ちはる）

1947 年　千葉県生まれ
1979 年　コロラド州立大学大学院農学研究科博士課程修了
現　在　神戸大学名誉教授，前龍谷大学特任教授
専　門　植物遺伝学
　　　　Ph.D.

基礎生物学テキストシリーズ1　**遺伝学**

第1版　第 1 刷　2007 年 10 月 31 日	編 著 者　中村　千春
第15刷　2024 年 9 月 10 日	発 行 者　曽根　良介
検印廃止	発 行 所　㈱化学同人

〒600-8074　京都市下京区仏光寺通柳馬場西入ル
編 集 部　TEL 075-352-3711　FAX 075-352-0371
企画販売部　TEL 075-352-3373　FAX 075-351-8301
振　替　01010-7-5702
e-mail　webmaster@kagakudojin.co.jp
URL　https://www.kagakudojin.co.jp

JCOPY　〈出版者著作権管理機構委託出版物〉
本書の無断複写は著作権法上での例外を除き禁じられています．複写される場合は，そのつど事前に，出版者著作権管理機構（電話 03-5244-5088，FAX 03-5244-5089，e-mail: info@jcopy.or.jp）の許諾を得てください．

本書のコピー，スキャン，デジタル化などの無断複製は著作権法上での例外を除き禁じられています．本書を代行業者などの第三者に依頼してスキャンやデジタル化することは，たとえ個人や家庭内の利用でも著作権法違反です．

印刷・製本　㈱太洋社

Printed in Japan　　©Chiharu Nakamura *et al.*　2007　無断転載・複製を禁ず　　ISBN978-4-7598-1101-8
乱丁・落丁本は送料小社負担にてお取りかえいたします．